21 世纪高等学校计算机系列规划教材

Flash 动画设计技术与应用

向 华 主 编

涂 英 江 鸥 李 曼 李 岚 副主编

清华大学出版社

北 京

内 容 简 介

本书从应用角度出发,详细介绍了 Flash 动画制作的基本概念、操作方法和使用技巧。全书共 11 章,主要内容包括 Flash 基础知识、绘制图形、文本的输入和编辑、制作动画、图层与场景、元件与实例、滤镜与混合模式、骨骼动画、声音与视频、使用 ActionScript 编程、组件等。

本书重点在应用开发和制作方法上,将操作方法融入在各个应用实例中,具有很强的实用性和可操作性。参与本书编写的作者均为从事 Flash 教学工作多年的教师,有着丰富的教学经验和动画制作经验。

本书适合作为高等院校、独立学院、高职高专以及培训学校作为 Flash 课程教材使用,也可以作为 Flash 动画爱好者学习并提高 Flash 动画制作技能的参考书。

图书在版编目(CIP)数据

Flash 动画设计技术与应用/向华主编. —北京:清华大学出版社,2012.3
(21 世纪高等学校计算机系列规划教材)
ISBN 978-7-302-27414-8

Ⅰ. ①F…　Ⅱ. ①向…　Ⅲ. ①动画制作软件,Flash—高等学校—教材　Ⅳ. ①TP391.41

中国版本图书馆 CIP 数据核字(2011)第 246008 号

责任编辑:魏江江　赵晓宁
封面设计:杨　兮
责任校对:白　蕾
责任印制:李红英

出版发行:清华大学出版社
　　　　　网　　址:http://www.tup.com.cn, http://www.wqbook.com
　　　　　地　　址:北京清华大学学研大厦 A 座　　　邮　　编:100084
　　　　　社 总 机:010-62770175　　　　　　　　　邮　　购:010-62786544
　　　　　投稿与读者服务:010-62776969, c-service@tup.tsinghua.edu.cn
　　　　　质 量 反 馈:010-62772015, zhiliang@tup.tsinghua.edu.cn

印 装 者:保定市中画美凯印刷有限公司
经　　销:全国新华书店
开　　本:185mm×230mm　　　印　张:18.25　　　字　数:437 千字
版　　次:2012 年 3 月第 1 版　　　　　　　　　印　次:2012 年 3 月第 1 次印刷
印　　数:1～3000
定　　价:29.50 元

产品编号:036793-01

编审委员会成员

浙江大学	吴朝晖	教授
	李善平	教授
扬州大学	李　云	教授
南京大学	骆　斌	教授
	黄　强	副教授
南京航空航天大学	黄志球	教授
	秦小麟	教授
南京理工大学	张功萱	教授
南京邮电学院	朱秀昌	教授
苏州大学	王宜怀	教授
	陈建明	副教授
江苏大学	鲍可进	教授
中国矿业大学	张　艳	教授
武汉大学	何炎祥	教授
华中科技大学	刘乐善	教授
中南财经政法大学	刘腾红	教授
华中师范大学	叶俊民	教授
	郑世珏	教授
	陈　利	教授
江汉大学	颜　彬	教授
国防科技大学	赵克佳	教授
	邹北骥	教授
中南大学	刘卫国	教授
湖南大学	林亚平	教授
西安交通大学	沈钧毅	教授
	齐　勇	教授
长安大学	巨永锋	教授
哈尔滨工业大学	郭茂祖	教授
吉林大学	徐一平	教授
	毕　强	教授
山东大学	孟祥旭	教授
	郝兴伟	教授
中山大学	潘小轰	教授
厦门大学	冯少荣	教授
厦门大学嘉庚学院	张思民	教授
云南大学	刘惟一	教授
电子科技大学	刘乃琦	教授
	罗　蕾	教授
成都理工大学	蔡　淮	教授
	于　春	副教授
西南交通大学	曾华燊	教授

随着我国改革开放的进一步深化,高等教育也得到了快速发展,各地高校紧密结合地方经济建设发展需要,科学运用市场调节机制,加大了使用信息科学等现代科学技术提升、改造传统学科专业的投入力度,通过教育改革合理调整和配置了教育资源,优化了传统学科专业,积极为地方经济建设输送人才,为我国经济社会的快速、健康和可持续发展以及高等教育自身的改革发展做出了巨大贡献。但是,高等教育质量还需要进一步提高以适应经济社会发展的需要,不少高校的专业设置和结构不尽合理,教师队伍整体素质亟待提高,人才培养模式、教学内容和方法需要进一步转变,学生的实践能力和创新精神亟待加强。

教育部一直十分重视高等教育质量工作。2007年1月,教育部下发了《关于实施高等学校本科教学质量与教学改革工程的意见》,计划实施"高等学校本科教学质量与教学改革工程(简称'质量工程')",通过专业结构调整、课程教材建设、实践教学改革、教学团队建设等多项内容,进一步深化高等学校教学改革,提高人才培养的能力和水平,更好地满足经济社会发展对高素质人才的需要。在贯彻和落实教育部"质量工程"的过程中,各地高校发挥师资力量强、办学经验丰富、教学资源充裕等优势,对其特色专业及特色课程(群)加以规划、整理和总结,更新教学内容、改革课程体系,建设了一大批内容新、体系新、方法新、手段新的特色课程。在此基础上,经教育部相关教学指导委员会专家的指导和建议,清华大学出版社在多个领域精选各高校的特色课程,分别规划出版系列教材,以配合"质量工程"的实施,满足各高校教学质量和教学改革的需要。

本系列教材立足于计算机公共课程领域,以公共基础课为主、专业基础课为辅,横向满足高校多层次教学的需要。在规划过程中体现了如下一些基本原则和特点。

(1)面向多层次、多学科专业,强调计算机在各专业中的应用。教材内容坚持基本理论适度,反映各层次对基本理论和原理的需求,同时加强实践和应用环节。

(2)反映教学需要,促进教学发展。教材要适应多样化的教学需要,正确把握教学内容和课程体系的改革方向,在选择教材内容和编写体系时注意体现素质教育、创新能力与实践能力的培养,为学生的知识、能力、素质协调发展创造条件。

(3)实施精品战略,突出重点,保证质量。规划教材把重点放在公共基础课和专业基础课的教材建设上;特别注意选择并安排一部分原来基础比较好的优秀教材或讲义修订再版,逐步形成精品教材;提倡并鼓励编写体现教学质量和教学改革成果的教材。

(4)主张一纲多本,合理配套。基础课和专业基础课教材配套,同一门课程可以有针对不同层次、面向不同专业的多本具有各自内容特点的教材。处理好教材统一性与多样化、基本教材与辅助教材、教学参考书、文字教材与软件教材的关系,实现教材系列资源配套。

（5）依靠专家，择优选用。在制定教材规划时依靠各课程专家在调查研究本课程教材建设现状的基础上提出规划选题。在落实主编人选时，要引入竞争机制，通过申报、评审确定主题。书稿完成后要认真实行审稿程序，确保出书质量。

繁荣教材出版事业，提高教材质量的关键是教师。建立一支高水平教材编写梯队才能保证教材的编写质量和建设力度，希望有志于教材建设的教师能够加入到我们的编写队伍中来。

21世纪高等学校计算机系列规划教材

联系人：魏江江 weijj@tup.tsinghua.edu.cn

Flash 是目前广泛应用的动画制作软件之一,设计开发人员可以使用 Flash 制作精美的动画、演示文稿、网页、游戏。

本书从实际操作入手,通过实例使读者了解动画的基本原理,快速掌握 Flash 动画的制作方法和技巧。

本书共 11 章。第 1 章讲解动画的基本原理、Flash 的工作环境、新增功能以及制作 Flash 动画的基本流程;第 2 章通过绘图范例讲解工具箱中各种工具的使用方法和在 Flash 中绘制矢量图的各种方法及技巧;第 3 章讲解 Flash 中文本的分类以及文本的输入和编辑方法;第 4 章详细讲解 Flash 中动画制作方法;第 5 章讲解图层和场景的概念和使用方法;第 6 章讲解 Flash 元件和实例的基本概念、元件的类型和创建方法;第 7 章讲解滤镜、混合模式的应用方法和技巧;第 8 章讲解骨骼动画的基本原理和创建方法;第 9 章讲解声音和视频在 Flash 中的应用;第 10 章讲解 ActionScript 的基础知识和使用 ActionScript 编程的方法;第 11 章讲解组件的概念、作用以及应用方法。通过这 11 章学习内容,使读者能将所学的 Flash 动画制作方法融会贯通,并能运用到自己的作品中。

本书结构安排合理、语言通俗易懂、讲述细致、内容丰富,选用典型实例,注重基本技术和基本方法的介绍,具有很强的可操作性。各章配有综合实例,将需要掌握的主要内容融合在综合实例中。各章最后均安排有综合性上机练习,将操作方法和实际训练相结合,着重提高读者的动手能力,具有很强的实用性。另外,通过本书,读者还能掌握学习计算机操作的通用方法:任务到方法(原理)再到新的任务,并将这一方法推广到其他软件的学习中。

本书由江汉大学计算中心策划并组织编写,第 1、第 2、第 6 和第 8 章由向华编写,第 3 和第 11 章由李岚编写,第 4 和第 9 章由江鸥编写,第 5 和第 7 章由李曼编写,第 10 章由涂英编写。全书由向华统稿。

由于 Flash 动画技术发展迅速,加之编者水平有限,书中难免有疏漏之处,敬请各位读者批评指正。

为方便教学,本书配有例题素材以及源文件,任课教师如有需要请与出版社或编者联系。

编　者

2011 年 12 月

第 1 章

Flash的基础知识

Flash 是 Adobe 公司出品的二维矢量动画设计制作软件。设计人员和开发人员可以使用 Flash 制作精美的动画、演示文稿、网页、游戏。Flash 可以将图形、声音、动画、视频及特殊效果融合在一起,制作出包含丰富媒体信息的 Flash 动画。

Flash 动画采用矢量图形、关键帧技术制作动画,生成的动画占用空间小,有利于存储和传输,并可以任意缩放尺寸而不影响质量。Flash 采用流媒体技术,使动画可以一边播放一边下载,用户可以在整个 Flash 动画文件没有下载完成时先看到已下载部分的效果,制作的动画更适合通过 Internet 传递和播放。Flash 动画可以在画面里进行控制和操作,可以创建各种按钮用于控制信息的显示、动画或声音的播放以及对不同鼠标事件进行响应,具有良好的交互性。

1.1 动画基础

1.1.1 动画基本原理

人类眼睛具有"视觉残留效应",即当被观察的物体消失后,物体仍在大脑视觉神经中停留短暂的时间。人类的视觉停留时间约为 1/24 秒,如果每秒快速更换 24 幅或 24 幅以上的画面,当前一个画面在大脑中消失以前,下一个画面进入眼帘,大脑感觉的影像就是连续的。动画就是利用这一视觉原理,将多幅画面快速、连续播放,产生动画效果。

动画制作就是采用各种技术为静止的图形或图像添加运动特征的过程。传统动画制作是在纸上一页一页地绘制静态图像,再将纸上的画面拍摄制作成胶片。例如,马走路动画是由如图 1-1 所示的一系列静止画面构成的。

图 1-1 马走路动画组成

1.1.2 传统动画与计算机动画

传统动画已经发展形成了一套完整的工作体系,可以完成许多复杂的动画工作,制作风格多样的动画作品,可以制作出任何人们可以想象到的场景和细节效果。

　　传统动画制作要经过企划、文字剧本、故事脚本、造型与美术设定、场景设计、构图、绘制背景、原画、动画、品质管理、影印描线、定色与着色、总检、摄影与冲印、剪接与套底、配音、配乐与音效、试映与发行等十多个步骤，制作过程中需要大量的专业制作人员密切配合。一段时长5分钟的动画片需要绘制三四千张画面，制作工作量相当大。

　　计算机动画则是根据传统的动画设计原理，由计算机完成动画制作过程，从而大大减少人员的投入，提高动画制作速度。按动画的表现形式，动画可以分为二维动画、三维动画两大类。二维动画沿用传统动画的原理，将一系列画面连续显示，使物体产生在平面上运动的效果。三维动画可以从不同视角表现物体运动效果，具有更强的真实感和立体感。计算机动画根据实现方法可以分为关键帧动画和算法动画。关键帧动画通过一组关键帧或关键参数值，通过插值得到中间动画帧序列来制作动画。算法动画是按照自然规律，针对不同类型物体建立各种运动方式的算法模型，计算机根据算法模型编程实现动画。

1.2　Flash 动画

1.2.1　Flash 概述

　　Flash 是一种交互式动画设计制作工具，使用 Flash 可以将音乐、声效、动画以及交互功能融合在一起，制作出高品质的动画。设计人员和开发人员可以使用 Flash 创建演示文稿、应用程序和其他允许用户交互的内容。

1.2.2　Flash 动画的特点

　　Flash 动画具有以下特点：

- Flash 动画使用矢量图形技术，对矢量图形进行任意缩放尺寸时不会失真，而且占用存储空间小，在网页上播放时下载迅速。
- Flash 能够将矢量图、位图、音频、动画和交互动作有机地、灵活地结合在一起，制作美观、新奇、交互性更强的动画。
- Flash 动画具有很好的交互性。在 Flash 中使用 ActionScript 语句可以控制动画的执行方式和执行过程，用户可以决定动画的运行过程和结果。
- Flash 动画采用流媒体技术，动画可以一边下载一边播放，适合在网络上传输。
- Flash 动画制作过程比传统的动画简单，能够大大地减少人力、物力，节约制作时间。

1.2.3　Flash 动画的应用领域

1. 网络动画

　　由于 Flash 动画中采用矢量图形，并以流媒体的形式进行播放，使其能够在文件容量不大的情况下实现多媒体的播放，因此 Flash 动画作品非常适合网络环境下的传输，而 Flash 也成为网络动画的重要制作工具之一。例如网上常见的 Flash MTV、Flash 短片等。

2. 网页广告

　　一般的网页广告都具有短小、精悍、表现力强等特点，而 Flash 恰好能满足这些要求，因此在网页广告的制作中得到广泛的应用。

3. 动态网页

Flash 具备的交互功能使用户可以配合其他工具软件制作出各种形式的动态网页。

4. 在线游戏

在 Flash 中将交互功能和 ActionScript 语句结合,可以制作出简单、有趣的 Flash 小游戏,能使用户通过网络进行在线游戏。

5. 多媒体课件

利用 Flash 将各种多媒体教学素材结合在一起,使用动画的形式展示,并添加一些交互功能,可以制作出各种多媒体教学课件,应用到多媒体教学中。

1.3 Flash CS4

1.3.1 Flash CS4 的新增功能

Flash CS4 相对于以往的 Flash 版本,功能上有大幅度的增强。例如,增加了基于对象的动画、动画编辑器、动画预设、3D 变形、骨骼动画工具、Deco 工具等功能,并采用了新的 Creative Suite 用户界面,使用户能更加简便地使用 Flash。

1. 基于对象的动画

在 Flash CS4 中增加了一种新的基于对象的动画。与传统动画根据关键帧建立动画不同,这种动画方式直接对对象建立补间,如图 1-2 所示。在基于对象的动画中,可以在舞台上通过调整绿色路径曲线的方式改变对象运动路径,并通过动画编辑器精确控制对象的各个动画属性,大大简化动画创建过程。

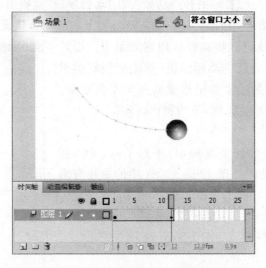

图 1-2 基于对象的动画

2. 动画编辑器

在 Flash CS4 中增加了动画编辑器,如图 1-3 所示。在动画编辑器中可以对基于对象的动画的各个关键帧中的对象位置、旋转、倾斜、缩放、色彩、滤镜等各项参数进行精确控制,还可以在缓动选项中通过设置曲线,以图形化方式控制缓动效果。

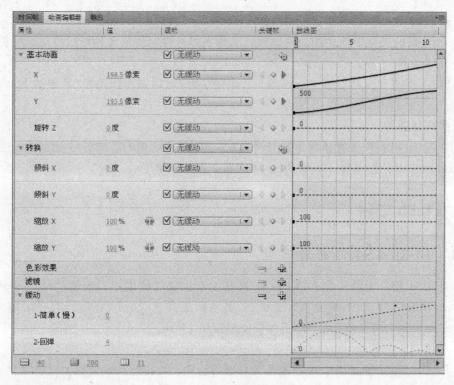

图1-3　"动画编辑器"面板

3．动画预设

动画预设是一种预先配置好的补间动画。在"动画预设"面板中有数十种Flash CS4默认配置的预设动画，如图1-4所示。用户只需选择对象，在"动画预设"面板中选择要设置的效果，单击"应用"按钮就可以将动画应用到对象上。设计人员也可以建立并保存自己的动画预设，并应用到其他对象上。在一个动画中如果经常使用相似动画类型的对象，使用动画预设可以大大简化工作，节约制作时间。

4．3D变形

Flash CS4提供3D旋转工具和3D平移工具，可以在3D空间内对对象进行动画处理。Flash CS4中的影片剪辑实例属性中包括3D定位和查看选项，工具箱中的"3D旋转工具"和"3D平移工具"可以沿X、Y、Z轴移动和旋转影片剪辑实例，添加3D透视效果，如图1-5所示。

5．骨骼动画工具

"骨骼工具"可以在一系列影片剪辑元件上添加骨骼，也可以在单个形状的内部添加骨骼，如图1-6所示。根据骨骼的父子关系，在一个骨骼移动时，与启动运动的骨骼相关的其他连接骨骼也会一同移动。利用这种骨骼之间的反向运动关系，可以轻松创建复杂的自然运动动画。

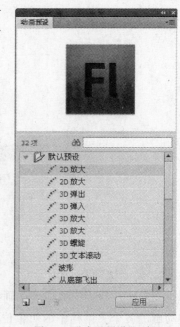

图1-4　"动画预设"面板

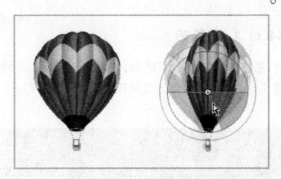

图 1-5　3D 旋转效果

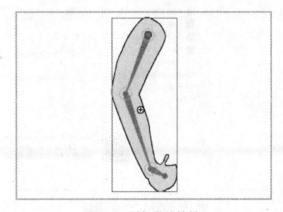

图 1-6　添加骨骼效果

6 . Deco 工具

"Deco 工具"是一种装饰性绘画工具。它可以将任何组件转换为设计工具,使用算术计算将创建的图形形状转变为复杂的图案,产生类似万花筒的效果,如图 1-7 所示。

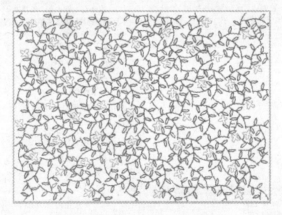

图 1-7　使用"Deco 工具"绘图效果

除了以上功能以外,在 Flash CS4 中还增加了"示例声音"库、支持 H.264 的 Adobe Media Encoder、Adobe Kuler 面板、新的项目面板、Adobe ConnectNow 集成、增强的元数据支持、XFL 导入、与 Flex 开发人员协作、社区帮助等多项功能,在这里不再一一介绍。

1.3.2 Flash CS4 的工作界面

运行 Flash CS4 时,系统先显示"欢迎"屏幕,如图 1-8 所示。在"欢迎"屏幕中可以新建 Flash 文件,从模板创建文件,打开最近打开过的项目文件,进入 Flash Exchange 网站,查看 Flash 在线帮助。

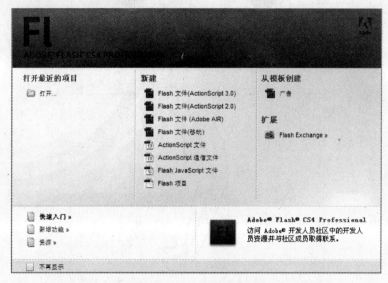

图 1-8 Flash"欢迎"屏幕

新建 Flash 文件后,Flash 工作区如图 1-9 所示。工作区由舞台、时间轴、各种面板、工具栏组成。

图 1-9 Flash 工作区

1. 舞台

舞台是制作Flash动画时放置动画对象的矩形区域,是发布后的动画在Flash Player和浏览器中回放时显示的矩形空间。Flash默认舞台大小为550×400像素,背景为白色。用户也可以单击舞台空白区域,在"属性"面板中修改舞台大小和背景颜色。

在舞台的左上角显示当前场景名称。单击舞台右上角的"编辑场景"按钮 可以切换不同场景。单击舞台左上角的"编辑组件"按钮 可以切换到对象编辑状态。在舞台右上角的"缩放比例"下拉列表中可以调整舞台的显示比例。

使用Flash的标尺、辅助线和网格等功能,可以帮助用户在舞台上定位对象。执行"视图"→"标尺"命令,在舞台的上方和左侧将显示标尺。显示标尺后,从标尺上向舞台区域拖动鼠标,可以在舞台上添加蓝色的水平辅助线或垂直辅助线,如图1-10所示。

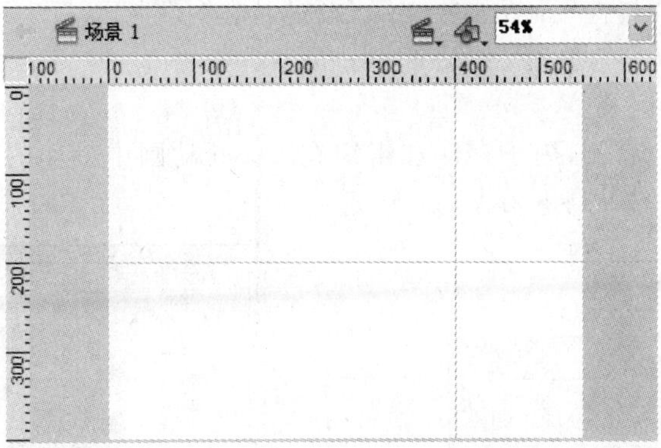

图 1-10　显示标尺和辅助线

执行"视图"→"网格"→"显示网格"命令,舞台上将显示网格,如图1-11所示。执行"视图"→"网格"→"编辑网格"命令,可以在"网格"对话框中设置网格参数。

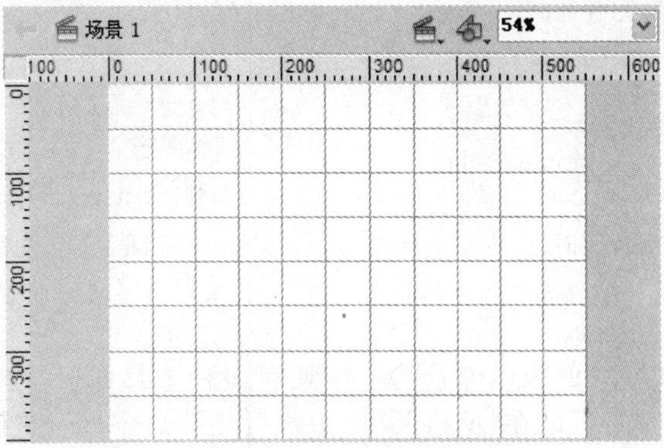

图 1-11　显示网格

2. 时间轴与图层

时间轴位于舞台下方,由图层、帧和播放头组成,如图1-12所示。

Flash动画由帧组成,可以在各帧中对舞台上的对象进行修改、设置,制作各种动画效果。红色的播放头在帧上移动,舞台上始终显示播放头指向的帧的内容。

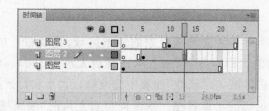

图 1-12　时间轴

图层可以看成是堆叠在一起的多张透明胶片,每一层都包含一幅显示在舞台上的图像或者某个对象的运动过程,各个图层叠加在一起实现舞台上的整体动画效果。在制作动画时,各个图层可以单独编辑而不影响其他图层。

3.“属性”面板

在 Flash CS4 中,“属性”面板放置在舞台右侧,在“属性”面板中可以查看并修改舞台、帧或舞台上选定对象的各项属性,如图 1-13 所示。

4.“库”面板

“库”面板位于舞台右侧,用于存储和组织在 Flash 动画中创建的各种元件和导入的图像、声音、视频文件,如图 1-14 所示。

图 1-13　“属性”面板

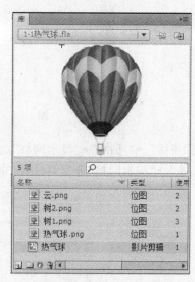

图 1-14　“库”面板

5.其他工具面板

除了“属性”面板和“库”面板以外,Flash 中还有多种工具面板,这些工具面板在默认工作区中不显示,需要的时候可以在“窗口”菜单中执行相关命令显示它们。

1.4　制作 Flash 动画的工作流程

1.4.1　新建文件并设置文档属性

要制作 Flash 动画,首先要创建一个 Flash 文件。进入 Flash 后,在“欢迎”屏幕中选择“新建 Flash 文件”命令,或者执行菜单中的“文件”→“新建”命令,建立 Flash 文件。新建文件时,应该根据动画制作需要选择 Flash 文件类型,例如 ActionScript3.0、ActionScript2.0、Adobe AIR 文件、移动 Flash 文件等。

新建 Flash 文件后,需要在"属性"面板中设置文档属性,包括帧频、舞台大小、舞台背景颜色等,如图 1-15 所示。

帧频 FPS 指动画播放的速度,单位是帧/秒。系统默认帧频设置是 24 帧/秒,即 1 秒钟播放 24 幅静态画面。帧频越大,动画播放速度越快。

舞台大小用于设置动画播放的区域,默认单位是像素。舞台大小设置范围在 1×1 像素～2880×2880 像素之间,系统默认设置舞台大小为 550×400 像素。舞台

图 1-15 文档"属性"面板

大小和单位可以单击"编辑"按钮,在"文档属性"对话框中修改,如图 1-16 所示。

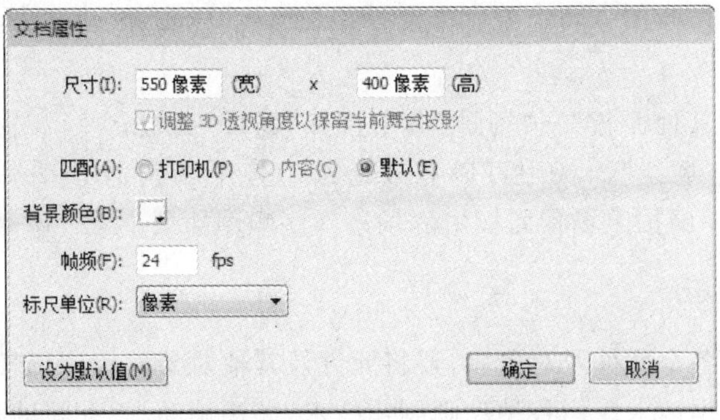

图 1-16 "文档属性"对话框

单击舞台背景颜色,可以在弹出的色板中设置舞台背景色。在舞台设置中只能将舞台设置为纯色背景,如果需要制作渐变色或图案背景则需要在舞台上使用矩形对象制作。

1.4.2 制作组件

制作组件指制作动画中需要的各种静态或动态角色对象,包括各种图形、图形、声音、动画、视频等。

在制作 Flash 作品之前,需要搜集各种动画中需要的素材,如动画中的背景音乐、语音解说、背景图片、人物或其他对象的线稿图等。这些素材以文件的形式存放在计算机中。在制作 Flash 动画时,需要将各种素材导入到作品中。执行"文件"→"导入"菜单中的相关命令即可完成导入操作。

除了导入的素材外,动画中很多静态或动态对象需要制作者根据需要制作。这些对象往往在动画中需要多次使用,就像机器中的零件一样,Flash 中这种动画"零件"称为元件。在制作动画时应该先制作元件,再利用元件完成动画。

执行"插入"→"新建元件"命令可以建立各种元件,如图 1-17 所示。

图 1-17 "创建新元件"对话框

1.4.3 安排场景

场景指的是动画角色活动与表演的场合与环境。一般在较短小的 Flash 动画中,只使用一个场景。如果动画作品比较长、比较复杂,在一个场景中制作动画会使场景里的帧系列特别长,不方便动画的编辑和管理,也很容易发生误操作。因此对较长或较复杂的动画通常分解成多个场景,分别在各个场景里编辑制作各个片段,使用户的工作变得清晰和有条理,提高工作质量和效率。

执行"窗口"→"其他面板"→"场景"命令打开"场景"面板,如图 1-18 所示。在"场景"面板中可以有效地组织各个场景。发布 SWF 文件时,动画按照场景面板中的场景次序顺序播放。

图 1-18 "场景"面板

1.4.4 制作动画

设置场景,制作各个元件及对象后,要将元件及其他对象放置到场景中时间轴的某个关键帧的舞台上,并根据需求使用各种动画制作技术,如逐帧动画、补间动画、骨骼动画等技术制作动画。

另外,还可以使用 ActionScript 语言编写程序来制作动画或控制动画运行,如图 1-19所示。

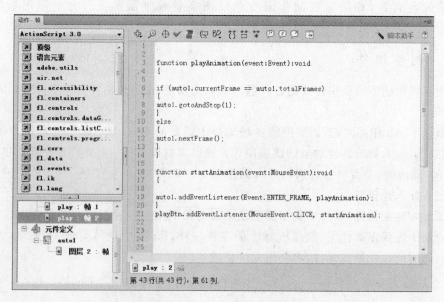

图 1-19 ActionScript 程序

1.4.5 测试影片

制作好的动画以 FLA 格式保存。执行"控制"→"测试影片"命令可以对动画进行测试，找出动画中可能隐藏的错误以及不合理的地方并进行修改。如果动画中包含 ActionScript 语句，还可以使用"调试"菜单对动画进行调试。

1.4.6 发布影片

动画制作完毕后需要将动画发布。Flash 中可以将动画发布为 SWF、HTML、GIF、JPEG、PNG、EXE、Macintosh 放映文件多种格式。执行"文件"→"发布设置"命令，在"发布设置"对话框中设置文件发布类型及各种发布选项，如图 1-20 所示。

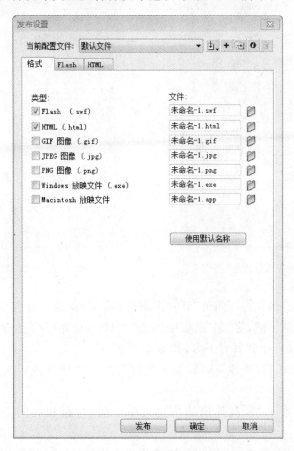

图 1-20 "发布设置"对话框

1.5 综合应用

【例 1-1】 热气球。

（1）新建一个 Flash 文件。

（2）选择"矩形工具"，在图层 1 第 1 帧中绘制一个舞台大小相同的矩形，使矩形覆盖整个舞台。

（3）执行"窗口"→"颜色"命令，在"颜色"面板中设置类型为线性，渐变颜色为深蓝到浅蓝。使用"颜料桶工具"，在矩形上从上到下拖动，做蓝色渐变填充，制作天空背景，如图1-21所示。

（4）执行"文件"→"导入"→"导入到库"命令，将素材文件夹中的"云.png"、"热气球.png"、"树1.png"、"树2.png"文件导入到库中。

（5）将"库"面板中的"云.png"图片拖动到图层1第1帧舞台中，制作天空中的云朵，如图1-22所示。

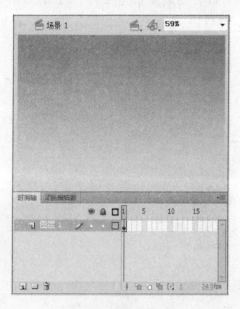
图1-21 制作天空背景

图1-22 制作云朵

（6）单击"时间轴"面板左下角的"新建图层"按钮，新建一个名为"图层2"的图层。

（7）选择图层2第1帧，将"库"面板中的"热气球.png"图片拖动到图层1第1帧舞台中。拖动热气球，将其移动到舞台下方，如图1-23所示。

（8）选择热气球，执行"修改"→"转换为元件"命令，将热气球转换为影片剪辑元件，命名为"热气球"。

（9）右击图层2第1帧，在弹出的快捷菜单中执行"创建补间动画"命令，建立补间动画。

（10）右击图层1第80帧，在弹出的快捷菜单中执行"插入帧"命令，使天空背景延续到第80帧。

（11）右击图层2第80帧，在弹出的快捷菜单中执行"插入帧"命令，使动画补间延续到第80帧。

（12）选择图层2第80帧，将舞台中的热气球拖动到舞台右上角，建立气球由舞台左下角向舞台右上角运动动画，如图1-24所示。

（13）选择图层2，单击"时间轴"面板左下角的"新建图层"按钮，新建一个名为"图层3"的图层。

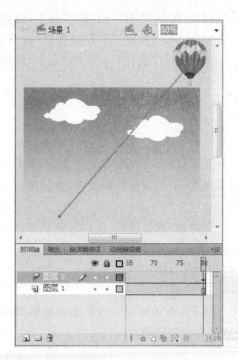

图 1-23 设置热气球起始位置　　　　　　　图 1-24 建立热气球运动动画

（14）使用"钢笔工具"在图层 3 第 1 帧中绘制小山，如图 1-25 所示。

（15）选择图层 3 第 1 帧，分别将"库"面板中的"树 1.png"、"树 2.png"图片拖动到舞台中，放置在小山上的不同位置，如图 1-26 所示。

图 1-25 绘制小山　　　　　　　　　　　　图 1-26 放置小树

（16）执行"文件"→"保存"命令，保存文件。

（17）执行"控制"→"测试影片"命令，测试动画。

（18）执行"文件"→"发布"命令，发布动画为 SWF 文件。

1.6　小结

本章介绍了 Flash 动画的原理、特点、应用领域等基本概念，以及 Flash CS4 的新增功能及基本界面。Flash 是二维矢量动画设计制作软件。Flash 动画是依据传统动画的视觉残留原理，采用矢量动画技术、流媒体技术，将矢量图、位图、音频、动画和交互动作有机地、灵活地结合在一起的动画。制作 Flash 动画需要经过新建文件并设置舞台属性、制作各种元件及对象、制作动画、保存和测试影片、发布影片等步骤。

上机练习

在 Flash 中制作一段小车开过的动画，如图 1-27 所示，将动画发布为 SWF 文件，熟悉 Flash 动画制作过程。

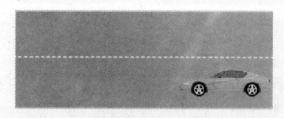

图 1-27　小车开过动画

第 2 章

绘制图形

Flash 的主要功能是制作动画,动画的基础是图形,必须先绘制图形后才能进一步制作动画。Flash 提供多种矢量图形绘制工具,使用这些绘图工具,可以快速绘制动画需要的各种图形。Flash 也可以导入位图,将位图素材导入到 Flash 中以后,还可以根据需要对位图进行转换和修改。

2.1 矢量图与位图

2.1.1 矢量图

在 Flash 中可以绘制矢量图形或导入位图来制作动画。使用工具箱中的各种绘图工具绘制的图形是矢量图形,如图 2-1 所示。矢量图形使用点、直线和曲线来描述图形信息。这些点、直线和曲线的基本参数,如位置坐标、边框宽度、边框颜色、填充方式和填充颜色等信息保存在 Flash 文件中,计算机通过这些基本信息在显示器上绘制图形。

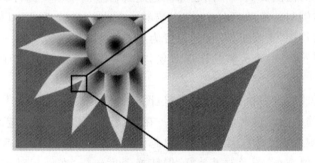

图 2-1　矢量图形及局部放大效果

因为矢量图形文件保存的是图形的各种参数,信息量较小,所以文件占用空间较小。对矢量图形进行放大、缩小或旋转等操作时不会失真。矢量图形一般用来表达易于用直线、曲线表现的信息,在 Flash 动画中大量应用,但不适合表现色彩层次丰富的逼真图像。

2.1.2 位图

位图也称为图像,由像素点构成,如图 2-2 所示。每个像素点的颜色信息采用一组二进制数描述。位图需要保存的数据量较大,占用的存储空间较大,适合表现自然景观、人物、动植物等引起人类视觉感受的事物。位图可以导入到 Flash 文件中,导入的位图也可以根据需要转换为矢量图。在 Flash 中位图使用相对较少,通常用作动画背景。

图 2-2　位图及局部放大效果

2.1.3　导入图片

Flash 中可以导入各种在其他应用程序中创建的矢量图和位图。

对于矢量图,执行"文件"→"导入"→"导入到舞台"命令,可以将矢量图以组对象的形式导入到舞台中央。执行"文件"→"导入"→"导入到库"命令,可以将矢量图导入到"库"面板中作为图形元件使用,再根据需要将"库"面板中的图形元件拖动到舞台上。

对于位图,执行"文件"→"导入"→"导入到舞台"命令,可以将位图导入到舞台中央并同时保存在"库"面板中。执行"文件"→"导入"→"导入到库"命令,可以将位图导入到"库"面板中,再根据需要将"库"面板中的图片拖动到舞台上。另外,在"颜色"面板中可以将已导入的位图应用为填充,以平铺位图的方式填充对象。

在舞台上使用的位图实际是"库"面板中的对应位图项目的实例,当删除"库"面板中的位图项目时,舞台上的位图实例将一同删除。选定舞台上的位图实例,执行"修改"→"分离"命令,可以将位图实例与其库项目分离,将其转换为形状。转换后,可以使用 Flash 绘图工具修改位图,还可以使用"滴管工具"将其设置为填充图案。

分离后的位图仍然是一个完整的图形对象,可以使用"套索工具"中的魔术棒功能选择颜色相同或近似的区域进行编辑修改。

选定舞台上的位图实例,执行"修改"→"位图"→"转换位图为矢量图"命令,可以将位图转换为具有可编辑的离散颜色区域的矢量图。在转换时系统将根据设定的颜色阈值将原位图中的相近颜色区域将转变为矢量形状,阈值越大,转换后的图形中包括的颜色数量越少,图形效果越粗糙,阈值越小,图形效果越好,但转换速度较慢,文件相对较大,因此需要根据实际情况设置。

【例 2-1】 导入位图。

(1) 新建一个 Flash 文件。

(2) 执行"文件"→"导入"→"导入到舞台"命令,在"导入"对话框中选择导入素材文件夹中的"向日葵.JPG"文件,将图片导入到舞台中央。

(3) 选定图片,将图片拖动到舞台左侧。

(4) 将"库"面板中的"向日葵.JPG"图片拖动到舞台右侧,此时舞台上有两幅相同的向日葵图片,如图 2-3 所示。

图 2-3 导入图片

（5）选择左侧图片,执行"修改"→"分离"命令,将图片分离。单击选定左侧图片并拖动,分离后的图片随鼠标整体移动。

（6）选择右侧图片,执行"修改"→"位图"→"转换位图为矢量图"命令,在"转换位图为矢量图"对话框中设置颜色阈值为 30、最小区域为 8 像素、曲线拟合为平滑、角阈值为较少转角,将位图转换为矢量图。单击选定右侧图片并拖动,矢量图中的选定色块随鼠标移动。

2.2 图形的绘制

2.2.1 绘制模式

在 Flash 中绘制图形时,可以选择采用合并绘制模式或对象绘制模式,两种绘制模式各有特点,必须根据需要选择最合适的绘制模式。

1. 合并绘制模式

选择绘图工具后,如果工具箱下方的"对象绘制"按钮 ⊙ 处于弹起状态,表示当前是合并绘制模式。在合并绘制模式中绘制形状的笔触和填充将作为独立的图形元素,可以单独选择和移动,如图 2-4 所示。

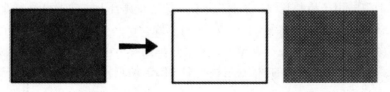

图 2-4 合并绘制模式绘制的矩形

在合并绘制模式中,当绘制在同一图层中的不同颜色的形状互相重叠时,上层的形状会截去下层图形中与其重叠的形状部分。如图 2-5 所示,在合并绘制模式中绘制了一个圆与下方的矩形重叠,移动圆后,会删除矩形中圆与矩形重叠的部分。

在合并绘制模式中,绘制在同一图层中颜色相同的重叠形状会合并在一起,如图 2-6 所示。

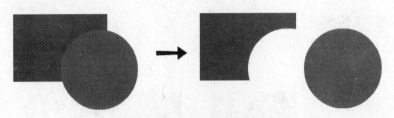

图 2-5 截去重叠形状

2. 对象绘制模式

选择绘图工具后，按下工具箱下方的"对象绘制"按钮○，可以进入对象绘制模式。在对象绘制模式下绘制的形状周围用矩形边框来标识，如图 2-7 所示，此时绘制的形状是单独的图形对象，形状的笔触和填充是对象内部元素，移动图形对象时，笔触和填充将一同移动，而这些图形对象在重叠时也不会自动合并或截去。

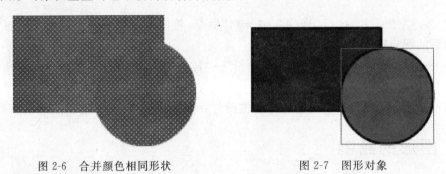

图 2-6 合并颜色相同形状   图 2-7 图形对象

绘制的图形对象可以重叠，可以在"修改"菜单或快捷菜单中调整排列次序。对图形对象执行"修改"→"分离"命令可以将其转换为普通形状。

2.2.2 绘制线条

在 Flash 中，可以使用"线条工具"、"铅笔工具"、"刷子工具"、"钢笔工具"在舞台上绘制各种线条。

1. 线条工具

"线条工具"＼用于绘制直线。选择"线条工具"，在舞台上拖动即可绘制直线。在绘制直线时按住 Shift 键可以绘制水平、垂直或 45°角直线。

选择"线条工具"后，可以在工具箱下方的颜色框选择笔触颜色作为绘制线条的颜色，也可以在"属性"面板中设置线条的颜色、笔触粗细、样式、端点样式、接合样式等选项后再绘制直线。

使用"选择工具"选定绘制的直线，在"属性"面板中可以对选定直线的属性进行修改。

使用"选择工具"选定绘制的直线，再拖动鼠标，可以在舞台上移动直线，如图 2-8 所示。

使用"选择工具"指向绘制的直线，当光标变为 ↳ 形时拖动鼠标，可以将直线修改为曲线，如图 2-9 所示。

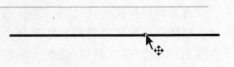

图 2-8 移动直线

使用"选择工具"指向绘制的直线端点,当光标变为 形时拖动鼠标,可以改变直线端点的位置,如图 2-10 所示。

图 2-9 将直线修改为曲线 　　　　　图 2-10 改变直线端点位置

2. 铅笔工具

"铅笔工具" 用于绘制任意线条。选择"铅笔工具",在舞台上拖动即可绘制任意直线或曲线。在绘制时按住 Shift 键可以绘制直线。

选择"铅笔工具"后,可以在工具箱下方的笔触颜色框选择颜色作为绘制线条的颜色,也可以在"属性"面板中设置线条的颜色、笔触粗细、样式、端点样式、接合样式等选项后再绘制线条。

选择"铅笔工具"后,工具箱下方的选项中可以设置铅笔模式为伸直、平滑或墨水。

- 伸直模式 ：绘制的线条比较平直,转折处有明显的棱角。
- 平滑模式 ：绘制的线条平滑,更接近曲线。
- 墨水模式 ：不对线条做修改,直接显示手绘效果。

三种模式绘制的线条如图 2-11 所示。

(a) 伸直模式　(b) 平滑模式　(c) 墨水模式

图 2-11 三种铅笔模式绘制的线条

3. 刷子工具

"刷子工具" 可以使用类似刷子的笔触绘制线条。

选择"刷子工具"后,可以在工具箱下方的填充颜色框选择填充颜色作为绘制线条的颜色,也可以在"属性"面板中设置填充的颜色和平滑度后再绘制线条。

选择"刷子工具"后,工具箱下方的选项中可以设置刷子大小、形状和刷子模式。在刷子模式中包括标准绘画、颜料填充、后面绘画、颜料选择和内部绘画五种模式。

- 标准绘画 ：在当前图层绘制,绘制的线条会遮盖图层中已有的线条和填充。
- 颜料填充 ：只对填充区域和空白区域绘制,不影响已有线条。
- 后面绘画 ：在已有填充和线条的背后绘制,不影响已有线条和填充。
- 颜料选择 ：只在选定的区域内进行绘画,不影响选定区域以外的区域。
- 内部绘画 ：对刷子开始绘制时所在的填充范围内进行涂色,如果在空白区域开始涂色,则填充不影响任何已有填充区域。

5 种刷子模式绘制的线条如图 2-12 所示。

(a) 标准绘画　(b) 颜色填充　(c) 后面绘画　(d) 颜色选择　(e) 内部涂色

图 2-12 5 种刷子模式的绘图效果

4. 钢笔工具

使用"钢笔工具" 可以精确绘制平滑的曲线路径或直线路径。

选择"钢笔工具"在舞台上单击,可以创建转角锚点,绘制由转角锚点连接的直线段路径。

选择"钢笔工具"在舞台上拖动,可以创建曲线锚点,绘制曲线路径。拖动鼠标时将显示锚点的贝济埃方向线,拖动鼠标可以改变方向线的长度和斜率,决定曲线的形状。在绘制曲线路径时,应该在曲线改变方向的位置添加锚点并设置方向线。绘制曲线时应该使用尽量少的锚点,这样可以更方便地控制曲线形状,并加快曲线的显示速度。

使用"钢笔工具"时,鼠标指针会用不同各形状反映当前的绘制状态。各种指针形状如下:

- 初始锚点指针 ：表示在舞台上单击,将创建初始锚点。
- 连续锚点指针 ：表示下次单击或拖动鼠标时将创建一个锚点,并用一条直线或曲线与前一个锚点连接。
- 添加锚点指针 ：表示下次单击鼠标时将在现有路径上添加一个锚点。当钢笔工具定位在选定路径上时,它将变为添加锚点工具。
- 删除锚点指针 ：表示下次在现有路径上单击鼠标时将删除一个锚点。当钢笔工具定位在锚点上时,它将变为删除锚点工具。
- 连续路径指针 ：当鼠标位于路径上的锚点上方才出现,表示单击将从现有锚点添加新路径。
- 闭合路径指针 ：当鼠标位于现有路径的起始锚点上方才出现,表示单击将闭合当前正在绘制的路径。
- 连接路径指针 ：当鼠标位于其他已有路径端点上方才出现,表示单击将当前绘制路径与其他路径端点连接。
- 回缩贝济埃手柄指针 ：当鼠标位于显示其贝济埃手柄的锚点上方时显示。表示单击将回缩贝济埃手柄,并使得穿过锚点的弯曲路径恢复为直线段。

除了"钢笔工具"外,工具箱中还有"添加锚点工具" 、"删除锚点工具" 和"转换锚点工具" 。这些工具在工具箱中位于"钢笔工具"下方,单击"钢笔工具"按钮,可以展开这些工具并进行切换。

路径上的锚点可以使用"部分选取工具" 选择并移动。使用"部分选取工具"单击路径,可以选定整个路径,选定的路径用绿色表示,路径上的锚点用空心正方形表示,如图2-13所示,此时可以移动路径,路径形状不变。

选择路径后,再次使用"部分选择工具"单击锚点,可以选择锚点。选定的转角锚点用实心正方形表示,曲线锚点用实心圆表示并显示贝济埃方向线,如图2-14所示。此时拖动锚点可以移动锚点位置。对曲线锚点还可以拖动方向线两端的控制柄,改变方向线的长度和斜率,修改曲线形状。

图2-13 选择路径

图2-14 选定锚点

【**例 2-2**】 树叶。

（1）新建一个 Flash 文件。

（2）使用"钢笔工具"在舞台左侧单击创建树叶起始锚点。依次在树叶轮廓曲线方向转折位置拖动鼠标，建立 4 个曲线锚点。将鼠标指向起始锚点并单击，封闭树叶轮廓，如图 2-15 所示。

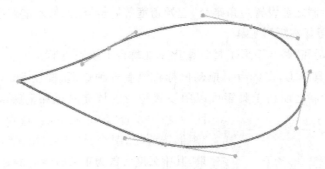

图 2-15　绘制树叶轮廓

（3）选择"直线工具"，按下工具箱下方的"对象绘制"按钮，在舞台中绘制一条直线穿过树叶轮廓。使用选择工具指向直线中部并拖动，将直线修改为曲线，完成叶柄，如图 2-16 所示。

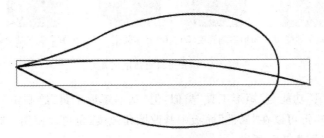

图 2-16　绘制叶柄

（4）选择叶柄，执行"修改"→"分离"命令，将叶柄分离为形状，与树叶轮廓合并。

（5）选择"铅笔工具"，在工具箱下方设置模式为平滑模式，在叶柄两侧绘制叶脉，如图 2-17 所示。

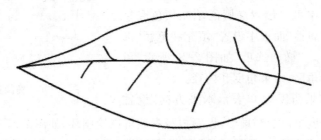

图 2-17　绘制叶脉

（6）在工具箱中设置填充颜色为绿色，使用"颜料桶工具"在树叶内部单击，将树叶填充为绿色，完成绘制。

2.2.3　绘制形状

在 Flash 中可以使用"矩形工具"、"椭圆工具"、"基本矩形工具"、"基本椭圆工具"和"多角星形工具"绘制各种形状。其中"基本矩形工具"和"基本椭圆工具"绘制的是图元对象,绘制的图元对象可以精确控制形状大小、边角半径及其他属性。其他工具绘制的是普通形状,这些形状必须在绘制之前设置边角半径、起始角度等属性,绘制后不能修改这些选项。

1. 矩形工具与基本矩形工具

"矩形工具" □ 和"基本矩形工具" □ 用于在舞台上绘制矩形。

选择"矩形工具" □ ,在舞台上拖动鼠标将绘制各种矩形,按住 Shift 键同时拖动鼠标将绘制正方形。绘制之前在工具箱可以中设置矩形的填充颜色和笔触颜色,也可以在"属性"面板中设置"填充和笔触"选项以及"矩形选项"。

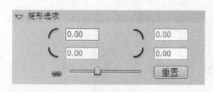

图 2-18　"矩形选项"对话框

"矩形选项"如图 2-18 所示,用于设置矩形的圆角效果,其中弧度参数为正数时绘制的是凸起圆角,参数为负数时是凹陷圆角,取消锁定后四个圆角弧度可以独立设置,如图 2-19 所示。"矩形工具"绘制矩形必须先设置圆角角度,已绘制的矩形不能再改变圆角弧度。

(a)圆角弧度:0　　(b)圆角弧度:20　　(c)圆角弧度:-20　　(d)独立设置圆角弧度

图 2-19　不同圆角弧度的矩形

"基本矩形工具"功能与"矩形工具"类似,但"基本矩形工具"绘制矩形时只能使用对象绘制模式,绘制的矩形可以在"属性"面板中修改圆角弧度,也可以使用"选择工具"拖动基本矩形四角的控制点调整圆角弧度。

2. 椭圆工具与基本椭圆工具

"椭圆工具" ○ 和"基本椭圆工具" ○ 用于在舞台上绘制矩形。

选择"椭圆工具" ○ ,在舞台上拖动鼠标可以绘制各种椭圆,按住 Shift 键同时拖动鼠标将绘制圆。绘制之前在工具箱中可以设置椭圆的填充颜色和笔触颜色,也可以在"属性"面板中设置"填充和笔触"选项以及"椭圆选项"。"椭圆选项"如图 2-20 所示,用于设置椭圆的开始角度、结束角度和内径。

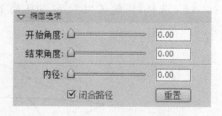

图 2-20　"椭圆选项"对话框

开始角度和结束角度为 0°表示水平方向,设置开始角度和结束角度可以绘制扇形,设置内径参数可以绘制环,如图 2-21 所示。

"基本椭圆工具"功能与"椭圆工具"类似,但"基本椭圆工具"绘制椭圆时只能使用对象绘制模式。使用"基本椭圆工具"绘制的椭圆可以在"属性"面板中修改开始角度、结束角度和内径,也可以使用"选择工具"拖动基本椭圆圆周上的控制点调整开始角度、结束角度和内径,而"椭圆工具"绘制的椭圆不能再改变开始角度、结束角度和内径。

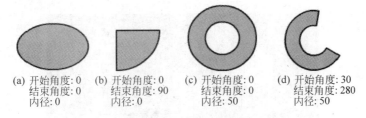

(a) 开始角度: 0	(b) 开始角度: 0	(c) 开始角度: 0	(d) 开始角度: 30
结束角度: 0	结束角度: 90	结束角度: 0	结束角度: 280
内径: 0	内径: 0	内径: 50	内径: 50

图 2-21　使用"椭圆工具"绘制的各种形状

3. 多角星形工具

"多角星形工具" ⬠ 用于绘制多边形和星形。

选择"多角星形工具" ⬠ ，在舞台上拖动鼠标将绘制五边形。绘制之前在工具箱中可以设置多边形的填充颜色和笔触颜色，也可以在"属性"面板中设置"填充和笔触"选项。

选择"多角星形工具" ⬠ ，单击"属性"面板的"工具设置"选项中的"选项"按钮，在打开的"工具设置"对话框中可以设置多边形和星形样式、边数和星形顶点大小，如图 2-22 所示。

图 2-22　"工具设置"对话框

【例 2-3】　夜色。

（1）新建一个 Flash 文件，在"属性"面板中设置舞台颜色为黑色。

（2）选择"椭圆工具"，在工具箱中设置绘制模式为合并绘制模式，设置填充颜色为黄色，笔触颜色为无色，在舞台左上方绘制一个圆，如图 2-23 所示。

图 2-23　绘制圆

（3）选择"椭圆工具"，在工具箱中设置绘制模式为合并绘制模式，设置填充颜色为蓝色，笔触颜色为无色，在黄色圆的右侧叠加绘制一个椭圆，如图 2-24 所示。

（4）使用"选择工具"选择蓝色椭圆，按 Del 键，删除蓝色椭圆，得到弯月，如图 2-25 所示。

（5）选择"矩形工具"，在工具箱中设置绘制模式为对象绘制模式，设置填充颜色为浅灰色，笔触颜色为深灰色，在舞台下方绘制几个矩形楼房，如图 2-26 所示。

图 2-24　绘制叠加椭圆

图 2-25　绘制弯月

图 2-26　绘制楼房

（6）选择"多角星形工具"，在工具箱中设置绘制模式为对象绘制模式。单击"属性"面板中的"选项"按钮，在"工具设置"对话框中设置样式为星形，边数为 5，星形顶点大小为 0.2，在舞台上方绘制几个不同大小的五角星形。再次单击"属性"面板中的"选项"按钮，在"工具设置"对话框中设置边数为4，在舞台上方绘制几个大小不同的四角星形，如图2-27所示。

图 2-27 绘制星形

（7）保存文件，完成夜色绘图。

2.2.4 绘制装饰性图案

使用 Flash 的装饰性绘画工具，可以制作一些特殊图案效果或将创建的图形转变为复杂的几何图案。

1. 喷涂刷工具

"喷涂刷工具" 用于在舞台上喷涂粒子点或指定图案。

默认情况下，"喷涂刷工具"喷射的是粒子点。选择"喷涂刷工具"后，在"属性"面板的"元件"选项中单击"编辑"按钮，在"交换元件"对话框中选择要使用的元件，可以将元件作为喷射图案使用。

【例 2-4】 落叶。

（1）打开例 2-2 制作的"2-2 树叶.fla"文件。

（2）使用"颜料桶工具"将树叶填充为黄色。使用"任意变形工具"将树叶缩小。

（3）使用"选择工具"选择树叶，执行"修改→转换为元件"命令，在"转换为元件"对话框中设置元件名称为"黄叶"，类型为影片剪辑，将树叶转换为影片剪辑元件。

（4）选择舞台上的黄叶元件实例，将其删除。

（5）选择"喷涂刷工具"，单击"属性"面板的"元件"选项中的"编辑"按钮，在"交换元件"对话框中选择"黄叶"元件。选择"随机缩放"和"随机旋转"复选框。

（6）使用"喷涂刷工具"在舞台上拖动，绘制落叶遍地效果，如图2-28所示。

2. Deco 工具

"Deco 工具" 用于在选定对象上快速绘制藤蔓、网格、对称等特殊填充效果。

选择"Deco 工具"后，在"属性"面板的"绘制效果"选项中可以选择填充方式是藤蔓式填充、网格填充或对称刷子。

藤蔓式填充是以藤蔓式图案填充舞台、元件或封闭区域。默认藤蔓式填充效果如图2-29所示。也可以在"绘制效果"选项中单击"花"和"叶"选项后面的"编辑"按钮，将库中的元件定义为叶子和花朵。

图 2-28　落叶

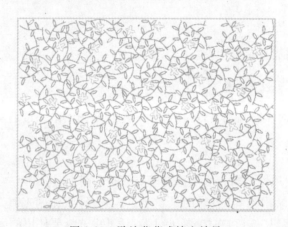

图 2-29　默认藤蔓式填充效果

网格填充创建棋盘状或平铺图案填充效果。系统默认网格填充对象是 25×25 像素、无笔触的黑色矩形。也可以在"绘制效果"选项中单击"填充"选项后面的"编辑"按钮,如图 2-30 所示,将库中的元件定义为填充对象。

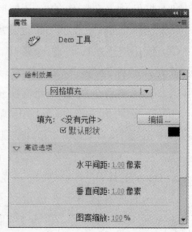

图 2-30　"Deco 工具"的"属性"对话框

对称画笔用于创建围绕中心对称排列的图案效果,如钟面、旋涡等。系统默认对称画笔的模块对象是 25×25 像素、无笔触的黑色矩形。在"属性"面板中选择"对称画笔"填充方式后,还可以在"高级选项"中选择对称方式,对称方式分为跨线反射、跨点反射、绕点旋转、网格平移四种效果,如图 2-31 所示。也可以在"绘制效果"选项中单击"模块"选项后面的"编辑"按钮,将库中的元件定义为对称绘制对象。使用对称画笔在舞台上单击绘制对象时,将显示一组手柄,拖动手柄可以改变对称效果。

【例 2-5】　纹理图案。

(1) 新建一个 Flash 文件。

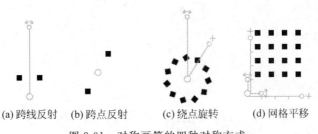

(a)跨线反射　(b)跨点反射　(c)绕点旋转　(d)网格平移

图 2-31　对称画笔的四种对称方式

（2）执行"插入→新建元件"命令，在"创建新元件"对话框中设置元件名称为"云纹"，类型为影片剪辑，单击"确定"按钮创建元件。

（3）在"云纹"元件中使用"钢笔工具"绘制云纹图形，如图 2-32 所示。

（4）执行"插入"→"新建元件"命令，在"创建新元件"对话框中设置元件名称为"基本图案"，类型为影片剪辑，单击"确定"按钮创建元件。

（5）选择"Deco 工具"，在"属性"对话框中设置"绘制效果"选项为对称刷子，单击"模块"选项后面的"编辑"按钮，在"交换元件"对话框中选择"云纹"元件，在"基本图案"元件中绘制云纹组成的对称图案，如图 2-33 所示。

图 2-32　制作"云纹"元件　　　　　图 2-33　制作"基本图案"元件

（6）单击舞台左上方的"场景"按钮，回到场景舞台。

（7）选择"Deco 工具"，在"属性"对话框中设置"绘制效果"选项为网格填充，单击"模块"选项后面的"编辑"按钮，在"交换元件"对话框中选择"基本图案"元件，在"高级选项"中设置水平间距及垂直间距均为 0 像素，在舞台中单击，绘制纹理图案，如图 2-34 所示。

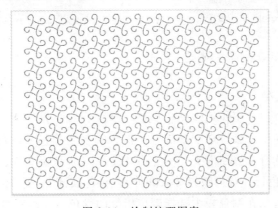

图 2-34　绘制纹理图案

2.3 颜色填充

2.3.1 颜色面板

执行"窗口"→"颜色"命令,打开"颜色"面板,如图 2-35 所示。在"颜色"面板中可以分别设置笔触颜色和填充颜色。设置颜色时可以选择无色、纯色、线性、放射状和位图 5 种颜色类型。

Flash 支持 RGB 和 HSB 两种颜色模型。RGB 颜色模型使用红、绿、蓝三种颜色的色光相叠加,产生各种颜色。HSB 颜色模型使用色相、饱和度和明度三个参数定义颜色。"颜色"面板的默认颜色模型是 RGB 颜色。

1. 纯色类型

在"颜色"面板中单击 ![按钮] 或 ![按钮] 按钮,展开调色板,在调色板中单击颜色块,可以选择笔触颜色或填充颜色。

在"颜色"面板的"类型"选项中选择"纯色",可以将笔触颜色和填充颜色设置为纯色。在 RGB 模式下,在"红"、"绿"、"蓝"颜色值框中输入颜色值,设置颜色,如图 2-35 所示。单击"颜色"面板右上角的 ![按钮] 按钮,在弹出的菜单中选择 HSB 命令,可以将颜色模型改为 HSB 颜色。在 HSB 模式下,在"色相"、"饱和度"、"亮度"文本框中输入值,设置颜色,如图 2-36 所示。另外,直接在颜色板中单击选取颜色,或直接输入十六进制颜色值也能设置颜色。设置颜色后,在 Alpha 文本框中设置颜色的透明度。

图 2-35 RGB 模型"颜色"面板

图 2-36 HSB 模型"颜色"面板

2. 线性、放射状类型

在"颜色"面板的"类型"下拉列表框中选择"线性"或"放射状"项,可以为笔触和填充设置线性渐变或放射状渐变。线性渐变是沿着一根直线改变颜色,放射状渐变是由一个中心焦点向外改变颜色。选择渐变类型后,"颜色"面板下方渐变定义栏包含两个颜色指针,如图 2-37 所示。单击颜色指针选择该指针,此时颜色指针顶部的三角形变成黑色表示选定该指针。双击颜色指针可以在调色板中选择颜色指针的颜色。拖动颜色指针可以调整颜色指针在渐变定义栏中的位置。在渐变定义栏上单击,可以添加颜色指针。Flash中最多允许添加15个颜色指针,即最多可以创建15种颜色转变的渐变。将渐变指针向下拖离渐变定义栏,将删除颜色指针。另外,在"溢出"下拉列表框中,还可以设置渐变方式是扩展、反复或重复。

3. 位图类型

在"颜色"面板的"类型"下拉列表框中选择"位图"项,"颜色"面板下方将出现当前文档库中的所有图片,如图2-38所示。可以从这些图片中选择要填充的位图,或单击面板中的"导入"按钮,导入要填充的位图。如果当前文档库中没有图片素材,系统将弹出"导入到库"对话框,导入要填充的位图。

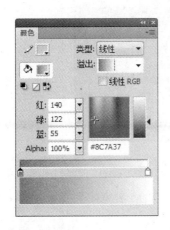

图2-37 线性渐变类型"颜色"面板

图2-38 位图类型"颜色"面板

4. 无色类型

单击"颜色"面板中的"无色" 按钮,或在"类型"下拉列表中选择"无",可以将笔触或填充颜色设置为无色。

另外,单击工具箱或"颜色"面板中的 按钮,可以设置笔触颜色为黑色,填充颜色为白色。单击 按钮,可以交换已设置的笔触颜色和填充颜色。

2.3.2 颜料桶工具

"颜料桶工具"用于使用填充颜色填充封闭区域。

选择"颜料桶工具" ,在"颜色"面板中设置要填充的颜色,在舞台上的图形中单击,可以使用颜色填充图形中的封闭区域。

如果要填充的图形没有完全封闭,颜料桶填充则可能无法进行。选择"颜料桶工具"后,单击工具箱下方的"空隙大小"按钮,选择填充时封闭空隙状态为不封闭空隙、封闭小空隙、封闭中等空隙或封闭大空隙。"不封闭空隙"选项要求要填充的图形完全封闭才能进行填充,其他三个选项则可以设置在不同大小空隙的状态下能否进行填充。

在Flash绘图时,通常采用渐变填充在图形中表现高光和阴影效果,使图形产生立体感。

【例 2-6】 立体按钮。

（1）新建一个 Flash 文件，在"属性"面板中设置舞台颜色为黑色。

（2）选择"椭圆工具"，在"颜色"面板中设置笔触颜色为无色，填充颜色为由白色到蓝色的线性渐变，按住 Shift 键，在舞台左侧绘制一个从左到右由白色到蓝色填充的大圆，如图 2-39 所示。

图 2-39　绘制渐变填充大圆

（3）选择"椭圆工具"，按住 Shift 键，在舞台右侧再绘制一个渐变填充小圆，如图 2-40 所示。

图 2-40　绘制渐变填充小圆

（4）选择小圆，执行"修改"→"变形"→"水平翻转"命令，将小圆水平翻转。

（5）选择两个圆，执行"修改"→"对齐"→"水平居中"和"修改"→"对齐"→"垂直居中"命令，将两个圆圆心对齐，完成立体按钮，如图 2-41 所示。

图 2-41 立体按钮

2.3.3 墨水瓶工具

"墨水瓶工具" 用于修改线条的笔触颜色、宽度和样式。

选择"墨水瓶工具"后,在"属性"面板中可以设置笔触颜色、宽度、样式、缩放、端点和结合等选项,如图 2-42 所示。在"颜色"面板中可以设置笔触的颜色。设置笔触选项和颜色后,在舞台上单击要修改笔触的线条和图形,设置的笔触效果会应用到线条和图形上。

【例 2-7】 彩色纹理。

(1) 打开例 2-5 制作的"2-5 纹理图案. fla"文件。

(2) 选择舞台上的纹理图案,执行 4 次"修改"→"分离"命令,将纹理图案分离为图形。

(3) 执行"编辑"→"全选"命令,选定舞台上所有线条。

(4) 选择"墨水瓶工具",在"颜色"面板中设置笔触类型为线性渐变,颜色为颜色板中的七彩渐变色。舞台上所选线条颜色转变为彩色渐变,如图 2-43 所示。

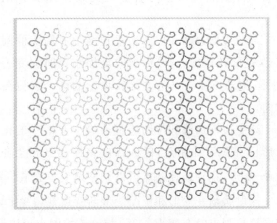

图 2-42 墨水瓶工具"属性"面板　　　　　　图 2-43 彩色纹理

2.3.4 滴管工具

"滴管工具" 📏 用于从一个对象复制填充和笔触属性,然后将它们应用到其他对象。

选择"滴管工具",在要复制的笔触区域单击,此时鼠标变为 🖋 形,单击要应用笔触属性的图形,选择的笔触属性即可复制到图形上。

选择"滴管工具",在要复制的填充区域单击,此时鼠标变为 🖌 形,单击要应用填充属性的图形,选择的填充属性即可复制到图形上。

2.3.5 渐变变形工具

"渐变变形工具" 📐 用于修改线性渐变、放射状渐变和位图三种填充样式。

使用"渐变变形工具",单击已设置线性渐变填充的对象,对象上的控点如图 2-44 所示。

使用"渐变变形工具",单击已设置放射状渐变填充的对象,对象上的控点如图 2-45 所示。

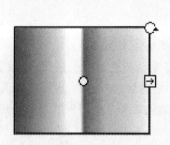

图 2-44 线性渐变变形控点

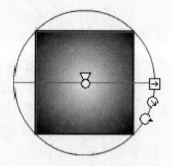

图 2-45 放射状渐变变形控点

使用"渐变变形工具",单击已设置位图填充的对象,对象上的控点如图 2-46 所示。

渐变填充和位图填充中心的圆形控制点 ⊙ 是填充中心点,鼠标指向该控制点时会变为 ✛ 形,拖动该控制点可以移动渐变填充或位图填充的中心。

渐变边框边缘和位图边框边缘上有箭头的圆圈 ⟳ 是旋转控制点,鼠标指向该控制点时会变为 ⟲ 形,拖动该控制点可以旋转填充的渐变或位图方向。

渐变边框边缘和位图边框边缘上有箭头的正方形 ⊡ 是宽度控制点,鼠标指向该控制点时会变

图 2-46 位图变形控点

为 ⟷ 形,拖动该控制点可以调整渐变填充或位图填充的宽度。

放射状渐变变形和位图变形渐变边框边缘上内部有箭头的圆圈 ⟳ 是大小控制点,鼠标指向该控制点时会变为 ⊙ 形,拖动该控制点可以调整放射状渐变填充或位图填充的大小。

放射状渐变变形的渐变边框中的倒三角形 ▽ 是渐变焦点，鼠标指向该控制点时会变为 ▼ 形，拖动该控制点可以调整放射状渐变的焦点（放射中心）位置。

位图填充变形的渐变边框边缘的平行四边形 ▱ 是倾斜控制点，鼠标指向该控制点时会变为 ⬌ 形，拖动该控制点可以将填充的位图倾斜。

【例 2-8】 九宫格连续图案。

（1）新建一个 Flash 文件。

（2）使用"矩形工具"，设置笔触颜色为无色，填充颜色为黑色，在舞台中绘制一个正方形，如图 2-47 所示。

图 2-47 绘制正方形

（3）在"颜色"面板中设置填充类型为位图，在"导入到库"对话框中选择素材文件夹中的"向日葵.jpg"文件导入，并设置为填充图案。使用"颜料桶工具"在正方形上单击，设置位图填充，如图 2-48 所示。

图 2-48 设置位图填充

（4）使用"填充变形工具"在填充位图的中心图案上单击，拖动图案左下脚的大小控制点 ⊘，调整填充图案大小，使正方形中填充 9 个向日葵图案，完成九宫格连续图案，如图 2-49 所示。

图 2-49　九宫格连续图案

2.3.6　橡皮擦工具

"橡皮擦工具" 用于擦除舞台上已绘制图形的线条和填充。

选择"橡皮擦工具",在工具箱下方设置好擦除状态和橡皮擦形状,在舞台上要擦除的对象上单击或拖动,即可擦除线条或填充。

"橡皮擦工具"包含 5 种擦除状态;分别是标准擦除、擦除填色、擦除线条、擦除所选填充和内部擦除,擦除效果如图 2-50 所示。

标准擦除 ：擦除同一图层中图形对象的笔触和填充。

擦除填色 ：擦除同一图层中图形对象的填充颜色,不擦除笔触颜色。

擦除线条 ：擦除同一图层中图形对象的笔触颜色,不擦除填充颜色。

擦除所选填充 ：在当前图层的已选定区域中擦除填充,不擦除笔触和选定区域以外的内容。

内部擦除 ：擦除橡皮擦开始处所在的图形封闭区域内连续填充颜色。如果从空白位置开始擦,则不擦除任何内容。

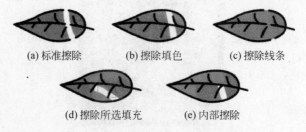

(a) 标准擦除　　(b) 擦除填色　　(c) 擦除线条

(d) 擦除所选填充　　(e) 内部擦除

图 2-50　不同擦除状态的擦除效果

选择"橡皮擦工具"后,还可以在工具箱下方选择"水龙头工具" ,快速准确地擦除笔触和填充。使用"水龙头工具"在填充颜色上单击,可以擦除单击处所在的封闭区域的所有填充颜色。使用"水龙头工具"在线条上单击,可以删除单击处所在的整个线条。

"橡皮擦工具"只能擦除图形对象中的笔触和填充,不能直接擦除文本、位图等对象。如果要擦除文本和位图内容,需要先将其分离为图形,再进行擦除。

2.4 图形的编辑

2.4.1 选择对象

要修改一个对象,必须先选择它。Flash 中使用"选择工具"、"部分选择工具"和"套索工具"选择对象。

1. 选择工具

"选择工具" ▶ 用于选择全部对象。

使用"选择工具"单击舞台上的笔触、填充、绘制对象、组、元件实例和文本,可以选定这些对象。

使用"选择工具"双击舞台上的填充,可以选定填充及其轮廓笔触。

使用"选择工具"在舞台上拖动,将显示一个矩形,被矩形圈入的对象将被选择。

在选择时按住 Shift 键,可以连续选择对象。

使用"选择工具"指向曲线,当鼠标指针变为 ▶ 时拖动,可以调整曲线弯曲度。

使用"选择工具"指向曲线端点,当鼠标指针变为 ▶ 时拖动,可以调整曲线端点位置。

使用"选择工具"指向对象,当鼠标指针变为 ▶ 时拖动,可以调整对象位置。

另外,执行"选择"→"全选"命令,或按下 Ctrl+A 键,可以选定所有图层的全部未锁定和未隐藏的对象。

在使用"选择工具"选定对象后,单击工具箱下方选项中的"平滑"按钮 ⤴ 和"伸直"按钮 ⤵ 可以将线条进行平滑和伸直,如图 2-51 所示。平滑能减少曲线整体方向上的突起或其他变化,使线条更柔和。伸直可以使曲线逐渐变直。

(a)原曲线 (b)平滑后的曲线 (c)伸直后的曲线

图 2-51 平滑与伸直曲线

2. 部分选择工具

"部分选择工具" ▶ 用于选择图形轮廓上的节点,通过改变节点位置来改变图形轮廓。

使用"部分选择工具"单击对象,可以选择对象。

使用"部分选择工具"单击图形边缘,可以选择图形轮廓。再次使用"部分选择工具"单击图形轮廓上的绿色锚点,可以选定锚点,此时拖动鼠标可以调整节点位置。如果选定的锚点是曲线锚点,拖动锚点两边的滑杆,可以调整曲线的弯曲效果。

3. 套索工具

"套索工具" ◯ 用于选择图形的不规则区域。

选择"套索工具",当鼠标箭头变为 ◯ 形时进行拖动,勾出封闭区域,释放鼠标时将选择当前图层中图形在封闭区域内的填充和笔触。对于当前图层中的图形对象、元件实例、文本等对象,只要被套索工具的封闭区域圈住,就会被选定。

选择"套索工具",在工具箱下方可以设置套索工具是使用魔术棒模式和多边形模式。

- 魔术棒模式 ◥:选择魔术棒模式,在图形上单击,可以选择图形中相近的颜色。单击工具箱下方的"魔术棒设置"按钮 ◥,在"魔术棒设置"对话框中可以设置魔术棒选颜色时使用的阈值和平滑程度,如图 2-52 所示。阈值的取值范围是 1~200,用于定义将相邻像素包含在所选区域内必须达到的颜色接近程度,数值越高,包含的颜色范围越广。

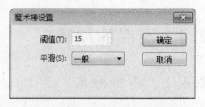

图 2-52 "魔术棒设置"对话框

- 多边形模式 ：选择多边形模式,在图形上单击,设置多边形区域起点,然后继续单击,绘制多边形区域边线,最后双击封闭图形。封闭的多边形区域内的图形填充和笔触将被选中。

【例 2-9】 去除位图背景。

(1) 新建一个 Flash 文件。

(2) 执行"文件"→"导入"→"导入到舞台"命令,将素材库中"树叶.jpg"文件导入到舞台。

(3) 选择导入的图片,执行"修改"→"分离"命令,将位图分离为图形。

(4) 选择"套索工具",在工具箱下方单击"魔术棒设置"按钮,在"魔术棒设置"对话框中设置阈值为25,平滑程度为一般。单击"魔术棒"按钮,在树叶图片背景区域单击,选择背景,如图 2-53 所示。

图 2-53 选择位图背景

(5) 按下 Del 键,删除选择的背景。

(6) 使用"套索工具",选择背景中未被删除的点,如图 2-54 所示,按下 Del 键,删除个别未被删除的点。

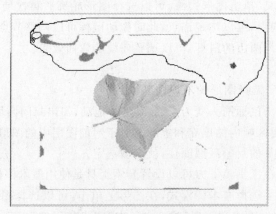

图 2-54 选择背景中未被删除的点

2.4.2 排列对象

在舞台上绘制的图形、元件实例、文本、位图等对象可以通过排列对象命令、对齐对象命令改变对象的位置和所在层次，对象和对象之间可以根据需要进行组合和分离。

1. 层叠对象

在 Flash 同一图层内部绘制图形或创建对象时，最新绘制的图形和创建的对象始终放置在上方，图形和对象的创建顺序就是它们的层叠次序，如图 2-55 所示。使用对象绘制模式绘制的图形对象、创建的元件实例和文本对象则可以通过"修改"→"排列"菜单中的"移至顶层"、"移至底层"、"上移一层"、"下移一层"等命令改变层叠次序。

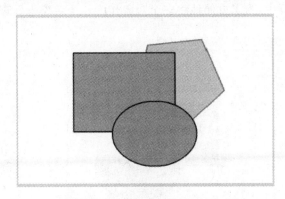

图 2-55 图形和对象的层叠次序

在合并绘制模式下绘制的图形无法改变层叠次序，这些图形也始终处于其他对象的下面。如果要将这些图形移动到上方，必须先将这些图形组合成组对象或转换为元件，再改变其层叠次序。

另外，Flash 中的图层次序也将影响层叠次序，后创建的图层内容将叠加在先创建图层内容的上方。此时必须通过调整图层顺序才能改变叠加次序。

2. 对齐对象

要调整舞台上对象的位置，可以使用"修改"→"对齐"菜单中的系列命令，也可以执行"窗口"→"对齐"命令，打开"对齐"面板，如图 2-56 所示，单击其中的"对齐"、"分布"、"匹配大小"等选项中的按钮，对对象进行设置。

在 Flash 中，还可以使用贴紧功能，使对象在移动时自动对齐。贴紧功能包括对象贴紧、像素贴紧、网格贴紧和辅助线贴紧 4 种贴紧方式。

要使用贴紧功能，需要选择"视图""贴紧对齐"命令，并选择一种贴紧方式，如图 2-57 所示。

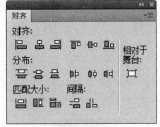

图 2-56 "对齐"面板

选择贴紧功能后，使用鼠标拖动对象时，鼠标指针下方出现一个黑色小圆环，当对象处于贴紧距离内时，小圆环会变大。

在使用"贴紧到对象"选项时，当鼠标将对象拖动到对齐对象附近，当两个对象的边缘对齐时，对象边缘之间会出现一条虚线提示，如图 2-58 所示。

图 2-57　选择贴紧对齐及贴紧　　　　　图 2-58　对象贴紧功能
　　　　　对齐方式

3. 组对象

在 Flash 绘图过程中,为了方便地将多个对象作为一个对象来处理,可以将这些对象组合,如图 2-59 所示。

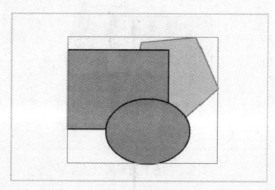

图 2-59　组对象

双击组对象,进入组对象内部,才能对组对象中的内容进行编辑。此时舞台上其他对象将用灰色显示。单击舞台左上方的"场景"按钮可以返回到舞台。

选择组对象,执行"修改"→"取消组合"命令,可以取消对象的组合。

【例 2-10】　双层巴士。

(1) 新建一个 Flash 文件。

(2) 选择"椭圆工具",使用对象绘制模式,在舞台下方依次绘制一个笔触颜色为无色、填充颜色为黑色的圆,一个笔触宽度为 2,颜色为浅灰色,填充颜色为无色的稍小的圆和一个笔触颜色为无色,填充颜色为浅灰色的更小的圆,如图 2-60 所示。

(3) 选择三个圆,分别执行"修改"→"对齐"→"水平居中"和"修改"→"对齐"→"垂直居中"命令,将三个圆的圆心对齐,如图 2-61 所示,完成车轮。

图 2-60　绘制三个不同大小的圆　　　　　图 2-61　车轮

（4）选择组成车轮的三个圆，执行"修改"→"组合"命令，将其组合。

（5）选择"钢笔工具"，在"属性"面板中设置笔触为2，在舞台上绘制双层巴士轮廓，如图2-62所示。

（6）使用蓝色填充双层巴士轮廓。

（7）选择"矩形工具"，在工具箱中设置绘制模式为对象绘制模式，在"属性"面板中设置"矩形选项"中的圆角值为5，在双层巴士轮廓上绘制一个淡灰色车窗，如图2-63所示。

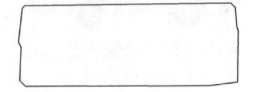

图2-62　绘制双层巴士轮廓

图2-63　绘制灰色车窗

（8）选择车窗，将其再复制5个。

（9）选择所有车窗，执行"修改"→"对齐"→"垂直居中"命令，将其在垂直方向对齐。

（10）选择最左侧车窗，将其拖动到巴士头部，选择最右侧车窗，将其拖动到巴士尾部。选择所有车窗，执行"修改"→"对齐"→"按宽度均匀分布"命令，使车窗均匀分布，如图2-64所示。

（11）选择所有上层车窗，执行"修改"→"组合"命令，将其组合。

（12）选择上次车窗组合，将其复制并拖动到车体下层，制作下层车窗。

（13）双击下层车窗组合，进入组合内部，选择最右边的车窗，将其删除，如图2-65所示。单击舞台左上角的"场景1"按钮回到场景1舞台。

图2-64　垂直对齐并均匀分布车窗

图2-65　删除下层右侧车窗

（14）选择"椭圆工具"，在"属性"面板中设置"椭圆选项"的开始开始角度为180，结束角度为360，在舞台上绘制一个半圆，将半圆拖动到巴士下侧，将已绘制好的车轮拖动到半圆中间，如图2-66所示。

（15）选择车轮，执行"修改"→"排列"→"移至顶层"命令，将车轮移到半圆的外层，如图2-67所示，完成车前轮。

图2-66　绘制半圆并移动车轮

图2-67　修改车轮排列层次

（16）选择车轮和半圆，将其复制并移动到巴士后侧，制作车后轮，如图2-68所示。

（17）使用矩形工具和直线工具为巴士添加车灯和后视镜，如图2-69所示，完成双层巴士绘图。

图 2-68　复制车后轮

图 2-69　双层巴士

2.4.3　变形

使用"任意变形工具"□或"修改"→"变形"菜单，可以将图形、元件实例、文本对象、组对象等变形。

使用"任意变形工具"选定对象时，对象四周将出现一个封套边框，边框上有8个变形控制点，对象中心将出现变形点，如图2-70所示。

变形点最初与对象的中心点对齐，也可以根据需要将其移动到指定位置。

图形对象在进行旋转变形时，旋转中心是变形点。图形对象在做缩放、倾斜等操作时，操作原点是与被拖动的控制点相对控制点。

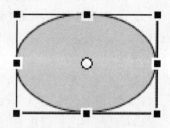

图 2-70　变形封套边框与变形点

元件实例、文本对象、组对象在进行旋转、缩放、倾斜等操作时，操作原点是变形点。

选择"任意变形工具"，在要变形的对象上单击，进入变形状态。

将鼠标移动到对象四边的控制点上，当鼠标指针变成↕形或←→形时拖动，可以沿垂直方向或水平方向缩放对象。

将鼠标移动到对象四角的控制点上，当鼠标指针变成↖形时拖动，可以同时沿两个方向缩放对象。此时如果按住Shift键拖动鼠标，将按比例缩放对象。

将鼠标移动到对象四角的控制点外侧，当鼠标指针变成↻形时拖动，可以绕变形点旋转对象。此时如果按住Shift键拖动鼠标，将以45°角固定度数旋转对象。

将鼠标移动到对象的封套边框上，当鼠标指针变成⇌形时拖动，可以倾斜对象。

另外，选择"变形工具"后，在工具箱下方的选项中还可以选择旋转与倾斜♂、缩放□、扭曲□、封套□等选项，对对象进行变形。

在"修改"→"变形"菜单中，可以对对象进行顺时针旋转90°、逆时针旋转90°、水平翻转和垂直翻转。

执行"窗口"→"变形"命令，打开"变形"面板，如图2-71所示。在"变形"面板中，可以精确对对象进行缩放、旋转、倾斜和3D旋转等操作。

【例2-11】 花朵。

（1）新建一个Flash文档。

（2）使用"钢笔工具"在组合绘制模式下绘制一条曲线，如图2-72所示。

图 2-71 "变形"面板

图 2-72 绘制曲线

（3）选择曲线,将其复制。选择复制的曲线,执行"修改"→"形状"→"水平翻转"命令,将其翻转。将两条曲线的两端重合,完成花瓣轮廓,如图 2-73 所示。

（4）在"颜色"面板中设置填充颜色的填充类型为线性渐变,颜色为白色到红色渐变。选择"颜料桶工具",在工具箱中设置空隙大小为"填充大空隙",将花瓣从下到上进行从白色到红色填充,如图 2-74 所示。

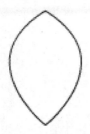

图 2-73 绘制花瓣轮廓

图 2-74 填充花瓣

（5）选择花瓣的轮廓线,按 Del 键将其删除。

（6）选择"直线工具",设置笔触粗细为 1,颜色为橙色,在花瓣旁绘制一条直线。使用"选择工具"将直线调整为曲线。

（7）选择"椭圆工具",设置笔触颜色为无色,填充颜色为橙色,绘制一个小圆。

（8）将小圆移动到曲线上方,如图 2-75 所示。选择曲线和小圆,执行"修改"→"组合"命令,将其组合成花蕊。

（9）选择花蕊,将其复制。使用"任意变形工具"将复制的花蕊进行旋转、缩放,调整其位置,使其与原花蕊下方端点重合,如图 2-76 所示。

图 2-75 绘制花蕊

图 2-76 复制并调整
第二根花蕊

（10）选择两根花蕊，执行"修改"→"组合"命令，将它们组合。使用"选择工具"移动花蕊，将花蕊和花瓣的底端对齐，如图 2-77 所示。

（11）选择花蕊和花瓣，执行"修改"→"组合"命令，将花蕊和花瓣组合。

（12）选择"任意变形工具"，单击花蕊和花瓣，将其变形点由花瓣中间移动到花瓣底部，如图 2-78 所示。

（13）在"变形"面板中选择"旋转"单选按钮，将旋转角度设置为 60°，单击重置选区和变形按钮 ⊞ 5 次，将花瓣旋转复制成花朵，如图 2-79 所示。

图 2-77　对齐花蕊和花瓣

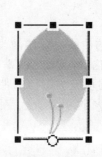
图 2-78　移动变形点

图 2-79　花朵

2.5　3D 工具

Flash 中的 3D 工具包括"3D 移动工具"和"3D 旋转工具"。这些工具可以对影片剪辑元件实例在 3D 空间中进行移动和旋转，产生 3D 透视效果。3D 工具只能对影片剪辑元件实例进行操作，如果要对图形、文本、组对象进行 3D 移动或 3D 旋转，需要先将这些对象转换为影片剪辑元件。若要使用 Flash 的 3D 功能，文件的发布设置必须设置为 Flash Player 10 和 ActionScript 3.0。

"3D 移动工具"可以在 3D 空间中移动影片剪辑元件实例。使用"3D 移动工具"单击影片剪辑元件实例后，该对象上会显示 X、Y、Z 轴，如图 2-80 所示，X 轴为红色，Y 轴为绿色，Z 轴与 3D 变形点重合。将鼠标移动到 3D 变形点上，当鼠标指针变为黑色小箭头时拖动，可以移动 3D 变形点。将鼠标移动到 X、Y 或 Z 轴上，当鼠标指针变为黑色小箭头，箭头右下角出现 X、Y 或 Z 时拖动鼠标，可以按轴向移动对象。

"3D 旋转工具"用于在 3D 空间旋转影片剪辑元件实例。使用"3D 旋转工具"单击影片剪辑元件实例后，该对象上会显示 X、Y、Z 轴，如图 2-81 所示，X 轴为红色，Y 轴为绿色，z 轴蓝色。将鼠标移动到 X、Y 或 Z 轴上，当鼠标指针变为黑色小箭头，箭头右下角出现 X、Y 或 Z 时拖动鼠标，可以按轴向旋转对象。

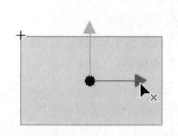
图 2-80 使用"3D 移动工具"移动对象

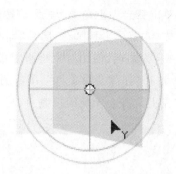
图 2-81 使用"3D 旋转工具"旋转对象

2.6 综合应用

【例 2-12】 生日贺卡。

(1) 新建一个 Flash 文件,在"属性"面板中设置舞台大小为 400×400 像素,舞台颜色为蓝色。

(2) 执行"插入"→"新建元件"命令,新建一个名为"心形"的影片剪辑元件。

(3) 单击舞台右上角的显示比例按钮,将舞台大小放大到 800%。使用"钢笔工具"在"心形"影片剪辑元件中绘制心形左边轮廓曲线,如图 2-82 所示。

(4) 使用"选择工具"选择轮廓曲线,将其复制。选择复制的曲线,执行"修改"→"变形"→"水平翻转"命令,将其翻转为心形右边轮廓。

(5) 调整心形左右轮廓曲线,使它们拼合为完整心形,如图 2-83 所示。

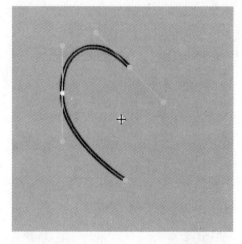
图 2-82 绘制心形左边轮廓曲线

图 2-83 拼合完整心形

(6) 使用"选择工具"选择心形上的多余线条,按 Del 键将其删除。

(7) 选择"颜料桶工具",设置填充色为粉红色,在"填充空隙"下拉列表中为"封闭大空隙"项,在心形内单击,进行填充。选择心形轮廓曲线,按 Del 键将其删除,完成心形,如图 2-84 所示。

（8）单击舞台左上角的"场景1"按钮，切换回场景1舞台。

（9）选择"矩形工具"，在"属性"面板中设置"矩形选项"中的圆角为25，笔触颜色为无色，填充颜色为白色，使用对象绘制方式在舞台上绘制一个圆角矩形。

（10）选择"任意变形工具"，单击圆角矩形，在工具箱选项中单击"扭曲"按钮，分别拖动圆角矩形左上角和右上角的控制点，将圆角矩形变形为圆角梯形，如图2-85所示。

图2-84　绘制粉色心形

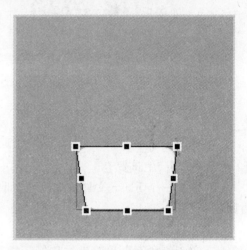

图2-85　绘制圆角梯形

（11）选择"矩形工具"，在"属性"面板中设置"矩形选项"中圆角为0，笔触颜色为无色，填充颜色为白色，使用对象绘制方式在舞台上绘制一个宽度与圆角梯形顶边宽度相同，高度与圆角梯形高度相同的矩形。

（12）选择"Deco工具"，在"属性"面板中设置绘制效果为网格填充，单击"编辑"按钮，设置填充对象为心形。在矩形中单击，使用心形对矩形做网格填充，如图2-86所示。

（13）删除矩形，将心形网格拖动到圆角梯形上，完成蛋糕主体，如图2-87所示。

图2-86　制作心形网格

图2-87　制作蛋糕主体

（14）选择"钢笔工具"，使用对象绘制模式，在蛋糕主体上方绘制奶油轮廓，如图 2-88 所示。

（15）选择奶油轮廓，在工具箱中设置其填充颜色为淡灰色，笔触颜色为无色，完成奶油形状。

（16）选择奶油形状，将其复制。在"色彩"面板中设置填充颜色为白色到粉红色的线性渐变，使用"颜料桶工具"在复制的奶油形状中由上到下拖动，将其填充为由白色到粉色渐变。

（17）将渐变色奶油形状拖动到灰色奶油形状上方，并在水平方向和垂直方向稍错开一些距离，使奶油产生层次感，完成奶油制作，如图 2-89 所示。

图 2-88　绘制奶油轮廓

图 2-89　制作奶油

（18）选择蛋糕主体和奶油，执行"修改"→"组合"命令，将其组合。

（19）执行"文件"→"导入"→"导入到舞台"命令，将素材文件夹中的"草莓.jpg"文件导入到舞台。

（20）选择导入的草莓图片，执行"修改"→"组合"命令，将草莓图片组合。

（21）双击组合的草莓图片，进入草莓组合内部。选择草莓图片，执行"修改"→"位图"→"转换位图为矢量图"命令，将位图转换为矢量图。

（22）使用"选择工具"，单击草莓以外的白色部分，按 Del 键去除草莓白边。

（23）单击舞台左上角的"场景 1"按钮，切换回场景 1 舞台。

（24）使用"任意变形工具"将草莓缩小到合适的大小，顺时针旋转 90°，拖动到奶油上。将草莓复制 4 个，拖动到奶油上的合适位置，如图 2-90 所示。

（25）单击舞台右上角的显示比例按钮，将舞台大小放大到 100%。

（26）选择"矩形工具"，设置笔触粗细为 1，笔触颜色为黑色，使用对象绘制模式在舞台上绘制一个矩形。

（27）在"色彩"面板中设置填充颜色为白色到浅蓝色的线性渐变，使用"颜料桶工具"在矩形中由上到下拖动，将其填充为由白色到浅蓝色渐变，完成蜡烛烛身。

（28）选择"钢笔工具"，使用对象绘制模式，在舞台上绘制火焰轮廓，如图 2-91 所示。

图 2-90　制作草莓

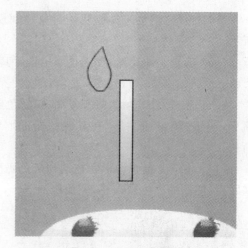

图 2-91　绘制火焰轮廓

　　（29）在"颜色"面板中设置填充颜色类型为放射状填充，渐变颜色指针从左到右依次为白色、黄色、橙色，渐变颜色指针位置如图 2-92 所示。

　　（30）使用"颜料桶工具"在火焰轮廓中间单击，进行填充。使用"填充变形工具"将填充形状修改为与火焰大小相近的椭圆形，填充中心位于火焰中下部，如图 2-93 所示。

　　（31）选择火焰，设置笔触颜色为无色。

　　（32）将火焰移动到蜡烛烛身上方。选择火焰和蜡烛烛身，执行"修改"→"组合"命令，将其组合成蜡烛。

　　（33）将蜡烛再复制 2 次，并拖动到合适的位置，如图 2-94 所示。

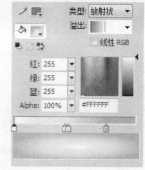

图 2-92　设置火焰填充颜色

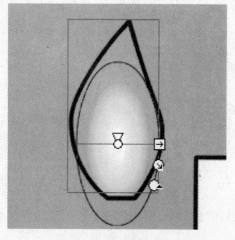

图 2-93　设置火焰填充颜色

图 2-94　制作蜡烛

　　（34）选择蛋糕和蜡烛，将其复制并移动到舞台右侧。

　　（35）选择舞台中央的蛋糕、草莓和蜡烛，执行"修改"→"组合"命令，将其组合。

（36）选择舞台右侧的蛋糕和蜡烛，执行两次"修改"→"分离"命令，将其分离为图形。

（37）选择舞台右侧的蛋糕和蜡烛，执行"修改"→"形状"→"将线条转换为填充"命令，将蜡烛的轮廓线条转换为填充。

（38）使用"颜料桶工具"将舞台右侧的蛋糕和蜡烛填充为浅蓝色，如图 2-95 所示。

（39）选择浅蓝色蛋糕和蜡烛，执行"修改"→"形状"→"柔化填充边缘"命令，在"柔化填充边缘"对话框中设置"距离"为 30 像素，"步骤数"为 10，"方向"为扩展，制作蛋糕和蜡烛轮廓，如图 2-96 所示。

图 2-95　制作浅蓝色蛋糕和蜡烛

图 2-96　制作蛋糕和蜡烛轮廓

（40）选择蛋糕和蜡烛轮廓，执行"修改"→"组合"命令，将其组合。

（41）将蛋糕和蜡烛轮廓拖动到和蛋糕蜡烛重合，执行"修改"→"排列"→"移至底层"命令，将蛋糕和蜡烛轮廓移到蛋糕蜡烛下方，如图 2-97 所示。

（42）选择"椭圆工具"，设置笔触颜色为无色，填充颜色为深蓝色，使用合并绘制模式在蛋糕轮廓下方绘制一个比蛋糕稍大的圆。选择圆，执行"修改"→"形状"→"柔化填充边缘"命令，在"柔化填充边缘"对话框中设置"距离"为 50 像素，"步骤数"为 10，"方向"为扩展，柔化填充圆形，如图 2-98 所示。

图 2-97　将轮廓移动到蛋糕蜡烛下方

图 2-98　柔化填充圆

（43）选择"多角星形工具"，单击"属性"面板中工具设置中的"选项"按钮，在"工具设置"对话框中设置"样式"为星形，"边数"为5，"星形顶点大小"为0.7，设置"笔触颜色"为无色，"填充颜色"为黄色，使用对象绘制模式在圆形的右上方绘制两个星形，如图2-99所示。

（44）选择"文本工具"，在"属性"面板中设置字体为One Stroke Script LET，颜色为橙色，在蛋糕上方添加文字"Happy Birthday!"，完成生日贺卡，如图2-100所示。

图 2-99　绘制星形

图 2-100　生日贺卡

2.7　小结

本章介绍了在Flash中绘制图形的基本方法。图形是Flash动画的基础，只有先在舞台上绘制好动画的基本图形，才能进一步制作动画。Flash中使用各种绘图工具绘制的图形是矢量图形。另外，也可以将位图导入到Flash中使用。绘制图形时应该根据需要，选择合适的绘图工具，设置合适的绘制模式、颜色、线形等参数，进行绘制。绘制的图形可以使用任意变形工具、填充变形工具、橡皮擦工具等进行修改，也可以使用"修改"菜单中的各项功能对图形进行修改。绘制图形是一个非常复杂的过程，需要经过大量练习，不断积累经验，才能做到随心所欲地绘制满意的图形。

上机练习

（1）绘制如图2-101所示的水滴。

（2）绘制如图2-102所示的溜溜球。

图 2-101　水滴

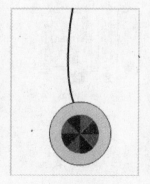
图 2-102　溜溜球

（3）绘制如图 2-103 所示的纸飞机。

（4）绘制如图 2-104 所示的荷花。

图 2-103 纸飞机

图 2-104 荷花

第 **3** 章

文本的输入与编辑

文本是 Flash 动画中重要的组成元素之一,具有图形所不可替代的作用。它不仅可以帮助影片表达内容,也可以对影片起到一定的美化作用。在 Flash 中,可以对文本设置字体、字号、颜色等基本属性,可以将文本分离为图形进行进一步修饰,也可以对文本设置各种动画,创建多种特殊文字效果。

3.1 文本的类型

在 Flash 中,文本类型分为静态文本、动态文本和输入文本三种类型。

静态文本是指在影片播放过程中不会动态更改文字内容的文本。静态文本是 Flash 文本工具在默认状态下创建的文本,通常用作动画中的说明文字、动画标题等。

动态文本指在影片播放过程中可以动态改变文字内容的文本。例如,影片中的计时器、得分、股票报价、天气报告等。

输入文本是在影片播放过程中可以用来输入文字的文本,可以在用户与动画之间产生交互。例如,影片中请用户填写的表单或调查表等。

3.2 创建文本

3.2.1 创建静态文本

Flash 静态文本分为两种文本框,一种是自动扩展的文本框,当输入文字时,文本框会随着文字的输入自动变宽,必须使用回车键强制换行;另一种是固定宽度的文本框。如果输入文本的宽度超过了文本框宽度,文本会自动换行,而文本框高度会随着文字行数的增加自动增加。

选择工具箱中的"文本工具" **T** 在舞台上单击,可以创建自动扩展的文本框,文本框右上角用圆圈表示,如图 3-1 所示。

选择工具箱中的"文本工具"在舞台上拖动,舞台上显示一个虚线框,松开鼠标后就以虚线框大小创建了一个固定宽度的文本框,文本框右上角用正方形表示,如图 3-2 所示。

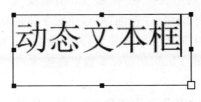

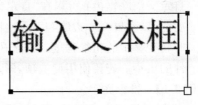

图 3-1 自动扩展的文本框   图 3-2 固定宽度的文本框

　　拖动自动扩展文本框右上角的圆圈，可以将其改为固定长度的文本框。拖动固定宽度文本框右上角的正方形，可以改变文本框的宽度。

3.2.2 创建动态文本

　　选择工具箱中的"文本工具"，在"属性"面板中设置文本工具选项为动态文本，在舞台中单击或拖动鼠标，可以创建动态文本框，如图 3-3 所示。在动态文本框中可以输入文本内容，这些文本将作为运行时的预设值。拖动动态文本框右下角的正方形，可以调整文本框的大小。

图 3-3 动态文本框   图 3-4 输入文本框

3.2.3 创建输入文本

　　选择工具箱中的"文本工具"，在"属性"面板中设置文本工具选项为输入文本，在舞台中单击或拖动鼠标，可以创建输入文本框，如图 3-4 所示。在输入文本框中可以输入文本内容，这些文本将作为运行时的预设值。拖动输入文本框右下角的正方形，可以调整文本框的大小。

　　创建输入文本后，在"属性"对话框的"选项"中的"最大字符数"中可以设置输入字符的个数，限制用户输入字符的个数，若"最大字符数"设置为 0，则表示不限制输入字符的个数。

3.3 文本属性设置

3.3.1 字符属性设置

　　选定建立的文本，在"属性"面板中的"字符"选项组中可以设置文本的字符属性，如图 3-5 所示。

　　在字符选项组中可以设置文本字体系列、样式、大小、字母间距、颜色、自动调整字距、消除锯齿等选项。

　　消除锯齿选项弹出菜单选项如下：

- 使用设备字体：指定 SWF 文件使用本地计算机上安装的设备字体来显示字体。设备字体采用大多数字体大小时都很清晰，采用此选项不会增加

图 3-5 "字符"选项组

SWF 文件的大小,但字体显示依赖于用户计算机上安装的字体,因此使用设备字体时,应选择最常用字体系列。

- 位图文本(未消除锯齿):关闭消除锯齿功能,不对文本提供平滑处理,用尖锐边缘显示文本。位图文本的大小与导出文件中的文本大小相同时,文本比较清晰,但对位图文本缩放后,文本显示效果较差。由于在 SWF 文件中嵌入了字体轮廓,因此会增加 SWF 文件的大小。

- 动画消除锯齿:通过忽略文字对齐方式和字距微调信息创建更平滑的动画。为提高清晰度,应在指定此选项时使用 10 磅或更大的字号。如果对文本要设置动画效果,应该使用此方式消除锯齿。由于在 SWF 文件中嵌入了字体轮廓,因此会增加 SWF 文件的大小。

- 可读性消除锯齿:使用 Flash 文本呈现引擎来改进字体的清晰度,特别是较小字体的清晰度。若要使用此选项,影片必须发布到 Flash Player 8 或更高版本。由于在 SWF 文件中嵌入了字体轮廓,因此会增加 SWF 文件的大小。

- 自定义消除锯齿:可以在"自定义消除锯齿"对话框设置"粗细"和"清晰度"。"清晰度"可以设置文本边缘与背景之间的过渡的平滑度。"粗细"可以指定字体消除锯齿时转变显示的粗细程度。由于在 SWF 文件中嵌入了字体轮廓,因此会增加 SWF 文件的大小。若要使用此选项,影片必须发布到 Flash Player 8 或更高版本。

【例 3-1】 投影文字。

(1) 新建一个 Flash 文件,在"属性"面板中设置文档舞台大小为 300×150 像素。

(2) 使用"文本工具"在舞台上建立静态文本,输入文本内容 Flash。选定文本,在"属性"面板中设置字体为 Impact,大小为 100 点,颜色为蓝色,如图 3-6 所示。

图 3-6　建立文本

(3) 选择文本,执行"编辑"→"复制"、"编辑"→"粘贴到当前位置"命令,将文字复制一份。

(4) 选定复制的文字,在"属性"面板中将文字颜色改为灰色。

(5) 使用"任意变形工具",将灰色文字倾斜变形。移动倾斜的文字,使其底边与原文字对齐,如图 3-7 所示。

(6) 选择灰色文字,执行"修改"→"排列"→"移至底层"命令,将灰色文字移动到蓝色文字下方,作为文字阴影,如图 3-8 所示。

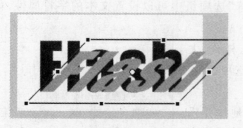

图 3-7　倾斜并移动灰色文字

图 3-8　调整文字阴影层次

3.3.2　段落属性设置

选定建立的文本,在"属性"面板中的"段落"选项中可以设置文本的段落属性,如图 3-9 所示。

- 格式:用于设置文本对齐方式,分为左对齐、居中对齐、右对齐、两端对齐 4 种。
- 间距:可以设置文本的缩进距离和行距。
- 边距:用于设置文本框与文本之间的左边距和右边距。
- 行为:用于设置动态文本和输入文本的文本框行数。

图 3-9　"段落"选项

- 方向:用于设置文本的方向,包括水平、垂直从左向右、垂直从右向左。

3.3.3　超链接文本

Flash 静态文本和动态文本可以添加超链接,将文本链接到指定的文件对象、网站地址和邮件地址,单击超链接打开目标文件或进入到指定的位置。

选定建立的文本,在"属性"面板选项中的"链接"文本框中输入链接的 URL 地址,可以建立超链接,如图 3-10 所示。

图 3-10　设置文本超链接

3.4　编辑文本

3.4.1　分离文本

Flash 中的文本可以设置字符格式、段落格式和滤镜,但渐变填充、描边、形状补间动画等操作不能直接对文本对象进行,需要先将文本分离成形状。文本分离为形状后,不再具备文本对象的所有属性,不能修改文字内容、字符格式、段落格式。

如果文本对象中只包含一个字符,选定文本对象,执行"修改"→"分离"命令,可以将文本分离为形状,如图 3-11 所示。

如果文本对象中包含多个字符,选定文本对象,执行"修改"→"分离"命令,可以将文本分离为单个文字。选定所有文字,再次执行"修改"→"分离"命令,可以将文本分离为形状,如图 3-12 所示。

图 3-11　将单字符文本分离为形状

多字符文本　　　分离为单个文字　　　分离为形状

图 3-12　将多字符文本分离为形状

【例 3-2】 渐变填充描边文字。

（1）新建一个 Flash 文件，在"属性"面板中设置文档舞台大小为 300×150 像素，颜色为黑色。

（2）使用"文本工具"在舞台上建立静态文本，输入文本内容 Flash。选定文本，在"属性"面板中设置字体为 Impact，大小为 100 点，如图 3-13 所示。

图 3-13　设置文字字体和大小

（3）选定文本，执行两次"修改"→"分离"命令，将文本分离为形状。

（4）执行"窗口"→"颜色"命令，打开"颜色"面板，设置填充色为蓝色到白色线性渐变。

（5）选择分离成形状后的文字，使用"颜料桶工具"在文字上从上到下拖动，将文字填充为由蓝色到白色渐变效果，如图 3-14 所示。

图 3-14　设置文字渐变填充

（6）选择"墨水瓶工具"，在"属性"面板中设置笔触为 3 像素，笔触颜色为黄色，在每个字母上单击，对文字进行描边，完成文字效果，如图 3-15 所示。

图 3-15　渐变填充描边文字

3.4.2 分散文本到图层

分离成单个文字的文本可以分散到各个图层,使每个图层中只包括一个字符,方便对各个字符单独设置动画。

选定静态文本,先执行"修改"→"分离"命令,将其分离为单个文字,再执行"修改"→"时间轴"→"分散到图层"命令,可以将文字分散到各个图层,如图3-16所示。

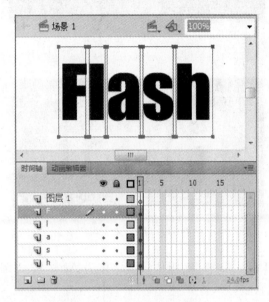

图 3-16 将文本分散到图层

3.5 综合实例

【例 3-3】 镂空文字。

(1) 新建一个 Flash 文件,在"属性"面板中设置文档舞台大小为 300×150 像素。

(2) 执行"文件"→"导入"→"导入到舞台"命令,导入素材库中的"文字背景.jpg"文件,将背景图片导入到图层 1 第 1 帧舞台中。

(3) 单击"图层"面板左下角的"新建图层"按钮,新建名为"图层 2"的图层。

(4) 选择图层 2 第 1 帧,在舞台中绘制一个黑色矩形。选择矩形,在"属性"面板中设置宽度为 300、高度为 150,位置 X 为 0、Y 为 0。

(5) 使用"文本工具",在图层 2 第 1 帧舞台中建立静态文本,输入文本 Flash。选定文本,在"属性"面板中设置字体为 Impact,大小为 100 点,颜色为白色。

(6) 选定文本,执行两次"修改"→"分离"命令,将文本分离为形状,如图 3-17 所示。

(7) 使用"选择工具"分别选择分离后的字母,按 Del 键删除字母形状,制作镂空效果,如图 3-18 所示。

【例 3-4】 立体字。

(1) 新建一个 Flash 文件,在"属性"面板中设置文档舞台大小为 200×200 像素。

图 3-17　分离文本

图 3-18　镂空文字效果

(2)选择"文本工具",在"属性"面板中设置字体为 Arial,样式为 Black,字号为 150,颜色为蓝色。在舞台上输入字母 A。

(3)选定字母,执行"修改"→"分离"命令,将字母分离为形状。

(4)使用"墨水瓶工具",在"属性"面板中设置笔触为 2 像素,笔触颜色为深灰色,在分离的字母上单击,为字母描边。

(5)选择字母 A 中的填充颜色,按 Del 键,删除填充颜色,保留字母轮廓线,如图 3-19 所示。

(6)选择字母轮廓线,将其复制一份。将复制的轮廓线移动到原轮廓线的右上方,如图 3-20 所示。

图 3-19　制作字母轮廓线

图 3-20　复制字母轮廓

（7）使用"直线工具"将两层字母轮廓的对应顶点连接，删除多余的轮廓线，完成立体字母轮廓线，如图 3-21 所示。

（8）执行"窗口"→"颜色"命令，在"颜色"面板中设置填充色为由蓝到白线性渐变，使用"颜料桶工具"分别对立体字母的各个面进行渐变填充。

（9）使用"渐变变形工具"将字母各个面的填充颜色进行调整，使字母右上角亮、左下角暗，制作灯光从右上方照射效果，如图 3-22 所示。

图 3-21 制作立体字母轮廓

图 3-22 立体文字效果

（10）选定立体字母 A，执行"修改"→"组合"命令，将字母组合，完成立体字母制作。

3.6 小结

本章介绍了 Flash 中的文本输入和编辑方法。Flash 文本分为静态文本、动态文本和输入文本三种类型。在舞台上创建文本后，可以在"属性"面板中设置文本的字符、段落等属性。如果要对文字进行渐变填充、描边，对文字建立形状补间动画，需要先将文本分离成形状，再进行操作。

上机练习

（1）制作如图 3-23 所示的空心字。

（2）制作如图 3-24 所示的金属字。

图 3-23 空心字

图 3-24 金属字

（3）制作如图 3-25 所示的火焰字。

图 3-25　火焰字

第 **4** 章

制作基本动画

动画是由一系列连续变化的图像组成的,这些图像被组织在时间轴的帧上。场景中的每一帧都是静止的画面,当播放头按时间顺序依次播放时,就能从场景中看到动态的画面。Flash 具有多种动画功能,使制作者能根据需要选择不同方法建立动画。

4.1 帧的基本概念和操作

4.1.1 帧的基本概念

帧是 Flash 动画的基本编辑单位,动画实际上是通过帧的变化产生。用户可以在各帧中对舞台上的对象进行修改、设置,制作各种动画效果。在 Flash 中,帧和图层构成时间轴,如图 4-1 所示。

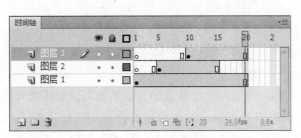

图 4-1 时间轴

图层就像是叠放在一起的透明的胶片,没有图像的地方是透明的。在不同图层上编辑画面时互不影响,而在放映时得到合成的效果。每一个图层由若干帧组成,每一帧都包含需要显示的所有内容,例如图形、声音、位图等各种素材。在图 4-1 中,可移动的红色的指示线称为播放头,播放头指向某一帧时,舞台上显示其所在帧的画面。

根据作用的不同,帧分为关键帧、空白关键帧、属性关键帧、补间帧和静态帧。

关键帧指有新对象出现在舞台上的帧或对象的属性值被用户改变的帧,在时间轴上显示为实心的圆点。

属性关键帧在时间轴上显示为菱形。在属性关键帧中可以对对象的属性进行修改,如改变对象的位置、大小、旋转角度、颜色等。Flash 根据属性关键帧之间属性值的变化自动计算填充中间帧的属性值,生成流畅的补间动画。

空白关键帧是不包含实例对象的关键帧,在时间轴上显示为空心的圆点。

补间帧是 Flash 根据关键帧或属性关键帧内容计算填充的中间帧。根据补间动画类型的不同,补间帧会以不同方式显示,动画补间显示为蓝色,传统动画补间显示为蓝底带箭头,形状补间显示为绿底带箭头,如图 4-2 所示。

静态帧的作用是将关键帧的状态进行延续,一般用来将原画面保持在场景中。在静态帧中不能对实例对象进行编辑操作。静态帧在时间轴上显示为灰色。

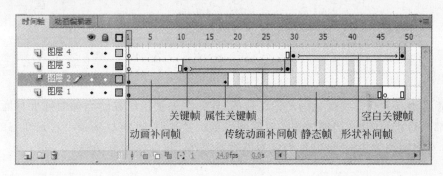

图 4-2　帧类型

4.1.2　帧的基本操作

制作动画时,需要在时间轴上对帧进行各种操作,如插入帧、插入关键帧、复制帧、移动帧、删除帧、翻转帧等。

1. 插入帧

在时间轴中插入帧的方法如下:

- 在时间轴上选取一帧,执行"插入"→"时间轴"→"帧"命令。
- 右击帧,在弹出的快捷菜单中执行"插入帧"命令。
- 在时间轴上选取一帧,按 F5 键。

如果插入点是静态帧,则插入一个静态帧。如果插入点是传统补间帧或形状补间帧,则插入一个补间帧并自动计算补间帧中对象的属性值。如果插入点是动画补间帧,则插入与动画补间等长的帧数,并自动调整补间各帧中对象的属性值。如果插入点是关键帧,则根据关键帧右侧帧的类别按前三种情况插入。插入帧后动画时间延长一帧。

2. 插入关键帧

在时间轴中插入关键帧的方法如下:

- 在时间轴中选取一帧,执行"插入"→"时间轴"→"关键帧"命令。
- 右击帧,在弹出的快捷菜单中执行"插入关键帧"命令。
- 在时间轴中选取一帧,按 F6 键。

插入的关键帧将复制其左侧关键帧内容,如果左侧为空白关键帧,则插入的关键帧也为空白关键帧。通常在插入关键帧后会修改关键帧中舞台上的对象,使动画画面产生变化。

3. 插入空白关键帧

在时间轴中插入空白关键帧的方法如下:

- 在时间轴中选取一帧,执行"插入"→"时间轴"→"空白关键帧"命令。
- 右击帧,在弹出的快捷菜单中执行"插入空白关键帧"命令。
- 在时间轴中选取一帧,按 F7 键。

通常在动画画面需要做大量变化时使用插入空白关键帧命令,然后重新安排舞台内容。另外,在动画中使用空白关键帧还可以产生闪烁效果。

4. 复制帧

在时间轴中选择一帧或多帧后,执行"编辑"→"时间轴"→"复制帧"命令,或右击选择的帧,在快捷菜单中执行"复制帧"命令,可以将选定的帧复制到 Windows 剪贴板中。

在时间轴中选择复制帧的目标位置后,执行"编辑"→"时间轴"→"粘贴帧"命令,或右击选择的帧,在弹出的快捷菜单中执行"粘贴帧"命令,可以将复制的帧粘贴到选定位置。

5. 移动帧

在时间轴中选择一帧或多帧后,按鼠标拖动到目标位置释放鼠标即可移动选定的帧。也可以选定帧后分别执行"编辑"→"时间轴"→"剪切帧"和"编辑"→"时间轴"→"粘贴帧"命令来移动帧。

6. 清除帧

在时间轴上清除帧的方法如下:

- 右击要清除的帧,在弹出的快捷菜单中执行"清除帧"命令。
- 选定帧后执行"编辑"→"时间轴"→"清除帧"命令。

清除帧后,该帧变为空白关键帧,该图层动画总帧数不变。如果选定清除的帧是关键帧,则关键帧右移一帧。

7. 删除帧

在时间轴上删除帧的方法如下:

- 右击要删除的帧,在弹出的快捷菜单中执行"删除帧"命令。
- 选定帧后执行"编辑"→"时间轴"→"删除帧"命令。

删除帧后,删除帧右侧的所有帧左移,该图层动画帧数会减少。如果选定删除的帧是关键帧,则关键帧不变,删除关键帧右侧的静止帧或补间帧。

8. 转换为关键帧

静态帧和补间帧可以转换为关键帧,方法如下:

- 右击要转换的静态帧或补间帧,在弹出的快捷菜单中执行"转换为关键帧"命令。
- 选定帧后执行"修改"→"时间轴"→"转换为关键帧"命令。

9. 转换为空白关键帧

静态帧或补间帧可以转换为空白关键帧,转换方法如下:

- 右击要转换的静态帧或补间帧,在弹出的快捷菜单中执行"转换为空白关键帧"命令。
- 选定帧后执行"修改"→"时间轴"→"转换为空白关键帧"命令。

10. 清除关键帧

清除关键帧方法如下:

- 右击要清除的关键帧,在弹出的快捷菜单中执行"清除关键帧"命令。
- 选定帧后执行"修改"→"时间轴"→"清除关键帧"命令。

清除关键帧后,原关键帧根据帧的前后是否有补间动画转换为补间帧或静态帧。

11. 翻转帧

选择要翻转的多个帧,右击,在弹出的快捷菜单中执行"翻转帧"命令,或执行"修改"→"时间轴"→"翻转帧"命令,可以将选定帧的次序进行翻转,使动画内容反转。

12. 设置帧标签

选定关键帧,在"属性"面板的"标签"选项中可以设置帧的名称并选择标签类型,如图 4-3 所示。帧标签的类型有三种,包括名称、注释和锚记。

图 4-3 关键帧"属性"面板

(1) 名称:标识时间轴中关键帧的名称,在动作脚本中可以引用该名称对帧进行定位。设置了名称标签的关键帧上将显示一面小红旗。

(2) 注释:只对所选中的关键帧加以注释和说明,发布为 SWF 文件时不包含帧注释的标识信息。设置了注释标签的关键帧上将显示绿色"//"符号。

(3) 锚记:在浏览器中观看 Flash 作品时,可以使用浏览器中的"前进"和"后退"按钮从一个带有锚记的帧跳到另一个带有锚记的帧,使 Flash 动画的导航变得简单。设置了锚记标签的关键帧上将显示一个锚标记。

各种帧标签标记如图 4-4 所示。

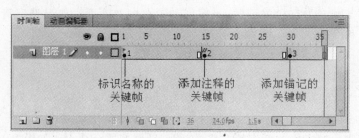

图 4-4 各种帧标签标记

4.1.3 Flash 动画的类别

Flash 动画分为逐帧动画、补间动画、补间形状、传统补间和反向运动动画。

(1) 逐帧动画是在时间轴上逐帧绘制帧内容,由于是一帧一帧的绘制关键帧,所以逐帧动画具有非常大的灵活性,几乎可以表现任何想表现的内容,适合制作每个帧的内容有较大差别的复杂动画。

(2) 补间动画是在一个关键帧制作出基本画面后,在后续的某个帧中改变对象的属性,如改变对象的大小、颜色、位置、透明度等。Flash 在中间帧插值计算对象的属性值,产生动画。补间动画功能强大、易于创建,适合制作由于对象连续运动构成的动画。

(3) 传统补间动画与补间动画类似,但传统补间是在两个对象相同、对象属性不同的关键帧之间创建,可以制作一些补间动画不能实现的效果。

(4) 补间形状动画在一个关键帧中绘制一个形状,然后在另外一个关键帧更改或绘制另一个形状,Flash 在中间帧插值中间形状,适合制作一个形状变形为另一个形状的动画。

（5）反向运动动画在对象上添加骨骼，利用骨骼的父子关系，实现对象的反向运动，创建复杂的运动动画。

4.1.4 Flash 动画的帧频

帧频是动画播放的速度，以每秒播放的帧数（fps）为度量单位。标准的动画速率是24fps。动画帧频太慢会使动画看起来不连续，有停顿，帧频太快会使动画的细节变得模糊，无法看清细节。Flash 文件的默认帧频设置为24fps。

Flash 动画的帧频可以在文档的"属性"面板中进行设置。因为整个 Flash 文档统一设置为一个帧频，因此在开始创建动画之前应该先设置帧频。

4.2 逐帧动画

4.2.1 制作逐帧动画

逐帧动画由多个关键帧组成，每个关键帧的内容都不同，适合制作表现细腻的动画，如人物表情、转身等动画。由于需要逐帧制作，逐帧动画的制作负担较重，一般对于比较复杂的逐帧动画采用以下两种方法制作：

（1）先画好动画各帧的线稿，将线稿扫描后导入 Flash，逐帧进行描图、上色。

（2）导入已有的静态图片素材或图片序列，制作逐帧动画。

【例 4-1】 变色文字。

（1）新建一个 Flash 文件，在"属性"面板中设置舞台大小为 500×200 像素。

（2）使用"文本工具"在图层 1 的第 1 帧中创建文字对象 Flash，在"属性"面板中"位置与大小"选项中设置大小为 150 点，颜色为蓝色，如图 4-5 所示。

图 4-5 创建文字对象

（3）右击图层 1 第 16 帧，在弹出的快捷菜单中执行"插入关键帧"命令。

（4）选择第 16 帧，单击舞台中的文字 Flash，在"属性"面板中将文字颜色改为红色。

（5）右击图层 1 第 31 帧,在弹出的快捷菜单中执行"插入关键帧"命令。

（6）选择第 31 帧,单击舞台中的文字 Flash,在"属性"面板中将文字颜色改为绿色。

（7）右击图层 1 第 45 帧,在弹出的快捷菜单中执行"插入帧"命令。使绿色 Flash 文字持续 15 帧。动画时间轴如图 4-6 所示。

（8）按 Ctrl＋Enter 键,测试影片,查看文字变色效果。

逐帧动画中还可以根据需要适当加入空白关键帧。如果空白关键帧持续时间很短,就会产生闪烁效果。

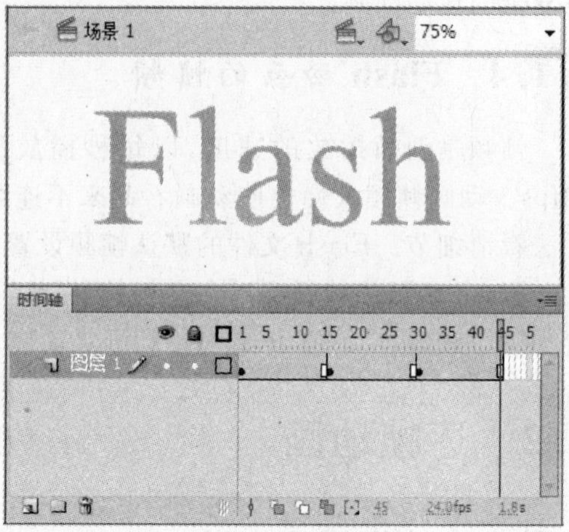

【例 4-2】 闪烁变色文字。

（1）打开例 4-1 中制作的"变色文字.fla"文件。

图 4-6　变色文字

（2）右击图层 1 第 14 帧,在弹出的快捷菜单中执行"插入空白关键帧"命令。

（3）分别在图层 1 第 29 帧、第 45 帧插入空白关键帧,使文字在变色之前消失 1 帧,产生闪烁效果。

（4）测试影片,查看文字变色闪烁效果。

4.2.2　使用绘图纸功能

通常舞台上显示时间轴中选定帧的内容。为了方便对动画的关键帧内容进行定位和编辑,可以利用绘图纸功能在舞台上一次查看或编辑多个帧。绘图纸功能包括"绘图纸外观"按钮 📷 、"绘图纸外观轮廓"按钮 🖰 、"编辑多个帧"按钮 🖫 、"修改绘图纸标记"按钮 🔳 。

（1）"绘图纸外观"按钮 📷 :按下此按钮后,在时间轴的上方出现如图 4-7 所示的绘图纸外观标记,拖动外观标记,可以设置绘图纸显示范围。此时舞台上显示绘图纸外观标记范围内所有帧内容,其中当前帧指针指向的帧用全彩色显示,可以编辑,其他帧半透明显示,不能编辑。

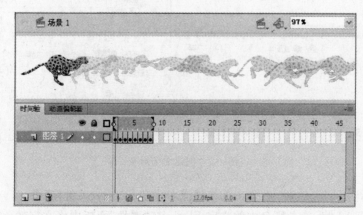

图 4-7　绘图纸外观功能

（2）"绘图纸外观轮廓"按钮 ：按下后，舞台上显示绘图纸外观标记范围内所有帧的轮廓线，如图4-8所示。其中当前帧指针指向的帧用全彩色显示，可以编辑，其他帧用轮廓线显示，不能编辑。

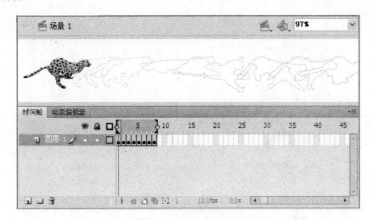

图4-8　绘图纸外观轮廓功能

（3）"编辑多个帧"按钮 ：按下后在舞台上显示绘图纸外观标记范围内所有帧内容，所有帧内容都用全彩色显示，并可以编辑，如图4-9所示。

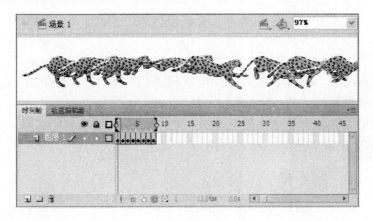

图4-9　编辑多个帧功能

（4）"修改绘图纸标记"按钮 ：按下后弹出菜单，设置绘图纸标记范围。

始终显示标记：无论绘图纸外观是否打开，在时间轴标题中显示绘图纸外观标记。

锚记绘图纸：将绘图纸外观标记锁定在它们在时间轴标题中的当前位置。通常情况下，绘图纸外观范围是和当前帧的指针以及绘图纸外观标记相关的。通过锚定绘图纸外观标记，可以防止它们随当前帧的指针移动。

绘图纸2：在当前帧的两边显示2帧。

绘图纸5：在当前帧的两边显示5帧。

绘制全部：在当前帧的两边显示全部帧。

【例4-3】　倒计时。

（1）新建一个Flash文件，在"属性"面板中设置舞台大小为300×300像素，背景颜色为黄色。

（2）使用"文本工具"在图层 1 第 1 帧中创建文字对象，输入文字 5。选定文字，在"属性"面板"位置与大小"选项中设置文字字体为 Times New Roman，大小为 150 点，颜色为黑色，如图 4-10 所示。

图 4-10　输入文字 5

（3）分别在图层 1 第 6 帧、第 11 帧、第 16 帧、第 21 帧插入关键帧。使用"文本工具"分别将插入的各关键帧的文字内容修改为 4、3、2、1。

（4）在图层 1 第 26 帧插入关键帧，使用"文本工具"将第 26 帧的文字内容修改为 OK，如图 4-11 所示。在第 30 帧插入帧，使 OK 文字持续 5 帧。

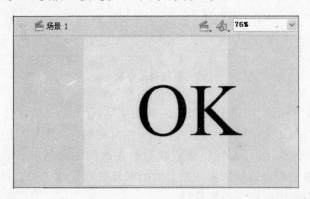

图 4-11　输入文字 OK

（5）在时间轴上选择的 26 帧，单击"绘图纸外观"按钮，将绘图纸外观标记设置为第 21 帧到第 26 帧，显示第 21 帧和第 26 帧内容。参考第 21 帧数字"1"的位置，使用"选择工具"将第 26 帧 OK 移动到舞台中央，如图 4-12 所示。

（6）测试影片，查看倒计时动画。

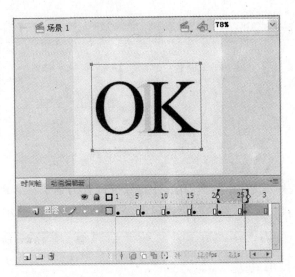

图 4-12 移动 OK 位置

4.2.3 导入图片制作逐帧动画

在制作逐帧动画时,如果在每个关键帧绘制舞台中的对象,制作过程会比较复杂,所以可以利用 Flash 的导入功能,导入已有的图片文件或图片文件序列,制作逐帧动画。

【例 4-4】 奔跑的豹子。

(1) 新建一个 Flash 文件,在"属性"面板中设置舞台大小为 550×100 像素。

(2) 选择图层 1 第 1 帧,执行"文件"→"导入"→"导入到舞台"命令,在"导入"对话框中选择导入素材文件夹中的豹子图片 p1.png 图片,如图 4-13 所示。确定导入图片时,系统弹出"导入图像序列"对话框,如图 4-14 所示,单击"是"按钮,将图像序列分别导入到图层 1 的第 1~第 8 帧中。

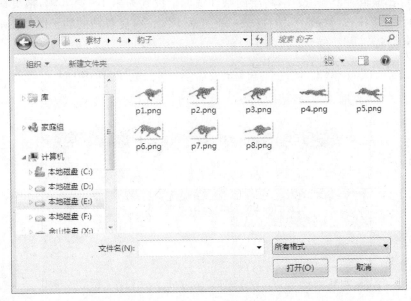

图 4-13 "导入"对话框

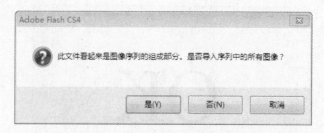

图 4-14　"导入图像序列"对话框

（3）单击"绘图纸外观"按钮，将绘图纸外观标记设置为第 1～第 8 帧，分别调整第 1～第 8 帧中豹子的位置，使豹子从舞台左边跑向舞台右边，如图 4-15 所示。

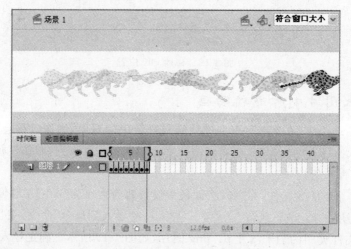

图 4-15　调整豹子水平位置

（4）单击"编辑多个帧"按钮，将绘图纸外观标记设置为第 1～第 8 帧，拖曳鼠标选择舞台上所有的图片，执行"修改"→"对齐"→"垂直居中"命令，使各帧的豹子图像在水平方向对齐，如图 4-16 所示。

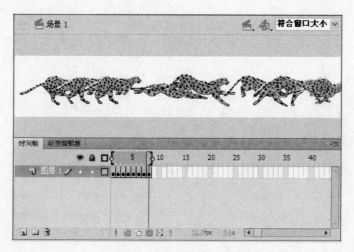

图 4-16　将豹子垂直居中

（5）关闭"编辑多个帧"按钮，测试影片。此时可以发现豹子跑动速度太快。

（6）分别选择第1~第8帧各个关键帧，执行"插入"→"时间轴"→"帧"命令，在各个关键帧后面插入一个静态帧，如图4-17所示，使豹子跑动速度降低。

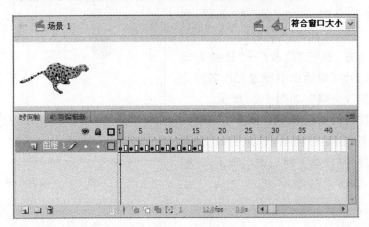

图 4-17　插入静态帧

（7）再次测试动画，查看豹子跑动效果。

4.3　补间动画

4.3.1　创建补间动画

在 Flash CS4 中，引入了一种新的补间动画的概念。在这种动画中增加了属性关键帧的概念，如图4-18所示。动画中只需在关键帧中创建对象，然后建立补间动画，最后在补间帧中修改对象的属性，建立属性关键帧，即可完成动画。这种动画方式比 Flash 传统补间动画更加简单，更容易控制。

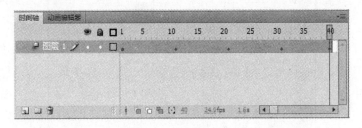

图 4-18　补间动画时间轴

创建补间动画方法如下：
- 在时间轴上选择已建立的关键帧，执行"插入"→"补间动画"命令。
- 右击关键帧，在弹出的快捷菜单中执行"创建补间动画命令"。

补间动画要求舞台中的对象必须是元件实例或文字对象，因此在建立补间动画时应该将图形先转换为元件实例，再建立补间动画。如果直接对图形创建动画补间，系统也会先将图形转换成影片剪辑元件实例，再创建动画。

【例 4-5】 运动的小球。

（1）新建一个 Flash 文件。

（2）使用"椭圆工具"在图层 1 第 1 帧中舞台左上方绘制一个圆，作为运动的小球，如图 4-19 所示。

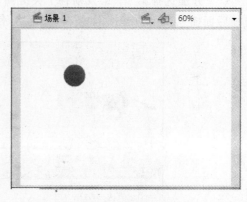

图 4-19　绘制小球

（3）选择小球，执行"修改"→"转换为元件"，在"转换为元件"对话框中设置元件名称为"球"，类型为"影片剪辑"，如图 4-20 所示。

（4）右击时间轴图层 1 第 1 帧，在弹出的快捷菜单中执行"创建补间动画"命令，建立补间动画，此时时间轴在第 1 帧后面出现了 23 帧蓝色的补间帧，如图 4-21 所示。

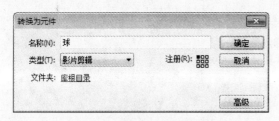

图 4-20　转换元件

图 4-21　建立补间动画

（5）在图层 1 中选择第 11 帧，将舞台中的小球拖动到舞台的右边。可以看到在小球的左侧出现了一根绿色的路径线，如图 4-22 所示。这条线标识小球的运动轨迹。

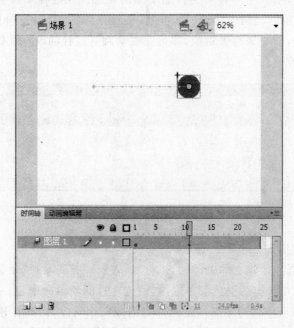

图 4-22　设置第 11 帧小球位置

(6) 选择第 21 帧,将小球拖动到舞台右下方。

(7) 右击图层 1 第 31 帧,在弹出的快捷菜单中执行"插入帧"命令,使动画持续到第 30 帧。选择第 31 帧,将小球拖动到舞台左下方。

(8) 右击图层 1 第 40 帧,在弹出的快捷菜单中执行"插入帧"命令,使动画持续到第 40 帧。选择第 40 帧,将小球拖动到舞台左上方,和路径线起点对齐,如图 4-23 所示,完成小球移动位置设置。

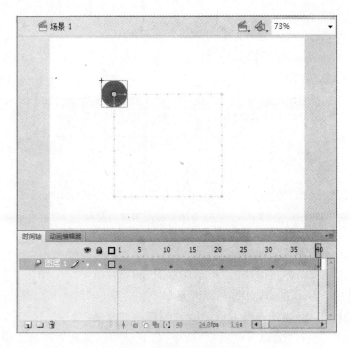

图 4-23 设置小球移动位置

(9) 测试影片,观看小球沿正方形路径运动效果。

4.3.2 编辑补间动画

建立了动画补间后,路径线上的小点表示各帧中对象的位置,大点表示关键帧中对象的位置。可以使用下列方法编辑补间的运动路径:

- 在补间范围的任何帧中改变对象的位置。
- 使用"选择工具",将整个运动路径移到舞台上的其他位置。
- 使用"选择工具"或"部分选择工具"或"任意变形工具"更改路径的形状或大小。
- 选定路径,在"变形"面板或"属性"面板中更改路径的形状或大小。
- 使用自定义笔触绘制运动路径,复制粘贴为运动路径。
- 在"动画编辑器"面板中修改路径。

【例 4-6】 改变小球的运动路径。

(1) 打开例 4-5 中建立的"4-5 运动的小球.fla"文件。

(2) 使用"选择工具"指向路径线,当鼠标变成 形状时拖动鼠标,将路径变成曲线路径,如图 4-24 所示。

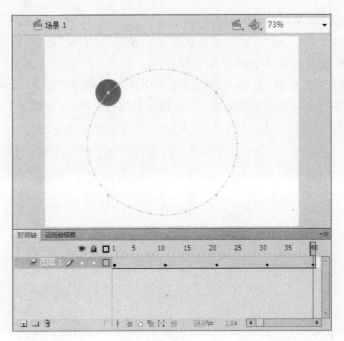

图 4-24　将正方形路径线修改为圆形

（3）测试影片，可见小球沿圆形路径运动。

（4）单击"时间轴"面板左下角的"新建图层"按钮，新建一个图层。使用"钢笔工具"在新图层中绘制一条 S 形曲线，如图 4-25 所示。

（5）使用"选择工具"选择 S 形曲线，执行"编辑"→"复制"命令。

（6）选择图层 1，执行"编辑"→"粘贴"命令，将 S 形曲线复制为图层 1 中的运动路径，如图 4-26 所示。

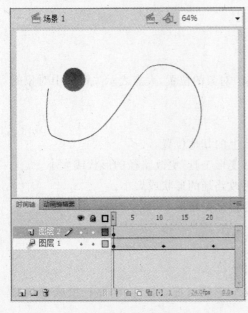

图 4-25　绘制 S 形曲线

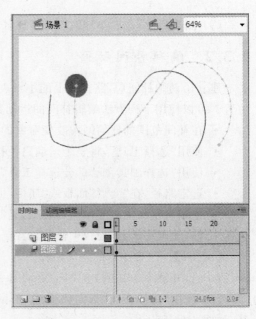

图 4-26　将 S 形曲线复制为运动路径

(7) 选择图层 2,单击"时间轴"左下角的"删除图层"按钮 🗑 ,删除图层 2。

(8) 测试影片,可见小球沿 S 形路径运动。

在补间动画中除了建立对象位置改变的动画外,还可以在"属性"面板中设置对象大小、旋转角度、颜色、滤镜等属性,Flash 会在补间帧中计算各种属性补间值,制作补间动画。

【例 4-7】 游动的变色小鱼。

(1) 新建一个 Flash 文件,在"属性"面板中设置文档背景为蓝色。

(2) 在舞台上绘制一条小鱼,如图 4-27 所示,将小鱼转换为影片剪辑元件。

(3) 右击时间轴图层 1 第 1 帧,在弹出的快捷菜单中执行"创建补间动画"命令,建立补间动画。

(4) 选定第 12 帧,将鱼拖动到舞台中间,创建属性关键帧。选定第 24 帧,将鱼拖动到舞台左侧,创建属性关键帧。

(5) 使用"选择工具"将路径曲线修改为 S 形,完成小鱼游动动画,如图 4-28 所示。

(6) 选择第 24 帧,使用"任意变形工具"将小鱼缩小,如图 4-29 所示。

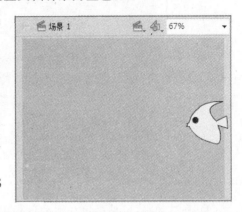

图 4-27 绘制小鱼

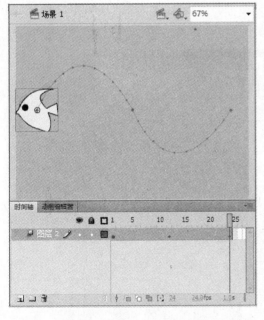

图 4-28 制作小鱼游动动画

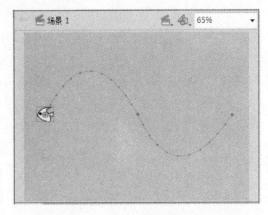

图 4-29 缩小第 24 帧的小鱼

(7) 测试动画,可见小鱼在运动过程中缩小。

(8) 选择第 24 帧,单击选定舞台上的小鱼,在"属性"面板中的"色彩效果"选项中设置样式为"色调",颜色为红色,并将"色调"滑杆拖动到 50%,将小鱼的颜色修改为红色,如图 4-30 所示。

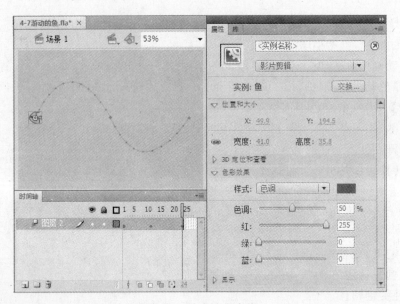

图 4-30　改变小鱼色调

　　(9) 测试动画,可见小鱼在运动过程中改变颜色。

　　(10) 选择第 1 帧,单击选定舞台上的小鱼,在"属性"面板中单击"滤镜"选项左下角的"添加滤镜"按钮,设置"模糊 X"、"模糊 Y"选项值为 0 像素。

　　(11) 选择第 24 帧,单击选定舞台上的小鱼,在"属性"面板的"滤镜"选项中设置"模糊 X"、"模糊 Y"选项值为 10 像素,如图 4-31 所示。

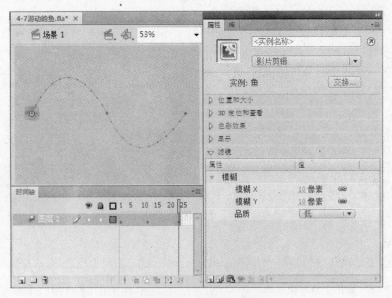

图 4-31　设置"模糊"滤镜属性

　　(12) 测试动画,可见小鱼在运动过程中逐渐模糊。

　　在为对象建立了 Flash 补间动画后,还可以在影片剪辑元件实例的"属性"面板中的"3D 定位和查看"选项中进行设置,为影片剪辑元件实例创建 3D 位置变化和 3D 旋转补间。

注意 Flash 制作的 3D 动画要求 FLA 文件在发布设置中设置为脚本为 ActionScript 3.0 以及播放器为 Flash Player 10。

【例 4-8】　3D 旋转文字。

（1）新建一个 Flash 文件，在"属性"面板中设置文档大小为 550×200 像素。

（2）使用"文本工具"在舞台上建立一个静态文本对象，输入文字 Flash，在"属性"面板中设置文字大小为 20 点，如图 4-32 所示。

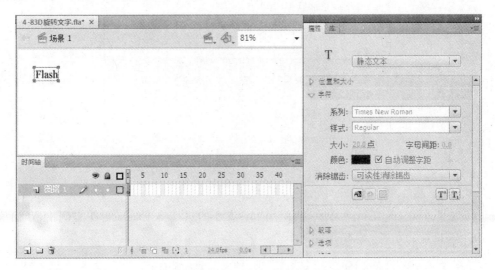

图 4-32　输入文字 Flash

（3）将文字转换为影片剪辑元件。

（4）右击时间轴图层 1 第 1 帧，在快捷菜单中执行"创建补间动画"命令，建立补间动画。选择第 20 帧，将 Flash 元件实例拖动到舞台中央偏下位置。

（5）右击图层 1 第 40 帧，在快捷菜单中执行"插入帧"命令，使动画持续到第 40 帧。选择第 40 帧，将 Flash 元件实例拖动到舞台右上角，如图 4-33 所示，完成文字移动动画。

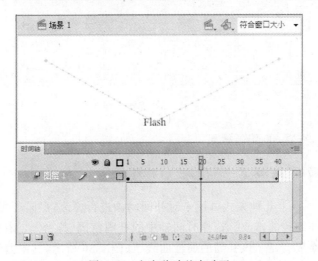

图 4-33　文字移动基本动画

(6) 选择图层 1 第 10 帧,使用工具箱中的"3D 旋转工具"将 Flash 元件实例沿 Y 轴旋转 180°,如图 4-34 所示。

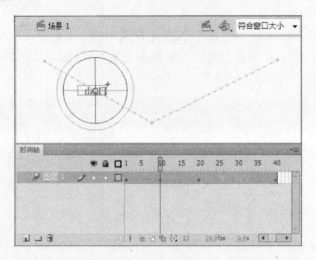

图 4-34　沿 Y 轴旋转 180°

(7) 分别在第 20、第 30、第 40 帧使用"3D 旋转工具"将 Flash 元件实例沿 Y 轴旋转 180°,完成 3D 旋转动画,如图 4-35 所示。

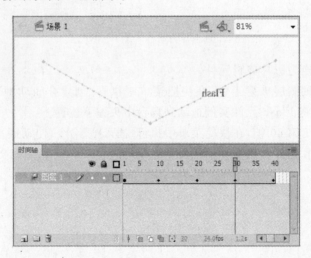

图 4-35　3D 旋转动画

(8) 测试动画,查看 3D 旋转效果。

4.3.3　使用动画编辑器

在 Flash 中除了以上几种方式可用来对补间动画进行修改以外,还可以使用"动画编辑器"对动画进行更加细致的修改。选择时间轴中的补间范围、舞台上的补间对象或运动路径后,"动画编辑器"面板会显示该补间的属性曲线,如图 4-36 所示,其中曲线表示各属性的变化情况,网格表示发生选定补间的时间轴的各个帧。

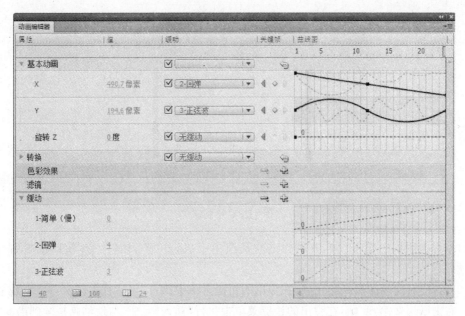

图 4-36 "动画编辑器"面板

在动画编辑器中,对象的每个属性值都用二维曲线表示。曲线的水平方向表示时间,垂直方向表示对属性值的更改。各属性的每个属性关键帧在该属性的曲线上用控制点表示。

使用动画编辑器之前必须先在时间轴上创建补间动画,并且需要先在时间轴上选择补间范围或在舞台上选择补间对象,动画编辑器中才会显示动画曲线。在动画曲线上,用户可以调整表示属性关键帧的控点位置,这些改变将影响对象的运动。

【例 4-9】 碰撞球。

(1)新建一个 Flash 文件。

(2)在图层 1 第 1 帧中绘制两个矩形作为碰撞球挡板,如图 4-37 所示。

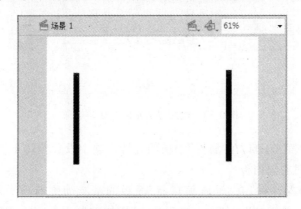

图 4-37 绘制挡板

(3)单击"时间轴"面板左下角"新建图层"按钮,新建一个图层"图层 2",在图层 2 第 1 帧中使用"椭圆工具"在舞台上左侧挡板旁边绘制一个圆。使用"颜料桶工具"对圆做由白色到黑色的放射状填充,使球产生立体光照效果,如图 4-38 所示。将球转换为影片剪辑元件。

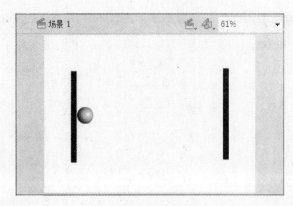

图 4-38　绘制球

（4）右击图层 1 第 60 帧，在弹出的快捷菜单中执行"插入帧"命令，使挡板画面持续到第 60 帧。

（5）右击时间轴图层 2 第 1 帧，在弹出的快捷菜单中执行"创建补间动画"命令，建立补间动画。右击图层 2 第 60 帧，在弹出的快捷菜单中执行"插入帧"命令，使动画持续到第 60 帧。

（6）选择图层 2 第 60 帧，将球拖动到右侧挡板旁边，如图 4-39 所示，建立球从左向右移动动画。

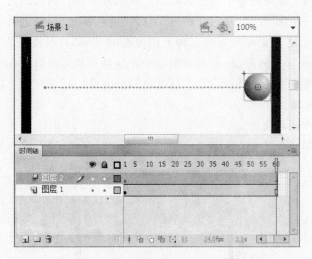

图 4-39　建立球从左向右移动动画

（7）选择图层 2 第 60 帧，在"属性"面板的旋转选项中设置旋转 1 次，方向为顺时针，使球从左侧挡板滚动到右侧挡板。

（8）选择图层 2 第 1 帧，在"动画编辑器"面板的基本动画选项 X 轴曲线中选择第 20 帧，单击"添加或删除关键帧"按钮 ，在第 20 帧增加控制点。将该控制点向上拖动，使球移动到右侧挡板处，如图 4-40 所示。

（9）在"动画编辑器"面板的基本动画选项 X 轴曲线中选择第 40 帧，单击"添加或删除关键帧"按钮，在第 40 帧增加控制点。将该控制点向下拖动，使球移动到左侧挡板处，如图 4-41 所示。

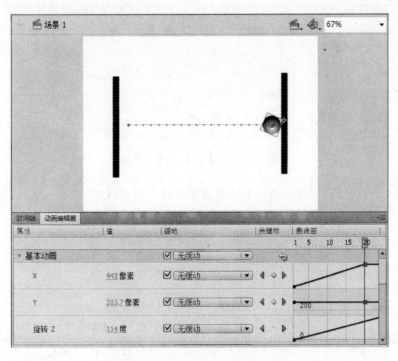

图 4-40 改变 X 轴第 20 帧运动曲线

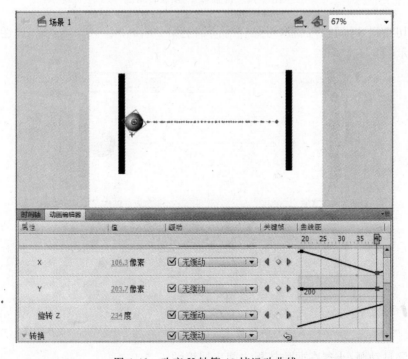

图 4-41 改变 X 轴第 40 帧运动曲线

（10）在"动画编辑器"面板的基本动画选项旋转 Z 轴曲线中选择第 20 帧，单击"添加或删除关键帧"按钮，在第 20 帧增加控制点。在值中设置角度为 360°，如图 4-42 所示。

图 4-42　设置第 20 帧旋转角度

（11）在"动画编辑器"面板的基本动画选项旋转 Z 轴曲线中选择第 40 帧，单击"添加或删除关键帧"按钮，在第 40 帧增加控制点。在值中设置角度为 0°，如图 4-43 所示。

图 4-43　设置第 40 帧旋转角度

（12）切换到"时间轴"面板，可见在时间轴上第 20 帧和第 40 帧已添加属性关键帧，如图 4-44 所示。

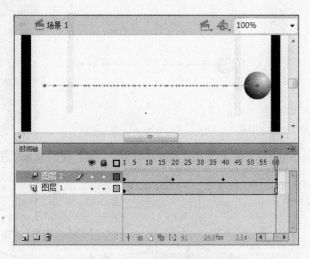

图 4-44　小球滚动时间轴

（13）测试动画，小球在两块挡板之间来回滚动。

在动画编辑器中除了可以通过改变属性值控制动画过程外，还可以使用缓动曲线控制动画。Flash 提供简单、弹簧、回弹、正弦波等多种缓动曲线供直接选用，也可以根据需要自定义缓动曲线。如果在一条属性曲线上应用了缓动曲线，则在属性曲线上会出现一条用虚线表示的缓动曲线,如图 4-36 所示,该虚线显示缓动对属性值的影响。

如果要为动画增加各种缓动效果,需要在"动画编辑器"的"缓动"选项中先添加缓动,才能在各属性曲线上应用缓动。

【例 4-10】 平抛球。

(1) 新建一个 Flash 文件。

(2) 在图层 1 第 1 帧中使用"椭圆工具"在舞台左上角外侧绘制一个圆。使用"颜料桶工具"对圆做由白色到黑色的放射状填充,使球产生立体光照效果,如图 4-45 所示。将球转换为影片剪辑元件。

图 4-45　绘制小球

(3) 右击时间轴图层 1 第 1 帧,在弹出的快捷菜单中执行"创建补间动画"命令,建立补间动画。右击图层 1 第 40 帧,在弹出的快捷菜单中执行"插入帧"命令,使动画持续到第 40 帧。

(4) 选择图层 1 第 40 帧,将球拖动到舞台右下角,如图 4-46 所示,建立球从舞台左上角落到右下角动画。

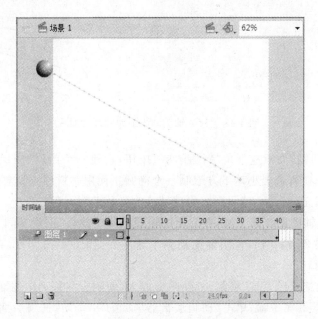

图 4-46　球从舞台左上角落到右下角动画

（5）选择图层 1 第 40 帧，在"属性"面板的旋转选项中设置旋转 1 次，方向为顺时针，使球滚动落下。

（6）单击"动画编辑器"面板的缓动选项后面的"＋"按钮，添加"回弹"效果，如图 4-47 所示。

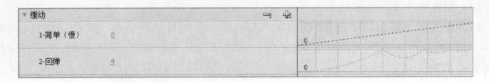

图 4-47　添加"回弹"效果

（7）单击"动画编辑器"面板的基本动画 Y 轴选项后面的下拉菜单，在 Y 轴添加"回弹"效果，Y 轴运动曲线旁及舞台上将显示缓动虚线，如图 4-48 所示。

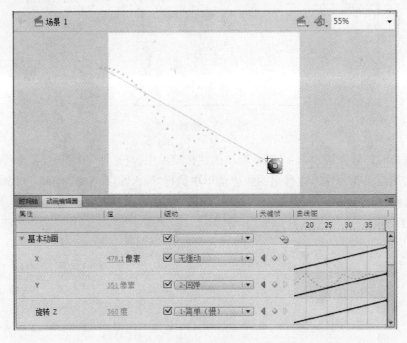

图 4-48　为 Y 轴动画添加回弹缓动曲线

（8）单击"时间轴"面板左下角"新建图层"按钮，新建一个图层"图层 2"，在图层 2 第 1 帧中使用椭圆工具在舞台上小球下方绘制一个椭圆。使用颜料桶工具对椭圆做由深灰色到浅灰色的放射状填充，制作小球阴影。将球转换为影片剪辑元件。

（9）右击时间轴图层 2 第 1 帧，在弹出的快捷菜单中执行"创建补间动画"命令，建立补间动画。右击图层 2 第 40 帧，将阴影拖动到小球下方，如图 4-49 所示，建立阴影从舞台左侧移动到右侧动画。

（10）使用"任意变形工具"将第 40 帧阴影放大，使阴影在移动中逐渐放大。

（11）选择图层 2 第 1 帧，单击"动画编辑器"面板的"缓动"选项后面的"＋"按钮，添加"回弹"效果。

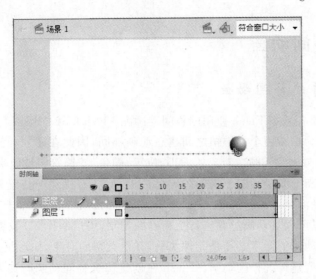

图 4-49　建立阴影从舞台左侧移动到右侧动画

（12）单击"动画编辑器"面板的"转换"选项后面的"缩放 X"及"缩放 Y"下拉菜单，在 X 轴及 Y 轴缩放动画分别添加"回弹"缓动曲线，如图 4-50 所示。

图 4-50　为缩放动画添加回弹缓动曲线

（13）将图层 2 拖动到图层 1 下方，使影子位于小球后面。

（14）测试动画，可见小球平抛落下并回弹，小球阴影大小随小球落下及回弹发生变化，如图 4-51 所示。

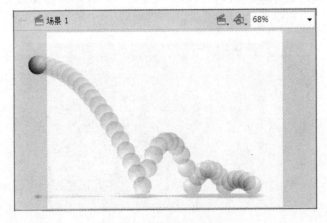

图 4-51　平抛小球动画

4.4　传统补间动画

4.4.1　制作传统补间动画

Flash CS4 之前各版本 Flash 使用的补间动画在 Flash CS4 中保留下来，称为传统补间动画。传统补间动画是在两个关键帧之间建立动画补间，因此在建立补间之前必须有两个关键帧，Flash 根据两个关键帧中对象的大小、位置、颜色、滤镜等属性值来创建补间动画。

传统补间动画和补间动画制作的动画效果接近，但各有优势。传统补间动画基于两个关键帧，相对更加灵活，可以在动画中添加同步声音效果。补间动画基于关键帧和属性关键帧，在动画编辑器里可以对动画过程进行更精确的控制，可以制作 3D 位置和 3D 旋转动画。

构成传统补间动画的元素必须是元件实例，其他类型的对象，如形状、位图、文本都必须先转换成元件才能创建传统补间动画。Flash 在创建传统补间动画时如果检查到对象不是元件则会自动将两个关键帧中的对象分别转换为名为"补间 n"的元件，再创建动画。

创建起始关键帧和结束关键帧内容后，建立传统补间动画方法如下：

- 选择起始关键帧，执行"插入"→"传统补间"命令。
- 右击起始关键帧，在弹出的快捷菜单中执行"创建传统补间"命令。

传统补间动画建立后，时间轴面板的背景色变为蓝色，在起始关键帧和结束关键帧之间用箭头表示，如图 4-52 所示。如果传统补间动画创建失败，两个关键帧之间会用虚线显示。

图 4-52　传统补间动画时间轴

【例 4-11】　帆船。

（1）新建一个 Flash 文件，在"属性"面板中设置舞台背景色为蓝色。

（2）在图层 1 第 1 帧中绘制帆船，如图 4-53 所示，将帆船转换为影片剪辑元件，命名为"帆船"。

图 4-53　绘制帆船

（3）右击图层1第30帧，在弹出的快捷菜单中执行"插入关键帧"命令，在第30帧插入关键帧。

（4）右击图层1第1帧，在弹出的快捷菜单中执行"创建传统补间动画"命令，在第1帧和第30帧之间创建传统补间动画。

（5）将第1帧中的帆船拖动到舞台左上侧，使用"任意变形工具"将帆船缩小，如图4-54所示。

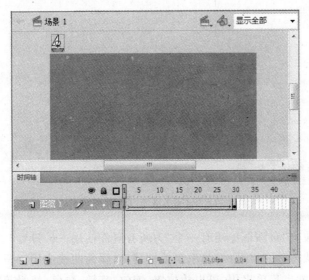

图4-54　改变第1帧帆船的位置和大小

（6）使用选择工具选定第1帧中的帆船，在"属性"面板中的"色彩效果"选项中设置色彩效果为Alpha，值为30%。

（7）测试动画，帆船从舞台左上角进入舞台，逐渐变大，透明度逐渐增加。

4.4.2　自定义缓动/缓出

创建传统补间动画后可以在关键帧的"属性"面板中对补间进行设置，如图4-55所示，包括设置动画的缓动曲线、设置对象在运动时旋转、为动画添加声音等。

单击"属性"面板中"补间"选项中"编辑缓动"按钮，打开"自定义缓入/缓出"对话框，如图4-56所示。"自定义缓入/缓出"对话框中的缓动曲线显示对象的运动状态随时间变化的情况，横轴表示动画的帧数，纵轴表示属性变化的百分比，第一个关键帧表示为0，最后一个关键帧表示为100%。缓动曲线的斜率表示对象的变化速率，曲线水平时变化速率为零，曲线垂直时变化速率最大，在一瞬间完成变化。在未设置缓动时，缓动曲线显示为如图4-56所示的直线。在缓动曲线上单击，可以添加缓动控制点。拖动缓动控制点或缓动控制

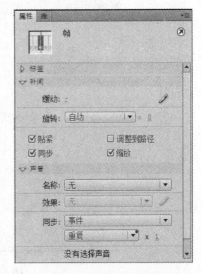

图4-55　关键帧"属性"面板

Flash动画设计技术与应用

点上的两个滑杆,可以改变缓动控制点的位置和曲线角度,改变动画的缓动方式。选定缓动控制点后,按 Del 键可以删除控制点。

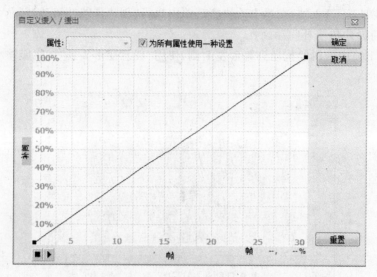

图 4-56 "自定义缓入/缓出"对话框

"自定义缓入/缓出"对话框中还有一个"为所有属性使用一种设置"复选框,默认情况下该复选框处于选中状态,此时"属性"弹出菜单被禁用,缓动曲线应用于所有属性。该复选框没有选中时,"属性"弹出菜单启用,可以为位置、缩放、旋转、颜色、滤镜等属性单独设置缓动曲线。

【例 4-12】 来回行驶的帆船。

(1)打开例 4-11 中建立的"4-11 帆船.fla"文件。

(2)选择图层 1 第 1 帧,单击"属性"面板中"补间"选项中"编辑缓动"按钮 ✐ ,打开"自定义缓入/缓出"对话框,在曲线上单击,添加控制点并拖动,调整曲线如图 4-57 所示。

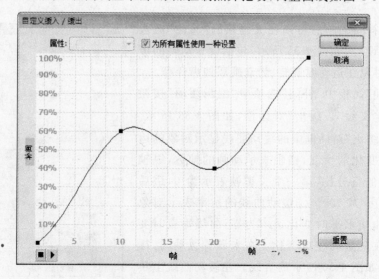

图 4-57 为帆船定义缓动曲线

（3）测试动画，可以看到帆船来回行驶。

除了直线运动动画以外，传统补间动画也可以利用引导层建立曲线运动动画。这部分内容将在第五章图层与场景中介绍。

4.5 补间形状动画

4.5.1 创建补间形状动画

补间形状动画是在矢量形状上创建的动画，它可以将一个形状变形为另一个形状。在制作形状补间时，在时间轴的一个关键帧中绘制矢量形状，然后在另一个关键帧中改变该形状或重新绘制另一个形状，Flash 会计算两个关键帧之间的中间形状，创建变形动画。另外，补间形状动画也可以对补间形状内的形状的位置和颜色进行补间。

创建起始关键帧和结束关键帧内容后，建立补间形状动画方法如下：

- 选择起始关键帧，执行"插入"→"补间形状"命令。
- 右键单击起始关键帧，执行"创建补间形状"命令。

形状补间动画建立后，时间轴面板的背景色变为绿色，在起始关键帧和结束关键帧之间用箭头表示，如图 4-58 所示。如果形状补间动画创建失败，两个关键帧中会用虚线显示。

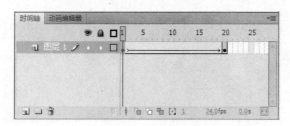

图 4-58 形状补间动画时间轴

【例 4-13】 收缩变形的五角星。

（1）新建一个 Flash 文件。

（2）使用"多角星形工具"在图层 1 第 1 帧中绘制一个五边形，如图 4-59 所示。

图 4-59 绘制五边形

（3）右击图层 1 第 20 帧，在弹出的快捷菜单中执行"插入空白关键帧"命令，在第 20 帧插入空白关键帧。

（4）使用"多角星形工具"在图层 1 第 20 帧绘制一个五角星。单击"绘图纸外观"按钮，将绘图纸外观标记设置为第 1～第 20 帧，显示第 1 帧和第 20 帧内容。参考第 1 帧五边形位置，将五角星的 5 个顶点和五边形顶点对齐，如图 4-60 所示。

（5）右击图层 1 第 1 帧，在弹出的快捷菜单中执行"创建补间形状"命令，在五边形和五角星之间创建形状补间动画，如图 4-61 所示。

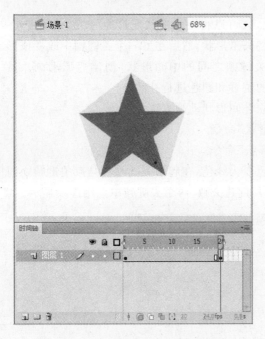
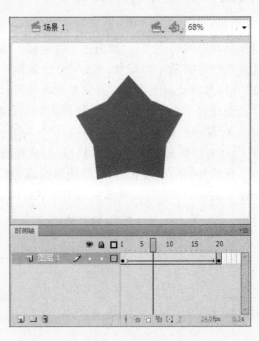

图 4-60　对齐五角星和五边形的顶点　　　　图 4-61　建立五边形到五角星形状补间动画

（6）测试动画，查看变形效果。

补间形状动画只能针对矢量图形创建。如果要对文本、组、元件实例或位图图像应用形状补间，需要先将这些元素分离成图形。

【例 4-14】　变形文字。

（1）新建一个 Flash 文件，在"属性"面板中设置舞台大小为 300×120 像素。

（2）使用"文本工具"在时间轴第 1 层第 1 帧中输入静态文字 ABC。选定文字，执行两次"修改"→"分离"命令，将文字转换为矢量图形，如图 4-62 所示。

图 4-62　文字转换为矢量图形

（3）右击图层1第25帧,在弹出的快捷菜单中执行"插入空白关键帧"命令,在第25帧插入空白关键帧。

（4）使用"文本工具"在时间轴第1层第25帧中输入静态文字XYZ。选定文字,执行两次"修改"→"分离"命令,将文字转换为矢量图形。

（5）右击图层1第1帧,在弹出的快捷菜单中执行"创建补间形状"命令,在ABC和XYZ之间创建形状补间动画,如图4-63所示。

（6）测试动画,查看变形效果。

设置形状补间后,选定形状补间的关键帧,在"属性"面板中可以设置补间的缓动和混合选项,如图4-64所示。

图 4-63　创建 ABC 到 XYZ 形状补间动画　　　　图 4-64　形状补间关键帧的"属性"面板

"缓动"选项取值范围在-100~100之间。在默认情况下,缓动值为0,表示形状补间帧之间的变化匀速进行。如果缓动值为正数,动画速度从快到慢,如果缓动值为负数,动画速度从慢到快。

"混合"选项如果取值为"角形",创建的动画中间形状会保留明显的角和直线,适合于具有锐化转角和直线的混合形状。如果取值为"分布式",创建的动画中间形状比较平滑和不规则。

4.5.2　使用形状提示点

如果要创建更加复杂的形状变化,或者要根据需要来设置形变过程,需要在形状补间动画中使用形状提示。形状提示用于标记起始形状和结束形状中对应的点,使形变过程能够被控制。

形状提示点只能添加在形变动画中两个关键帧中的矢量对象上。执行"修改"→"形状"→"添加形状提示"命令可以在形状补间的开始关键帧中添加形状提示点。提示点以字母a~z命名,背景为黄色。添加形状提示点后在形状补间结束关键帧会出现对应点,如果结束关键帧中的对应点和开始关键帧中的提示点在同一条曲线上时,对应点为绿色,如果不在一条曲线上,对应点为红色,如图4-65所示。

图 4-65　形状提示点

如果要在复杂的补间形状中获得最佳效果,需要创建中间形状然后再进行补间。建立形状提示点时应该符合逻辑,最好按逆时针顺序从形状的左上角开始放置形状提示。

【例4-15】　旋转变形的五角星。

(1)打开例4-13建立的"4-13收缩五角星.fla"文件。

(2)选择第1层第1帧,执行5次"修改"→"形状"→"添加形状提示"命令,在五边形上添加5个形状提示点a～e。

(3)将第1帧中的形状提示点从五边形上方顶点开始,按逆时针方向分别拖动到五边形的5个顶点上,如图4-66所示。

(4)将第20帧的形状提示点从五角星左下角顶点开始,按逆时针方向分别拖动到五角星的5个顶点上,如图4-67所示。

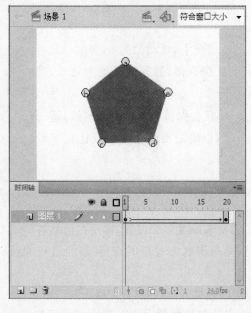

图 4-66　添加形状提示点

图 4-67　设置形状提示对应点

（5）测试动画，可见五边形旋转变形成五角星，如图 4-68 所示。

图 4-68 旋转变形五角星

4.6 动画预设

4.6.1 使用默认动画预设

在 Flash CS4 中增加了动画预设功能，动画预设是预配置的补间动画，可以直接应用于舞台上的对象。执行"窗口"→"动画预设"命令，打开"动画预设"面板，如图 4-69 所示。"动画预设"面板中的预设文件夹中包含 32 项预设效果。选定某个预设后，预览框中可以预览预设效果。

在舞台上选定要应用动画预设的对象，在"动画预设"面板中选择要应用的效果，单击"应用"按钮，就可以将动画预设应用到对象上。

图 4-69 "动画预设"面板

在动画预设中，2D 动画预设可以应用在元件实例和文本对象上，3D 动画预设只能应用在影片剪辑元件实例上。如果添加动画预设的对象不是动画预设要求的对象类型，系统会弹出提示对话框，提示将对象转换为对应类型。

每个对象只能应用一个预设。如果将第二个预设应用于相同的对象，则第二个预设将替换第一个预设。将动画预设应用到对象上之后，在时间轴中将创建动画预设中设置的帧。如果目标对象已应用了不同长度的补间，则补间范围将进行自动调整，符合动画预设的长度。动画预设应用后，也可以再调整时间轴中补间的长度。

【例 4-16】 跳动的文字。

（1）新建一个 Flash 文件。

（2）使用"文本工具"在时间轴第1层第1帧舞台上建立静态文本对象，输入文字Flash。

（3）选定文字，在"动画预设"面板中选择默认预设中的"波形"效果，单击"应用"按钮，将效果应用到文字对象上。此时在时间轴第1层自动添加70帧动画，如图4-70所示

图4-70　跳动的文字动画

（4）测试动画，查看文字跳动效果。

4.6.2　自定义动画预设

除了默认的动画预设以外，也可以把已完成的补间动画保存为动画预设，并将它应用到其他对象上。

选择已完成的补间动画的时间轴中的补间范围或舞台上的补间对象或运动路径，单击"动画预设"面板中的"将选区另存为预设"按钮 ，在"将设置另存为"对话框中输入预设名称，即可将补间动画另存为动画预设。

【例4-17】　建立并应用平抛动画预设。

（1）打开例4-10创建的"4-10平抛球.fla"文件。

（2）选定图层1第1帧中的小球，单击"动画预设"面板中的"将选区另存为预设"按钮，在"将设置另存为"对话框中输入预设名称"平抛"，保存动画预设。

（3）新建一个Flash文件。在时间轴图层1第1帧舞台上绘制一个矩形，并将矩形转换为影片剪辑元件。

（4）选定矩形元件实例，在"动画预设"面板中的"自定义预设"文件夹中选择"平抛"效果，单击"应用"按钮，将效果应用到矩形元件实例上，如图4-71所示。

（5）测试动画，查看矩形做平抛运动效果。

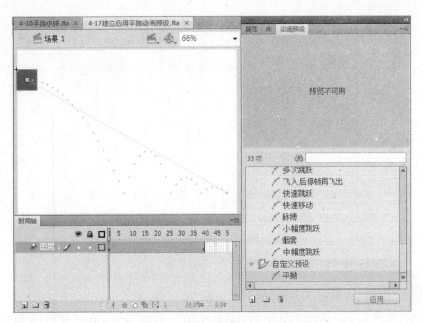

图 4-71 应用"平抛"动画预设

4.7 基本动画综合应用

【例 4-18】 玫瑰与蜜蜂。

(1) 新建一个 Flash 文件,在"属性"面板中将舞台背景颜色设置为深灰色。

(2) 在图层 1 第 1 帧中绘制一个与舞台大小相同的白色矩形,盖住整个舞台。将白色矩形转换为影片剪辑元件,命名为"天色"。

(3) 在图层 1 第 20 帧中插入一个关键帧。右击图层 1 第 1 帧,在快捷菜单中执行"创建传统补间"命令,在第 1～第 20 帧之间建立传统补间动画。选择图层 1 第 1 帧中的天色元件实例,在"属性"面板中的"色彩效果"选项中设置样式为 Alpha,值为 0,制作天色逐渐变亮动画。

(4) 新建一个图层。在图层 2 第 1 帧舞台右上角使用红色绘制一个圆。选定圆,在"属性"面板中设置宽、高均为 1 像素。

(5) 在图层 2 第 40 帧插入空白关键帧,在第 40 帧舞台右上角绘制一个圆。选定圆,在"属性"面板中设置宽、高均为 85 像素,设置填充色为红色到黄色放射状渐变。选择圆,执行"修改"→"形状"→"柔化填充边缘"命令,在"柔化填充边缘"对话框中设置距离为 50 像素,步骤为 20,方向为扩展,完成太阳绘制,如图 4-72 所示。

(6) 右击图层 2 第 1 帧,在弹出的快捷菜单中执行"创建补间形状"命令,制作太阳逐渐发光形状补间动画。

(7) 选择图层 2,单击"时间轴"面板左下角"新建图层"按钮,新建一个图层"图层 3"。

(8) 选择图层 3 第 1 帧,执行"文件"→"导入"→"导入到舞台"命令,选择素材文件夹中的"玫瑰花 1.png"文件导入到舞台。在系统弹出"导入图像序列"对话框时,单击"是"按钮,将玫瑰花图像序列分别导入到图层 3 的第 1～第 11 帧中。

图 4-72　绘制太阳

（9）单击"时间轴"面板下方的"编辑多个帧"按钮，将图纸外观标记范围设置为第 1～第 11 帧。使用"选择工具"选择第 1～第 11 帧中的所有玫瑰花，将花移动到舞台下方，如图 4-73 所示。

（10）再次单击"时间轴"面板下方的"编辑多个帧"按钮，关闭编辑多个帧功能。选择图层 3 第 2～第 11 帧，将帧拖动到图层 3 第 43～第 52 帧位置。在第 43～第 52 帧每两个关键帧之间插入一个帧，完成玫瑰花从第 43 帧开始逐渐开放动画，如图 4-74 所示。

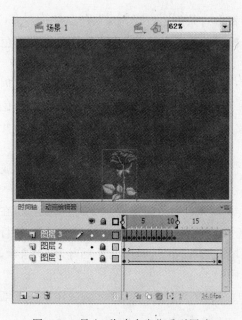

图 4-73　导入、移动玫瑰花系列图片

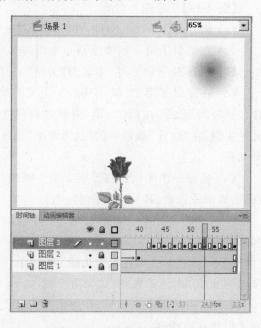

图 4-74　玫瑰花逐渐开放动画

（11）分别选择图层 1、图层 2、图层 3 第 150 帧，插入帧，使动画持续到第 150 帧。

（12）选择图层 3，单击"时间轴"面板左下角"新建图层"按钮，新建一个图层。

（13）选择图层 4 第 81 帧，插入空白关键帧。执行"文件"→"导入"→"导入到舞台"命令,选择素材文件夹中的"蜜蜂.png"文件导入到舞台。选择蜜蜂图片,转换为影片剪辑元件,命名为"蜜蜂"。

（14）将图层4第81帧中的蜜蜂元件实例拖动到舞台左侧。右击图层4第81帧,在弹出的快捷菜单中执行"创建补间动画"命令,创建补间动画。

（15）选择图层4第115帧,将蜜蜂元件实例拖动到玫瑰花上方,选择图层4第150帧,将蜜蜂元件实例拖动到舞台右侧,建立两个属性关键帧。使用"选择工具"将蜜蜂运动路径修改为两条弧线,如图4-75所示。

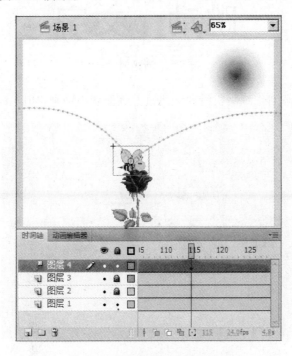

图4-75　制作蜜蜂飞过补间动画

（16）测试动画,可见天空渐渐变亮,太阳开始发光,玫瑰花开放,蜜蜂从玫瑰花上飞过。

4.8　小结

本章介绍了Flash动画基本概念和制作方法。Flash动画是在时间轴上对帧内容进行操作、修改,最终完成动画。动画分逐帧动画、补间动画、补间形状、传统补间和反向运动动画。

逐帧动画需要绘制每个关键帧,适合制作帧之间差异大、细节变化多的复杂动画。补间动画和传统补间动画能快速做出对象大小、位置、颜色等各种属性连续变化的动画。补间形状动画能制作对象形状改变的动画。在制作动画过程中应该根据需要选择合适的动画类型进行制作。如果要制作多个对象以不同方式运动的动画,则应该把各个对象放置在不同图层中,分别制作动画。

上机练习

（1）使用逐帧动画制作如图 4-76 所示跳动的文字动画。

图 4-76　跳动的文字

（2）使用补间动画制作纸飞机沿曲线飞过并逐渐变小动画，如图 4-77 所示。

图 4-77　纸飞机飞过

（3）使用补间动画制作蜻蜓绕荷花一圈飞过的动画，如图 4-78 所示。

图 4-78　蜻蜓绕荷花飞过

（4）制作如图 4-79 所示的溜溜球快速旋转落下动画。

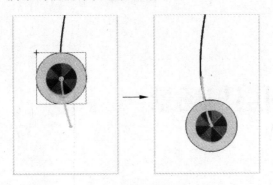

图 4-79 溜溜球落下

（5）使用形变动画制作水滴动画，如图 4-80 所示。

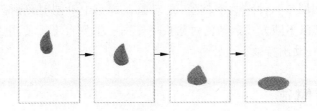

图 4-80 水滴

（6）制作火字的象形字变形动画，如图 4-81 所示。

图 4-81 火字的变形

第5章

图层与场景

Flash 除了具有丰富的动画功能以外，其图层功能在动画制作中也起到了举足轻重的作用。Flash 中的图层是一种动画实例层，是对象在舞台中不同时刻所处不同的动作的描述，使用图层可以将以不同方式运动的对象集中在同一个舞台上。使用引导层和遮罩层技术还可以制作出多种动画特效。

5.1 图层的概念

5.1.1 图层面板

Flash 动画需要用到很多图层，图层可以看作是一层层透明的纸叠加在一起，每张纸上有不同的内容，上一层的内容会遮住下一层中相同位置的内容。图层中除了有图形、元件实例、文字等对象的地方其他部分都是透明的，下层的内容可以通过透明的这部分显示出来。Flash 的各个图层拥有独立的时间轴和帧，用户可以在图层上绘制和编辑对象，而不会影响其他图层上的对象。通常将对象放置在不同的层中，单独对各图层制作动画，利用图层的叠加完成比较复杂的动画内容。

创建一个新的 Flash 文档时，默认文档仅包含一个图层，可以根据需要添加更多的图层。在 Flash 中可以创建的图层数只受计算机内存的限制，而且图层本身不会增加发布的 SWF 文件的文件大小，只有放入图层的对象才会增加文件的大小。

如要对图层或图层文件夹进行修改，需要在"时间轴"面板的中选择该图层。"时间轴"面板中图层名称或文件夹名称旁边的铅笔图标 ✐ 表示该图层或文件夹处于活动状态，如图 5-1 所示，此时的任何操作都是对该图层中的对象进行。一次可以选择多个图层，但始终只能有一个图层处于活动状态。

可以根据需要在"时间轴"面板的中单击"隐藏"按钮 👁 下方对应的圆点对图层进行隐藏，隐藏图层后面用 ✕ 标记表示，如图 5-1 所示。隐藏图层中的内容不会在屏幕上显示，也不能进行编辑修改，但发布的 SWF 文件中仍然会显示隐藏图层内容。单击隐藏图层后面的 ✕ 标记可以解除隐藏，显示图层内容。单击时间轴面板图层区域右上角的

图 5-1 "时间轴"面板图层区域

"隐藏"按钮 👁 可以隐藏所有图层。

在时间轴面板图层区域中单击"锁定"按钮 🔒 下方对应的圆点可以对图层进行锁定，锁定图层后面用 🔒 标记表示。锁定图层不能进行编辑修改。单击已锁定图层后面的 🔒 标记可以解除锁定。单击时间轴面板图层区域右上角的"锁定"按钮 🔒 可以锁定所有图层。

在"时间轴"面板的图层区域中单击"轮廓"按钮 ☐ 下方对应的正方形可以使图层中的对象只显示轮廓，此时图层后面用 ☐ 标记表示。单击图层后面的 ☐ 标记可以恢复显示对象内容。单击"时间轴"面板图层区域右上角的"轮廓"按钮 ☐ 可以使所有图层中的对象只显示轮廓。

在"时间轴"面板图层区域底部中有三个按钮，分别是"新建图层"按钮 🔲 、"新建文件夹"按钮 🗋 和"删除图层"按钮 🗑 。单击这些按钮，可以完成新建图层、新建图层文件夹、删除图层或文件夹等操作。

5.1.2　图层的分类

图层的作用主要有两个方面，一方面可以对某个图层中的对象进行编辑和修改，而不影响其他图层中的对象；另一方面可以利用图层制作特殊动画效果，如利用引导层可以制作引导线动画，利用遮罩层可以制作遮罩动画等。

Flash 图层分为普通图层、引导层和遮罩层三种类型。

普通图层：新建的 Flash 文件在默认情况下只有一个普通图层。普通图层使用 🔲 标记表示，如图 5-2 所示。单击"时间轴"面板左下角的【新建图层】按钮创建普通图层。

引导层：引导层的作用是辅助其他图层对象的运动或定位，可以进一步分为静态引导层和运动引导层。静态引导层起到静态辅助定位作用，例如在图层上创建网格或对象，以帮助对齐其他对象。静态引导层名称前面用 ⬩ 标记表示。运动引导层用于指定一个或多个对象的运动轨迹，例如指定一个球做曲线运动。运动

图 5-2　图层的分类

引导层名称前面用 ⬩ 标记表示。引导层内容在发布为 SWF 文件时不显示。

遮罩层：遮罩层中的图形对象被看作是透明的，其下被遮罩的对象在遮罩层对象的轮廓范围内可以正常显示。在制作时，必须明确遮罩层与被遮罩层的关联关系，建立两者关联，并将遮罩层置于被遮罩层的上方。遮罩层图层名称前面用 ▨ 标记表示，被遮罩层图层名字前面用 ▨ 标记表示。使用遮罩层可以制作出一些特殊的动画效果。

5.2　图层操作

5.2.1　图层基本操作

1. 新建图层

新建的 Flash 文件在默认情况下只有一个图层，命名为"图层 1"，用户可根据实际需要添加图层。新建图层方法如下：

- 单击"时间轴"面板左下角的"新建图层"按钮，可以在当前图层上方新建一个图层。
- 选中一个图层，执行"插入"→"时间轴"→"图层"命令，可在该图层上方新建一个图层。
- 选中某一图层，并在该图层上右击，在弹出的快捷菜单中选择"插入图层"命令，可以在该图层上方新建一个图层。

2. 选择图层

在制作动画过程中，常常需要对图层进行移动、删除、改变属性等操作，在图层操作之前首先要选择图层。选择单个图层方法如下：

- 在"时间轴"面板中单击需要编辑的图层。
- 在舞台中选取要编辑的对象可以选中该对象所在的图层。
- 单击时间轴中的任何一个帧可以选中该帧所在的图层。

单击要选取的第1个图层，然后按住 Shift 键，再单击要选取的最后一个图层，则可以选取两个图层间的连续图层，如图 5-3 所示。单击要选取的任何一个图层，然后按住 Ctrl 键，再单击其他需要选取的图层，则可以选取任意一个不相邻的图层，如图 5-4 所示。

图 5-3　选取连续图层　　　　　　　图 5-4　选取不相邻的图层

3. 删除图层

删除图层必须先选择要删除的图层，然后再删除。删除图层方法如下：

- 单击"时间轴"面板左下角的"删除图层"按钮。
- 在要删除的图层上右击，在快捷菜单中执行"删除图层"命令。
- 选定要删除的图层，将其拖动到"时间轴"面板左下角的"删除图层"按钮上再释放鼠标。

4. 修改图层属性

双击该图层名称前面的图层标记，可以打开"图层属性"对话框，修改图层属性，如图 5-5 所示。

"图层属性"对话框中各个选项的作用如下：

- 名称：输入或改变图层的名称。
- 显示：选择该复选框，图层处于显示状态，否则处于隐藏状态。
- 锁定：选择该复选框，图层处于锁定状态，否则处于解锁状态。
- 类型：设置图层的类型。可以设置图层为一般图层、引导层、被引导层、遮罩层、被遮罩层、文件夹等多种类型。

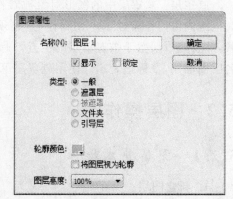

图 5-5　"图层属性"对话框

- 轮廓颜色：设定当图层以对象轮廓显示时的轮廓边线的颜色。
- 将图层视为轮廓：选择该复选框，将选中的图层以内容的轮廓方式显示。
- 图层高度：改变图层单元格的高度。

在有多个图层的复杂场景中，为了便于区别各个对象所在的图层，可以为各个图层设置不同轮廓颜色，当单击各个层的轮廓按钮时，各层的对象显示所在层轮廓颜色，以便确定对象所在层。

5. 重命名图层

新建图层后，Flash 会自动将图层顺序命名为"图层 1"、"图层 2"等。为了方便用户识别各个图层中放置的内容，可以将各图层重新命名为与图层内容相关的名称。图层重命名的方法如下：

- 在"时间轴"面板中双击需要重命名的图层名称，进入图层名称编辑状态，在文本框中输入新的图层名称，按回车键确认。
- 双击需要重命名的图层前面的图层标记，打开"图层属性"对话框，在"名称"文本框中输入新的名称，单击"确定"按钮确认。

6. 改变图层顺序

图层顺序与舞台上对象的叠放次序相关，上层图层中的对象在舞台上也处在上层，如图 5-6 所示，文字层在椭圆图层上方，舞台上的文字也叠加在椭圆上方。当需要调整图层顺序以改变场景中各个对象的叠放次序时，可以拖动图层来调整，先选择需要调整顺序的图层，在该图层上按住左键不放，拖动到目的位置处释放左键即可，如图 5-7 所示。

图 5-6　图层与对象的叠放次序

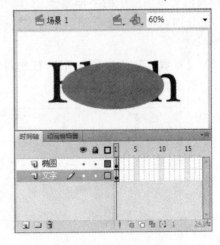

图 5-7　改变图层顺序

【例 5-1】　多图层变色文字。

（1）新建一个 Flash 文件，在"属性"面板中设置文档大小为 500×150 像素。

（2）在第 1 层第 1 帧处输入文字 F，文本为 Impact 系列，大小为 140 点，字符间距为 15，灰色。

（3）在第 10、20、30、40 帧分别插入关键帧，并在各关键帧中依次加入字母 L、A、S、H，完成图层 1 中的依次显示字母的逐帧动画。

（4）双击图层 1 的名称，将图层 1 改名为"灰色文字"，如图 5-8 所示。

图 5-8　灰色文字逐帧动画

　　（5）单击"时间轴"面板下方的"新建图层"按钮，在当前图层上方新建一个图层。双击图层 2 名称，将图层改名为"彩色文字"。

　　（6）在彩色文字图层第 5、15、25、35、45 帧分别插入关键帧。分别将灰色文字图层中的 1、10、20、30、40 各帧字母分别对应复制到彩色文字图层的 5、15、25、35、45 各个关键帧中，并且和灰色文字图层中的字母重合。

　　（7）分别选定彩色文字图层中各个关键帧中的文字，执行"修改"→"分离"命令，将文字转换为形状。

　　（8）设置填充颜色为彩色渐变，依次将彩色文字图层中各关键帧中的文字填充为彩色，如图 5-9 所示。

图 5-9　彩色文字逐帧动画

(9) 测试动画,可见灰色文字、彩色文字交替出现。

(10) 将彩色文字图层拖动到灰色文字图层下方,再测试动画,可见灰色文字动画遮盖了彩色文字动画。

(11) 在灰色文字图层分别选择各个关键帧中的灰色文字,在"属性"面板"颜色"选项中将文字颜色的 Alpha 值设置为 50%,使灰色文字变为半透明,如图 5-10 所示。

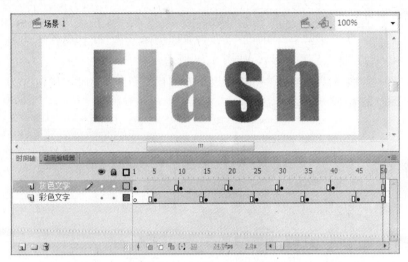

图 5-10　将灰色文字的 Alpha 值设置为 50%

(12) 再次测试动画,查看半透明灰色文字覆盖在彩色文字上的动画效果。

5.2.2　图层文件夹操作

当动画中的图层比较多时,可以建立图层文件夹,将图层分类放置,使图层结构更加清晰。

1. 新建图层文件夹

新建图层文件夹方法如下,新文件夹将以"文件夹 1","文件夹 2"...顺序命名。

- 单击"时间轴"面板左下角的"新建图层文件夹"按钮 ,在当前图层上方创建一个图层文件夹。
- 选择一个图层,右击,在弹出的快捷菜单中执行"插入文件夹"命令,在选定图层的上方创建图层文件夹。

2. 重命名图层文件夹

为了便于识别放置在文件夹中的图层内容,可以将图层文件夹重新命名,图层文件夹重命名方法如下:

- 在"时间轴"面板图层区域中双击要重命名的图层文件夹,进入图层文件夹名称编辑状态,输入新的名称后按 Enter 键确认。
- 双击要重命名的图层文件夹前的文件夹标记 ,打开"图层属性"对话框,在"名称"文本框中输入新的名称,然后单击"确定"按钮。

3. 将图层移入图层文件夹

图层文件夹可以包含图层,也可以包含其他文件夹。新建图层文件夹后,可以根据需要将图层移入图层文件夹中。在图层文件夹中也可以对图层进行创建、删除、复制和显示等操作。

选择需要移入图层文件夹的图层，按住左键并将图层拖动到图层文件夹上，看到图层上方圆圈标记移到文件夹右侧后，释放左键即可，如图 5-11 所示。

4. 展开和折叠图层文件夹

图层文件夹可以展开和折叠，方便查看图层。

- 单击图层文件夹左侧的 ▼ 按钮，可以折叠图层文件夹，并且该按钮变为 ▶ 形状，图层文件夹的图标变为 ▭ 形状，如图 5-12 所示。
- 单击图层文件夹左侧的 ▶ 按钮，可以展开图层文件夹，此时该按钮变为 ▼ 形状，图层文件夹的图标变为 📂 形状。

图 5-11　将图层移入图层文件夹　　　　图 5-12　展开和折叠图层文件夹

5. 删除图层文件夹

当不需要图层文件夹时可以将它删除，删除图层文件夹方法如下：

- 选中要删除的图层文件夹，单击"时间轴"面板下方的 🗑 按钮。
- 选中要删除的图层文件夹，按住左键，将其拖动到 🗑 按钮上释放鼠标。
- 选中要删除的图层文件夹，右击，在弹出的快捷菜单中执行"删除文件夹"命令。

如果要删除的文件夹内包括图层，系统会弹出警告对话框，提示删除图层文件夹时会删除其中的嵌套图层。

5.3　引导层

5.3.1　静态引导层

普通图层可以转换为引导层，引导层的内容只在舞台中显示，输出的 SWF 文件中不显示。将普通图层转换为引导层的方法如下：

- 在"时间轴"面板中，右击某个图层，在弹出的快捷菜单中执行"引导层"命令。
- 双击图层名称前的普通图层标记 🗂，在"图层属性"对话框中的"类型"设置中选择"引导层"单选按钮。

普通图层转换为引导层后，引导层名称前用 🔧 标记表示。这种引导层是静态引导层，没有与任何图层建立链接关系，主要对其他图层起到辅助绘图和定位作用。

将引导层转换为普通图层的方法如下：

- 右击引导层,在弹出的快捷菜单中再次执行"引导层"命令,将其前面的√去掉。
- 双击引导层名称前的 ✎ 标记,在"图层属性"对话框中的"类型"设置中选择"一般"单选按钮并确认。

【例 5-2】 绘制鼓。

(1) 新建一个 Flash 文件。

(2) 执行"文件"→"导入"→"导入到舞台"命令,将素材文件夹中的"鼓.jpg"图片导入到舞台中央。

(3) 在时间轴面板中,右击图层 1,在弹出的快捷菜单中执行"引导层"命令,将图层 1 转换为引导层。

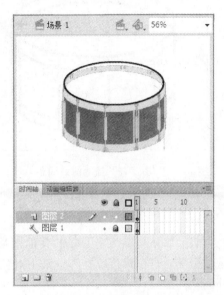

(4) 单击引导层后面"锁定"按钮 🔒 下方对应的圆点,将图层锁定。

(5) 新建一个图层,选择"椭圆工具",设置笔触颜色为黑色,填充颜色为无色,在"属性"面板中设置笔触为 5 像素,使用对象绘制方式在舞台上绘制一个椭圆。调整椭圆的大小和位置,使椭圆与引导层中鼓的上表面轮廓重合,如图 5-13 所示。

(6) 在图层 2 中复制粘贴三个椭圆,参照鼓的图片将三个椭圆分别与鼓侧面的三条曲线对齐,如图 5-14 所示。

(7) 选择所有椭圆,执行"修改"→"分离"命令,将绘图对象分离为图形。删除图中多余的曲线,如图 5-15 所示。

图 5-13 绘制鼓的上表面

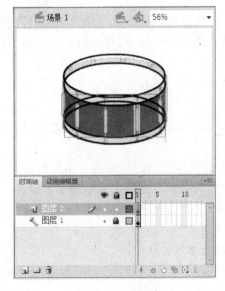

图 5-14 对齐椭圆

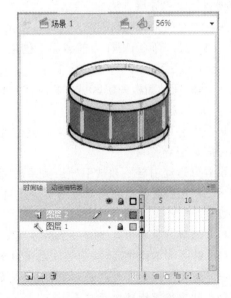

图 5-15 删除多余的曲线

（8）使用"线条工具"，设置笔触颜色为黑色，在"属性"面板中设置笔触为 5 像素，使用非对象绘制方式绘制鼓侧面的直线。

（9）测试影片，可见绘制完成的鼓的线条，引导层中的图片不显示，如图 5-16 所示。

（10）使用"颜料桶工具"参照引导层中的图片将鼓侧面填充为红色，鼓的上下边缘填充为蓝色，完成绘制，如图 5-17 所示。

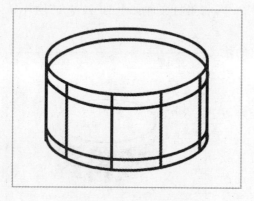

图 5-16　描绘的鼓线条

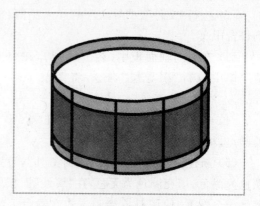

图 5-17　鼓的填充

5.3.2　运动引导层

引导层还可以与它下方的其他图层建立链接关系，变为运动引导层，用 标记表示。运动引导层可以对传统补间动画中对象的运动轨迹进行精确定义，制作出引导层动画，但对补间动画无效。

引导层动画由运动引导层和被引导层两部分组成，运动引导层位于被引导层的上方，在运动引导层中可以绘制出对象的运动路径，使被引导层中的对象沿着引导层的路径运动。

创建运动引导层方法如下：

- 在"时间轴"面板图层区域中右击某图层，在弹出的快捷菜单中执行"添加传统运动引导层"命令，则在当前图层上创建一个空白的运动引导层，并自动建立与该图层的引导关系。
- 在时间轴面板图层区域中将某图层拖动到静态引导层右下方，建立引导层与被引导层的联系。

运动引导层也可以通过拖动来调整位置，而与它连接的被引导层也将随之移动以保持它们之间的引导关系。

设置好运动引导层和被引导层关系后，需要在引导层中绘制引导线。引导线绘制不当会使 Flash 无法准确地判断对象的运动轨迹，被引导的对象不能沿着引导路径运动。

注意：

（1）运动引导层中只能有一条引导线。

（2）引导线不能中断，必须是一条流畅的、连续的路线。

（3）引导线必须有起点和终点，不能是封闭曲线。

（4）引导线不能交叉和重叠。

错误的引导线如图 5-18 所示。

引导线绘制完成后,只需要分别在被引导层的起始关键帧和结束关键帧分别将运动对象拖动到引导线的起点和终点,建立传统补间动画,运动对象就能够沿引导线运动。应注意,被引导对象的中心点必须准确地吸附到引导路径上,如图5-19所示;否则对象无法沿着引导线运动。

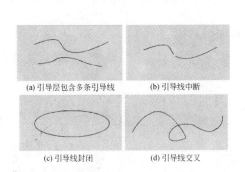

(a) 引导层包含多条引导线　　(b) 引导线中断

(c) 引导线封闭　　(d) 引导线交叉

图 5-18　错误的几种引导线

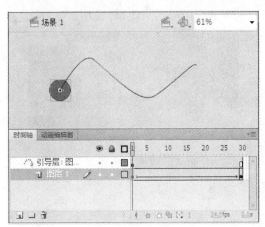

图 5-19　建立引导线动画

【例5-3】　花朵飘落。

(1) 新建一个 Flash 文件。

(2) 执行"插入"→"新建元件"命令,建立一个名为"花"的影片剪辑元件。

(3) 打开例 2-11 制作的"2-11 花朵.fla"文件。将绘制的花朵复制、粘贴到"花"影片剪辑元件中并缩小。

(4) 切换到场景1,选择图层1第1帧,将库面板中的"花"元件拖动到舞台上方,创建元件实例,如图5-20所示。

(5) 右击图层1,在弹出的快捷菜单中执行"添加传统运动引导层"命令,添加运动引导层。使用"钢笔工具"在引导层中绘制引导线,如图5-21所示。

图 5-20　创建"花"影片剪辑元件实例

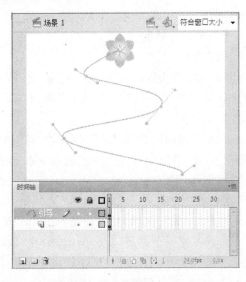

图 5-21　绘制引导线

（6）在引导层第 100 帧插入帧，在图层 1 第 100 帧插入关键帧。

（7）选择图层 1 第 1 帧，移动花使花的中心与引导线起点对齐，选择图层 1 第 100 帧，移动花使花的中心与引导线终点对齐，如图 5-22 所示。

（8）在图层 1 的两个关键帧之间建立传统补间动画。

（9）选择图层 1 第 1 帧，使用"任意变形工具"将"花"元件实例缩小。在"属性"面板的"补间"选项中设置顺时针旋转 3 次。

（10）选择图层 1 第 100 帧，在"属性"面板的"色彩效果"选项中设置样式为 Alpha，值为 0，完成花朵旋转飘落动画，如图 5-23 所示。

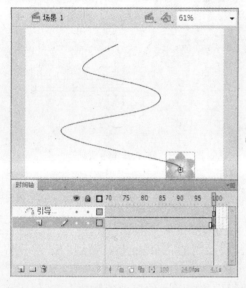

图 5-22　将花的中心与引导线对齐

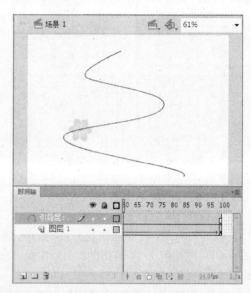

图 5-23　花朵旋转飘落动画

在一个场景中可以使用多个运动引导层。运动引导层也可以和任意多个图层建立联系，但被引导层必须位于引导层下方，并且不能和运动引导层之间间隔其他类型图层。

【例 5-4】　数据传输。

（1）新建一个 Flash 文件。

（2）执行"文件"→"导入"→"导入到库"命令，将素材文件夹中的"笔记本.png"和"计算机.png"文件导入到库。

（3）选择图层 1 第 1 帧，分别将"库"面板中的"笔记本.png"和"计算机.png"拖动到舞台两侧，制作数据传输背景。

（4）双击图层 1 名称，将图层名称改为"计算机"，在第 80 帧插入帧，使画面持续显示到第 80 帧。

（5）新建一个图层，命名为"传输线"，在传输线图层第 1 帧中绘制笔记本到计算机之间的传输线，如图 5-24 所示。在第 80 帧插入帧，使传输线持续

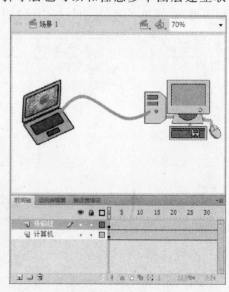

图 5-24　绘制背景和传输线

显示到第 80 帧。

(6) 依次插入 4 个新图层,分别命名为"数据 1"、"数据 2"、"数据 3"、"数据 4",在每个图层中分别用"文本工具"添加数字 0 或 1,设置字体为 impact,大小为 50。

(7) 将各图层中的文字转换为影片剪辑元件。

(8) 右击数据 4 图层,执行弹出的快捷菜单中"添加传统运动引导层"命令,添加一个引导层。

(9) 复制传输线图层中的传输线,将其粘贴到引导层的相同位置,与原传输线重合。

(10) 将数据 4 图层中第 1 帧中的文字 1 拖动到引导线左侧,使文字中心点与引导线左端点对齐。

(11) 在数据 4 图层第 40 帧插入关键帧,将该帧中的文字 1 拖动到引导线右侧,使文字中心点与引导线右侧端点对齐。

(12) 右击数据 4 图层中第 1 帧,在弹出的快捷菜单中执行"创建传统补间"命令,使数字沿引导线运动,如图 5-25 所示。

(13) 将数据 3 图层中的第 1 帧拖动到第 11 帧。将该帧中的文字 0 拖动到引导线左侧,使文字中心点与引导线左侧端点对齐。

(14) 在数据 3 图层第 50 帧插入关键帧,将该帧中的文字 0 拖动到引导线右侧,使文字中心点与引导线右侧端点对齐。

(15) 单击数据 3 图层,将其拖动到引导图层左下方,建立与引导层之间的联系。

(16) 右键单击数据 3 图层中第 50 帧,执行快捷菜单中的"创建传统补间"命令,使数字沿引导线运动。

(17) 重复步骤(12)～(15)操作,在数据 2 图层的第 21～第 60 帧之间和数据 1 图层第 31～第 70 帧之间创建数字沿引导线运动动画,如图 5-26 所示。

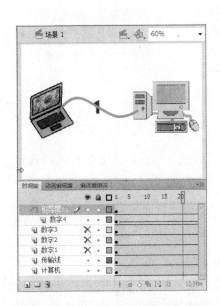

图 5-25　建立数字沿引导线运动动画

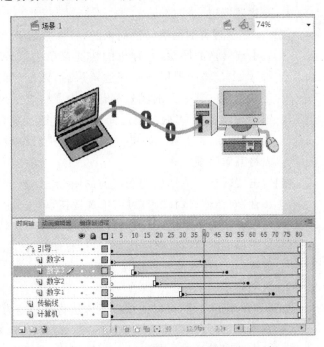

图 5-26　建立多图层数字沿引导线运动动画

（18）将计算机图层拖动到引导层上方，适当移动"笔记本"和"计算机"图片，使其遮盖住引导线两端的数字。

（19）测试影片，可见4个数字依次从左边笔记本计算机沿传输线进入右边计算机。

5.4 遮罩层

5.4.1 遮罩的基本概念

遮罩层的作用类似于 Photoshop 中的遮罩，遮罩层中的图形对象被看作是透明的，可以透过遮罩层内的图形看到被遮罩层的内容，遮罩层中图形对象以外的区域将遮盖被遮罩层的内容。即相当于要在遮罩层中设置各种形状的孔洞，只有在孔洞处才能显示被遮罩层相

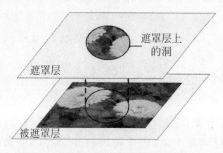

图 5-27 遮罩层与被遮罩层之间关系

应部分的内容，如图 5-27 所示。在遮罩层或被遮罩层中都可以制作各种动画效果。

在遮罩层中，遮罩项目可以是填充的形状、文字对象、图形元件实例或影片剪辑元件实例。一个遮罩层只能包含一个遮罩项目。遮罩层不能用在按钮内部，也不能将一个遮罩应用于另一个遮罩。将多个图层组织在一个遮罩层下可创建复杂的效果。

5.4.2 遮罩层的基本操作

1. 新建遮罩层

遮罩层是通过普通图层转换而来的，将普通图层转换为遮罩层方法如下：

- 右击要转换的图层，在弹出的快捷菜单中执行"遮罩层"命令。将该图层转换成遮罩层后，该图层前的标记变为  ，其下方的图层标记变为 ，表示是被遮罩层并向右缩进，两图层之间自动建立链接关系并锁定，如图 5-28 所示。如果需要对图层进行编辑，需要先将其解除锁定。

图 5-28 遮罩层与被遮罩层

- 双击要转换为遮罩层的图层前的图标 ，打开"图层属性"对话框，选择"遮罩层"单选按钮，单击"确认"按钮。这种转换方法只能将选定图层转换为遮罩层，但不能自动将其下方图层转换为被遮罩层。此时需要双击遮罩层下面的图层，在"图层属性"对话框中选中"被遮罩"单选项，将该图层转换为被遮罩层，并与遮罩层建立链接关系。

2. 取消遮罩层

如果要取消遮罩层，可以使用以下方法将其转变为普通图层：

- 右击遮罩层，在快捷菜单中执行"遮罩层"命令，将其前面的√去掉。
- 双击遮罩层前面的 标记，在打开的"图层属性"对话框中选中"一般"单选项，即可将其转换为普通图层。

5.4.3　遮罩动画

在遮罩层中使用动画可以创建一些特殊的动画效果。在制作遮罩动画时通常先在遮罩层或被遮罩层先制作动画，再将对应图层转换为遮罩层。遮罩层建立后，遮罩层和被遮罩层会自动锁定，如果需要进行编辑，需要先解除锁定。解除锁定后舞台上的遮罩效果会自动取消，修改完成后要重新锁定遮罩层和被遮罩层，舞台上才能显示遮罩效果。

【例5-5】　探照灯文字。

（1）新建一个 Flash 文件，在"属性"面板中将文档大小设置为 550×200 像素，颜色为黑色。

（2）使用"文本工具"在图层1第1帧中添加文字 Flash，在"属性"面板中设置系列为 Impact，大小为 160 点，间距为 20，颜色为深灰色，如图 5-29 所示。

（3）新建一个图层。在图层2中绘制一个与舞台大小相同的矩形，使用由深灰色到白色到深灰色填充矩形。

（4）复制图层1中的文字，粘贴到图层2的相同位置，并将颜色修改为浅灰色，如图 5-30 所示。

图 5-29　在图层1中制作深灰色文字　　　图 5-30　在图层2中制作浅灰色文字

（5）在图层2上方再新建一个图层，在该图层第1帧中绘制一个直径高于文字高度的红色圆形，并将圆转换为影片剪辑元件。

（6）在图层1和图层2的第40帧分别插入帧，在图层3第40帧插入关键帧。

（7）将图层3第1帧中的圆拖动到舞台左边，将图层3第40帧中的圆拖动到舞台右边，创建传统补间动画，使圆从舞台左侧移动到舞台右侧。

（8）右击图层3，在弹出的快捷菜单中执行"遮罩层"命令，将图层3设置为遮罩层，完成探照灯文字动画，如图 5-31 所示。

例5-5中制作的是遮罩层中对象运动的动画，在被遮罩层中也可以制作动画。

【例5-6】　变色文字。

（1）新建一个 Flash 文件，在"属性"面板中将文档大小设置为 550×200 像素，颜色为黑色。

（2）在图层1第1帧绘制一个宽800像素、高170像素的矩形，使用彩色渐变对矩形填充，如图 5-32 所示。将矩形转换为影片剪辑元件。

（3）新建一个图层。使用"文本工具"在图层2第1帧中添加文字 Flash，在"属性"面板中设置系列为 Impact，大小为 160 点，间距为 20，颜色为黑色，如图 5-33 所示。

（4）在图层1第40帧插入关键帧，在图层2第40帧插入帧。在图层1第40帧中将矩形元件实例拖动到舞台右侧，建立传统补间动画。

图 5-31　探照灯文字动画

图 5-32　绘制彩色渐变矩形

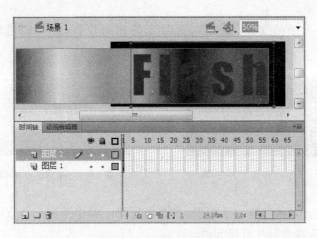

图 5-33　制作文字图层

　　(5) 右击图层 2,在弹出的快捷菜单中执行"遮罩层"命令,将图层 2 设置为遮罩层,完成变色文字动画,如图 5-34 所示。

　　默认情况下,遮罩层只遮罩其下方的第一个图层,如果要使遮罩层遮罩多个图层,可在遮罩层下方设置多个被遮罩层。被遮罩层必须位于遮罩层下方,并且中间不能间隔其他类型图层。设置多个被遮罩层方法如下:

- 将要设置被遮罩层的图层拖动到遮罩层下方,双击该图层,在"图形属性"对话框中选择"被遮罩"单选按钮并确认。
- 将图层拖动至遮罩层右下方,建立遮罩关系。

　　【例 5-7】　舷窗外的白云。

　　(1) 新建一个 Flash 文件。

　　(2) 在图层 1 第 1 帧中绘制一个与舞台大小相等的矩形,使用蓝色进行填充。将图层名称修改为"天空"。

　　(3) 新建两个图层,分别命名为"云 1"、"云 2"。在两个图层中分别绘制一朵云,并分别转换为影片剪辑元件,命名为"云朵 1"和"云朵 2",如图 5-35 所示。

图 5-34　变色文字动画

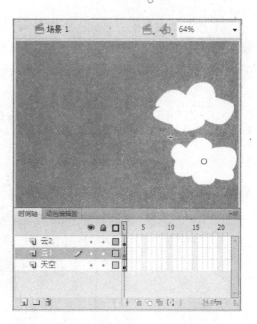

图 5-35　制作天空及云朵图层

（4）在云 2 图层第 25 帧插入关键帧,在第 25 帧中将"云朵 2"元件实例拖动到舞台左侧,建立传统补间动画。

（5）将云 1 图层第 1 帧拖动到第 26 帧。在第 50 帧插入关键帧,在第 50 帧中将"云朵 1"元件实例拖动到舞台左侧,建立传统补间动画,如图 5-36 所示。

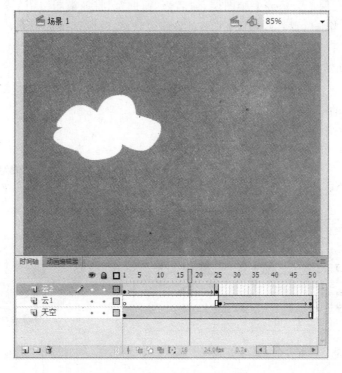

图 5-36　制作云朵飘过动画

（6）在云2图层上方新建一个图层，命名为"舷窗"，在第1帧舞台中央绘制一个圆。在"属性"面板中设置填充颜色为红色，笔触颜色为黑色，笔触20像素，如图5-37所示。

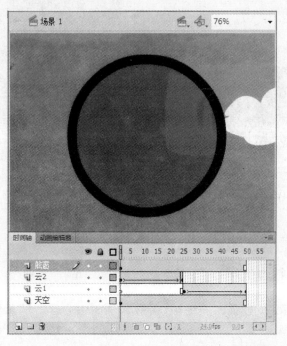

图 5-37　制作舷窗

（7）在舷窗图层上方新建一个图层，命名为"窗框"。将舷窗图层中的圆复制，在窗框图层中将圆粘贴到当前位置。双击圆，进入对象修改状态，删除圆中的填充，完成窗框。

（8）右击舷窗图层，在弹出的快捷菜单中执行"遮罩层"命令，将舷窗图层设置为遮罩层，云2图层自动转换为被遮罩层。

（9）分别将云1图层和天空图层向舷窗图层右下方拖动，设置为被遮罩层并锁定，使舷窗图层遮罩下方的三个图层，如图5-38所示。

（10）测试动画，遮罩效果如图5-39所示。

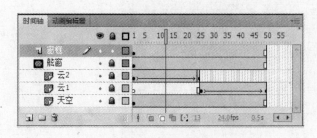

图 5-38　设置多个被遮罩图层

图 5-39　舷窗外的白云

在一个场景中可以使用多个遮罩层。遮罩层也可以通过拖动来调整位置，而与它连接的被遮罩层也将随之移动以保持它们之间的遮罩关系。

【例5-8】　沙漏。

（1）新建一个Flash文件。

（2）将图层1名称修改为"沙漏"，在第1帧中使用"多角星形工具"在合并绘制模式下绘制一个无边框、填充色为红色的三角形。将"选择工具"指向三角形边缘并拖动，制作沙漏上半部分，如图5-40所示。

（3）将沙漏上半部分复制并粘贴。将复制的图形旋转180°并移动到沙漏下方，完成沙漏图形。

（4）在沙漏图层上方新建一个图层，命名为"边框"。将沙漏图形复制粘贴到边框图层中的相同位置。使用"墨水瓶"工具将边框图层中的沙漏图形描边并删除其中的填充，如图5-41所示。

图5-40　制作沙漏上半部分

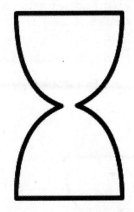

图5-41　制作沙漏边框

（5）在沙漏图层和边框图层第50帧分别插入帧，使沙漏和沙漏边框持续到第50帧。

（6）新建一个图层，命名为"上沙堆"。将该层拖动到"沙漏"图层的下方，在该图层的第1帧中参照沙漏上半部分位置使用"矩形工具"绘制一个无边框、填充色为黄色的矩形。在第40帧处插入一个关键帧，将黄色矩形框高度缩小，并在两帧之间创建补间形状动画，制作上层沙堆减少动画，如图5-42所示。

（7）在上沙堆图层上方添加一个图层，命名为"下沙堆"。在该图层的第16帧中参照沙漏底部位置用"矩形工具"绘制一个无边框，填充色为黄色的矩形，在第50帧处插入一个关键帧，并将该矩形高度放大，并在两帧之间创建补间形状动画，制作下层沙堆由少变多动画，如图5-43所示。

（8）将沙漏图层设置为遮罩层，并将上沙堆和下沙堆图层设置为被遮罩层，制作沙漏中沙子变化效果，如图5-44所示。

（9）在边框图层上方新建一个图层，命名为"沙粒"。在第1帧中使用"线条工具"在沙漏中心绘制一条黄色虚线表示沙粒，将沙粒转换为影片剪辑文件。

（10）在沙粒图层中第50帧插入关键帧，在第50帧中将沙粒拖动到沙漏下方，创建传统补间动画，使沙粒落下，如图5-45所示。

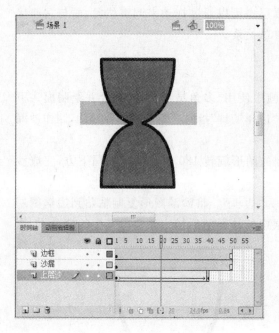

图 5-42　上层沙堆减少动画

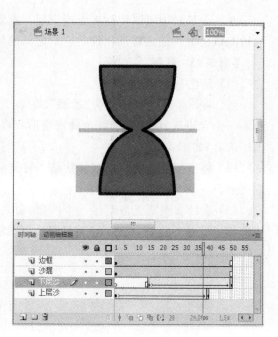

图 5-43　下层沙堆增加动画

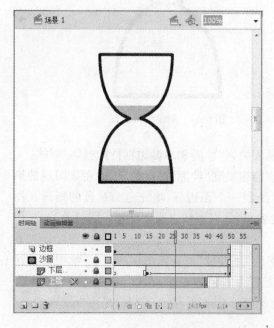

图 5-44　沙漏中沙子变化

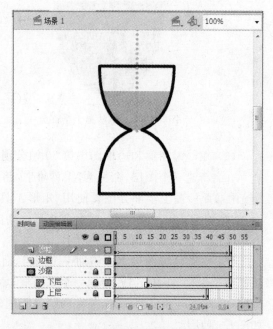

图 5-45　制作沙粒落下动画

　　(11) 在沙粒图层上方新建一个图层,命名为"遮罩沙粒",参照沙漏位置,在沙粒下方位置绘制一个矩形,如图 5-46 所示。

　　(12) 将遮罩沙粒图层设置为遮罩层,遮罩沙粒图层,使沙粒只在沙漏中部显示。

　　(13) 将遮罩沙粒图层拖动到上层沙图层下方,沙粒图层与遮罩沙粒图层一同移动,使沙粒被沙漏中的沙遮住,完成沙漏动画,如图 5-47 所示。

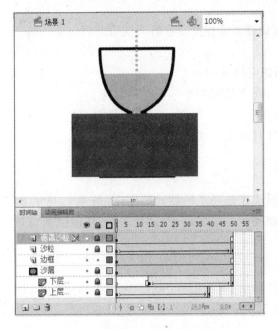

图 5-46　绘制遮罩沙粒矩形

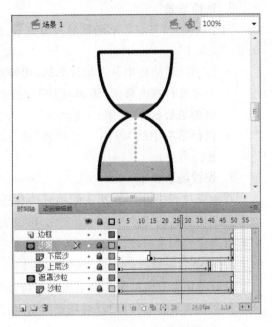

图 5-47　沙漏动画

5.5　场景

5.5.1　场景的概念

场景是动画角色活动与表演的场合与环境。新建一个 Flash 文件时,默认场景名为"场景 1"。一般在较短小的 Flash 动画中,只使用一个场景。如果动画作品比较长且复杂,在一个场景中制作动画会使场景里的帧系列特别长,不方便动画的编辑和管理,也很容易产生错误。如果使用场景将动画分解成连续的几个部分,分别在各个场景里编辑制作各个片段,可以使工作变得清晰和有条理,提高工作质量和效率。

执行"窗口"→"其他面板"→"场景"命令打开"场景"面板,如图 5-48 所示。在"场景"面板中可以有效地组织各个场景。发布 SWF 文件时,动画按照场景面板中的场景次序顺序播放。

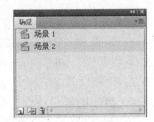

图 5-48　"场景"面板

5.5.2　场景的基本操作

1. 添加场景

添加的新场景后,在舞台和时间轴均会更新成新的空白窗口,舞台的左上角方显示出当前添加的场景的默认名称"场景 2"、"场景 3"等,在新场景中可以创建一段新的动画。添加场景的方法有:

- 执行"插入"→"场景"命令。
- 在"场景"面板右下角单击"添加场景"按钮 。

2. 切换场景

制作动画时,只有一个场景是当前场景,因此需要根据需要在各个场景之间切换。切换场景方法如下:

- 在"场景"面板中单击场景名称,切换到相应场景。
- 单击舞台右上角的"编辑场景"按钮 ,在下拉菜单中
单击场景名称,如图 5-49 所示。
- 执行菜单中的"视图"→"转到"命令,选择该菜单中的
相应命令。

图 5-49 "编辑场景"按钮

3. 设置场景顺序

在编辑过程中,Flash 默认的场景播放播放顺序是场景的创建顺序,如场景 1、场景 2。如果需要使原来的场景顺序发生变化,可以重新设置场景顺序。在"场景"面板中拖动场景名称可以设置场景顺序。

4. 重命名场景

最好使用有意义的名称命名场景。可以在"场景"面板中双击需要命名的场景名称,进入场景名输入状态,可以重新对场景命名,如图 5-50 所示。

5. 复制场景

在"场景"面板中选择需要复制的场景名称,单击"场景"面板左下方的"重制场景"按钮
,可以复制场景,如图 5-51 所示。复制的场景是所选择场景的一个副本,所选择场景中的帧、层和动画等都将被复制。

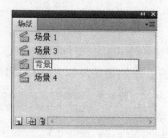

图 5-50 重命名场景

图 5-51 将场景 1 复制一个副本

6. 删除场景

在"场景"面板中选择需要删除的场景,单击"场景"面板左下方的"删除按钮" 即可删除场景。删除场景时,场景中的所有图层、帧和动画都被删除。

5.5.3 多场景动画

制作多场景动画时,需要先对动画内容进行规划,划分场景,再根据需要创建不同场景分别制作。

【例 5-9】 镜头效果。

(1) 新建一个 Flash 文件,在"属性"面板中设置文档背景颜色为黑色。

(2) 将素材文件夹中的"全景.jpg"文件导入到库。

（3）将"全景.jpg"文件拖动到图层1第1帧，转换为元件，命名为"全景图"。选择"全景图"元件实例，在"属性"面板的"位置和大小"选项中设置坐标 X 为 0、Y 为 50。

（4）在图层1第40帧插入关键帧。选择"全景图"元件实例，在"属性"面板的"位置和大小"选项中设置坐标，X 为－130，Y 为 50。

（5）在图层1两个关键帧之间建立传统补间动画，完成镜头右移动画，如图 5-52 所示。

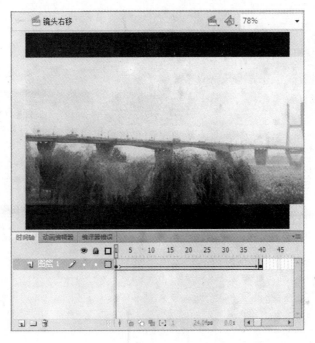

图 5-52　镜头右移动画

（6）执行"窗口"→"其他面板"→"场景"命令，打开"场景"面板，双击"场景1"名称，将其修改为"镜头右移"。

（7）执行"插入"→"场景"命令，新建一个场景，舞台自动切换到新场景。

（8）将"全景图"元件实例拖动到场景2的图层1第1帧。选择全景图，在"属性"面板的"位置和大小"选项中设置坐标，X 为－130，Y 为 50。

（9）在图层1第40帧插入关键帧。选择第40帧中的全景图，在"属性"面板的"位置和大小"选项中设置宽度为1200、高度为450，坐标 X 为－325，Y 为－25。

（10）在图层1两个关键帧之间建立传统补间动画。选择图层1第1帧，在"属性"面板"补间"选项中选择"缩放"复选框，建立元件实例放大动画。

（11）新建一个图层。在图层2第1帧中绘制一个白色矩形。选择矩形，在"属性"面板的"位置和大小"选项中设置宽度为550、高度为300，坐标 X 为 0，Y 为 50。

（12）将图层2设置为遮罩层，完成镜头推近动画，如图 5-53 所示。

（13）在"场景"面板中双击"场景2"名称，将其修改为"镜头推近"，如图 5-54 所示。

（14）测试影片，两个场景连续播放。

图 5-53　镜头推近动画

图 5-54　修改场景名称

5.6　综合应用

【例 5-10】　古诗梅花。

（1）新建一个 Flash 文件。

（2）执行"文件"→"导入"→"导入到库"命令，将素材文件夹中的"红梅.jpg"、"白梅.jpg"、"毛笔.png"、"梅.png"、"梅花诗.jpg"文件导入到库中。

（3）将"库"面板中的"白梅.jpg"拖动到图层 1 第 1 帧舞台上，在"属性"面板位置和大小选项中设置图片坐标，X 为 0，Y 为 0。

（4）选定白梅图片，转换为影片剪辑元件，命名为"白梅"。

（5）在图层 1 第 1 帧中选定"白梅"元件实例，在"属性"面板"色彩效果"选项中设置效果为 Alpha，值为 20％，制作背景效果，如图 5-55 所示。将图层 1 改名为"背景"。

（6）新建一个图层，命名为"梅字"，将"库"面板中的"梅.png"图片拖动到在该图层第 1 帧舞台右下方空白处。

（7）选择梅字图，执行"修改"→"位图"→"转换为矢量图"命令，将位图转换为矢量图，删除多余的白色部分，保留笔画，如图 5-56 所示。

（8）在"库"面板中将导入"毛笔.png"文件时自动建立的毛笔图形元件名称改为"毛笔"。

（9）在梅字图层上方新建一个图层，命名为"毛笔"，将"毛笔"元件拖动到该图层第 1 帧中。

（10）右击毛笔图层，在弹出的快捷菜单中执行"添加传统运动引导层"命令，在毛笔图层上方添加运动引导层。

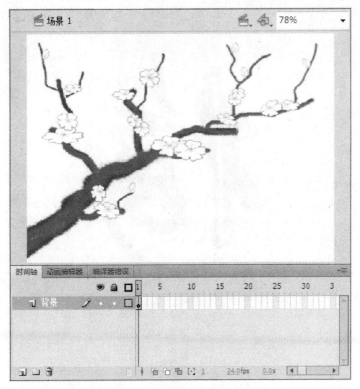

图 5-55　制作白梅背景

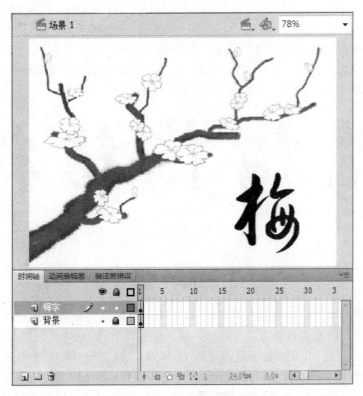

图 5-56　插入梅字字形

(11) 在引导层第 1 帧中沿梅字字形第一笔绘制引导线,如图 5-57 所示。

图 5-57　绘制第一笔笔画引导线

(12) 在背景层、梅字层、毛笔层第 150 帧分别插入帧。

(13) 在引导层中第 16、第 46、第 76、第 101、第 121 帧分别插入关键帧,在第 150 帧插入帧,在各个关键帧中沿"梅"字笔画绘制引导线,如图 5-58 所示。

(a) 第16帧　　　(b) 第46帧　　　(c) 第76帧　　　(d) 第101帧　　　(e) 第121帧

图 5-58　沿"梅"字笔画绘制引导线

(14) 选择毛笔图层第 1 帧中的"毛笔"元件实例,使用"任意变形工具"将"毛笔"元件实例的中心点移动到毛笔笔尖。

(15) 在毛笔图层第 15 帧插入关键帧,在第 1 帧中将毛笔拖动到第一条引导线上端端点上,在第 15 帧中将毛笔拖动到第一条引导线下端端点上,建立传统补间动画。

(16) 重复(15)操作,分别在毛笔图层第 16 和第 45 帧之间,第 46 和第 75 帧之间,第 76 和第 100 帧之间,第 101 和第 120 帧之间,第 121 和第 131 帧之间建立毛笔沿各条引导线运动动画,在第 131 和第 150 帧之间建立毛笔移动到舞台外部动画,如图 5-59 所示。

图 5-59　建立毛笔移动动画

（17）在"梅"字图层中每帧插入关键帧。

（18）在"梅"字图层的各个关键帧中，参照毛笔位置分别擦除梅字在毛笔位置之后的笔画，完成写字动画，如图 5-60 所示。

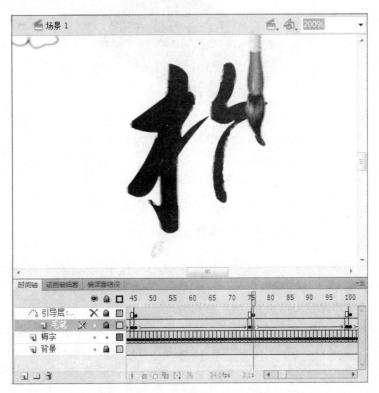

图 5-60　依次擦除多余"梅"字笔画

（19）执行"窗口"→"其他面板"→"场景"命令，打开"场景"面板，双击"场景1"名称，将其修改为"写字"。

（20）执行"插入→场景"命令，插入一个场景。在"场景"面板中将"场景2"名称修改为"红梅"。此时舞台自动切换到"红梅"。

（21）将"库"面板中的"白梅"影片剪辑元件拖动到图层1第1帧舞台上，在"属性"面板"位置和大小"选项中设置元件实例坐标，X为0，Y为0。将图层1名称修改为"白梅"。

（22）在白梅图层第40帧创建关键帧，在两个关键帧之间建立传统补间动画。

（23）在白梅图层第1帧中选定"白梅"元件实例，在"属性"面板"色彩效果"选项中设置效果为Alpha，值为20％。

（24）新建一个图层，命名为"红梅"。

（25）在红梅图层第41帧插入关键帧。将"库"面板中的"红梅.jpg"拖动到红梅图层第41帧舞台上，在"属性"面板"位置和大小"选项中设置图片坐标，X为0，Y为0。

（26）在白梅、红梅图层第100帧分别插入帧，使画面延续到第100帧。

（27）在红梅图层上方新建一个图层。在图层3第41帧插入关键帧。

（28）在图层3第41帧中绘制一个矩形，并使用"任意变形工具"将其旋转，使矩形能遮盖红梅，如图5-61所示。将绘制的矩形转换为元件实例。

（29）将矩形拖动到舞台右下角，建立补间动画。在第100帧拖动矩形，使其盖住红梅。

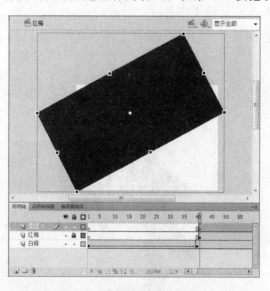

图 5-61　绘制遮盖红梅的矩形

（30）将图层3转换为遮罩层，遮罩红梅图层，完成白梅渐变为红梅动画，如图5-62所示。

（31）执行"插入"→"场景"命令，插入一个场景。在"场景"面板中将"场景3"名称修改为"梅花诗"。此时舞台自动切换到"梅花诗"。

（32）将图层1名称重命名为"背景"。将"库"面板中的"红梅.jpg"拖动到背景图层第1帧舞台上，在"属性"面板"位置和大小"选项中设置图片坐标，X为0，Y为0。

（33）新建一个图层，命名为"诗"。将"库"面板中的"梅花诗.jpg"拖动到诗图层第1帧舞台上。

图 5-62 白梅渐变为红梅动画

（34）在背景和诗图层第 240 帧分别插入帧。

（35）新建一个图层。在图层 3 第 1 帧中，诗的右侧绘制一个矩形。

（36）在图层 3 第 200 帧插入关键帧。在第 200 帧中使用"任意变形工具"改变矩形的宽度，使其覆盖所有诗句。在图层 3 第 240 帧插入关键帧。

（37）在图层 3 第 1 和第 200 帧之间创建补间形状动画，如图 5-63 所示。

图 5-63 创建补间形状动画

（38）将图层 3 设置为遮罩层，完成诗句从右向左逐渐显现动画，如图 5-64 所示。

图 5-64　古诗逐渐显现动画

（39）测试影片，三个场景依次播放，完成完整的梅花古诗动画。

5.7　本章小结

本章介绍了 Flash 动画中图层的概念及基本操作。使用图层可以更好地安排和组织图形、文字和动画，可以根据需要，在不同层上编辑不同的动画而互不影响，并在演示时得到合成的效果。使用引导层能方便地在舞台上绘制和定位对象，使用运动引导层可以引导链接到该图层中的对象沿运动路径运动，能准确、快速地设置对象进行曲线运动。遮罩层中的图形对象部分对被遮罩层是透明的，图形对象以外的区域将遮盖住被遮罩层的内容。遮罩层或被遮罩层中都可以设置动画。为了在制作动画时便于对制作内容进行组织，通常将比较长的动画分割成多个场景，分别制作。综合使用图层和场景技术可以制作更为复杂的动画。

上机练习

（1）使用引导线制作第 4 章上机练习中的纸飞机飞过动画。

（2）使用引导线制作第 4 章上机练习中的蜻蜓绕荷花飞过动画。

（3）制作如图 5-65 所示的卷轴打开动画。

（4）制作如图 5-66 所示的放大镜动画。

图 5-65 卷轴打开动画

图 5-66 放大镜动画

（5）拍摄多张校园风光图片，建立多个场景，在各个场景中设计制作图片各种切换动画。

第 6 章

元件、实例与库

元件是在 Flash 中创建并保存在库中的图形、按钮或影片剪辑。元件可以在当前 Flash 文档或其他 Flash 文档中重复使用,是 Flash 动画中的基本元素。在 Flash 动画制作过程中,通常先根据影片内容制作需要使用的元件,然后在舞台中将元件实例化,并对实例进行适当的组织、修改,完成动画。合理使用元件能够提高 Flash 动画的制作效率。除了存放元件外,库里面还保存导入到文件中的位图、声音和视频,利用"库"面板可以对这些素材进行组织和管理。

6.1 元件与实例

6.1.1 元件的概念

元件是 Flash 动画中的一个基本单位。可以根据作品需要创建元件,也可以选定舞台上已有的对象并将它转换为元件。每个元件都有时间轴和舞台,元件时间轴上可以加入帧、关键帧和图层,可以和在主时间轴舞台上一样编辑制作动画。

在 Flash 文档中制作的元件将保存在本文档的库中。要使用元件时,可以将元件从库中拖动到舞台上进行实例化。在一个 Flash 文档中可以使用一个元件的多个实例。完成元件后,如果对元件再进行修改,这些修改会影响对应的所有引用该元件的实例。如果对元件实例进行修改,这些修改只影响实例本身,不影响元件和其他相关实例。

除了使用本文档的库中的元件以外,Flash 文档中还可以使用公共库中已有的元件、导入外部库中的文件,或链接使用到其他 Flash 文档中的元件。

使用元件组织制作动画可以大大减少 Flash 动画制作工作量,提高工作效率。另外,由于保存一个元件的几个实例比保存该元件内容的多个副本占用的存储空间小,所以在文档中使用元件可以显著减小文件的大小。而在播放 Flash 动画时,元件只需要下载到 Flash Player 中一次就可以反复使用,所以使用元件还可以加快 SWF 文件的播放速度。

元件包括图形、按钮、影片剪辑三种类型。

6.1.2 影片剪辑元件

影片剪辑元件拥有完全独立于主场景的时间轴,可以包含交互式控件、声音以及其他影片剪辑实例。由于拥有独立的时间轴,影片剪辑元件实例的播放不受主时间轴长度的制约。

影片剪辑元件建立后，在影片剪辑内按 Enter 键可以播放影片剪辑元件动画。将"库"面板中的影片剪辑元件拖动到主时间轴舞台上，则为影片剪辑元件创建实例，主时间轴中的影片剪辑元件实例只有在按 Ctrl＋Enter 键测试时才会播放。

【例 6-1】 使用影片剪辑元件。

（1）打开素材文件夹中的"6-1 闪烁.fla"文件。文件主时间轴中没有制作动画，"库"面板中有一"闪烁"影片剪辑元件。

（2）双击"库"面板中的"闪烁"影片剪辑元件，打开影片剪辑元件，舞台切换为"闪烁"影片剪辑内容，如图 6-1 所示，影片剪辑为一段星形放大并柔化填充边缘的形状补间动画。按 Enter 键查看影片剪辑播放效果。

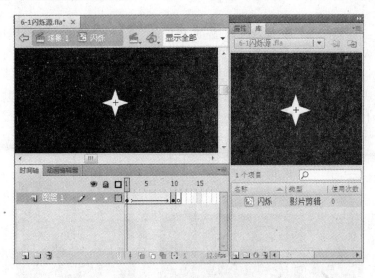

图 6-1 "闪烁"影片剪辑元件

（3）在舞台左上方单击"场景 1"按钮，切换回主时间轴。将"闪烁"影片剪辑拖动到主时间轴图层 1 的第 1 帧中，创建元件实例，如图 6-2 所示。

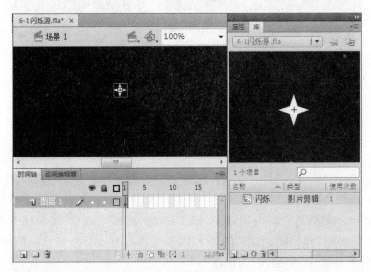

图 6-2 将"闪烁"影片剪辑加入主时间轴

（4）按 Enter 键，影片剪辑在主时间轴中不播放。按 Ctrl＋Enter 键测试影片，可以看到星形的闪烁效果。

（5）在主时间轴第 15 帧插入帧，再测试影片，可以看到星形闪烁效果与步骤（4）测试效果相同，说明星形的闪烁与主时间轴无关。

6.1.3　图形元件

图形元件没有独立的时间轴，用来创建可重用的静态图像或连接到主时间轴的可重用动画片段。图形元件中制作的动画与主时间轴同步运行。由于没有独立的时间轴，图形元件在 Flash 文档中占用的空间比影片剪辑元件更小。但图形元件中不能使用声音和 Flash 交互式控件。

选择舞台上的图形元件实例，在"属性"面板中的"循环"选项中可以设置图形元件实例循环的次数以及开始播放的位置。

【例 6-2】　使用图形元件。

（1）打开素材文件夹中的"6-2 闪烁 2.fla"文件。文件主时间轴中没有制作动画，"库"面板中有一"闪烁 2"图形元件。

（2）双击"库"面板中的"闪烁 2"图形元件，打开图形元件，舞台切换为"闪烁 2"图形元件内容，如图 6-3 所示。按 Enter 键查看图形元件播放效果。

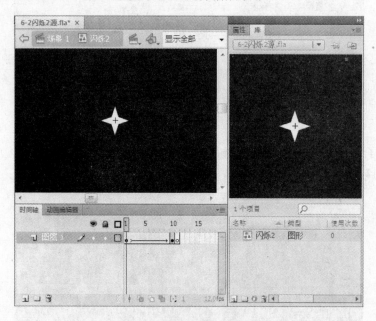

图 6-3　"闪烁 2"图形元件

（3）在舞台左上方单击"场景 1"按钮，切换回主时间轴。将"闪烁 2"图形元件拖动到主时间轴图层 1 的第 1 帧中，创建元件实例。

（4）单击 Enter 键播放主时间轴，按 Ctrl＋Enter 键测试影片，都只能看到星形的静止画面。因为主时间轴只有一帧，所以"闪烁 2"图形元件实例也只播放第一帧内容。

（5）在主时间轴第 11 帧插入帧，如图 6-4 所示，按 Enter 键播放影片，可以看到主时间轴播放时图形元件实例同时播放。

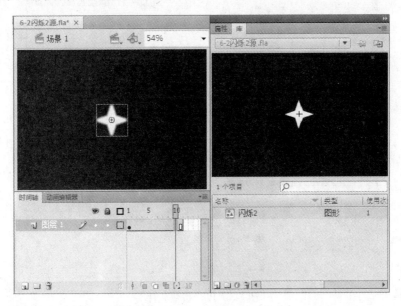

图 6-4 将"闪烁 2"图形元件加入主时间轴并插入帧

(6) 在主时间轴第 15 帧插入帧,在"属性"面板的"循环"选项中设置播放方式为循环。播放动画,可以看到星形闪烁动画循环播放到第 15 帧,产生的两次不同闪烁效果。

(7) 在"属性"面板的"循环"选项中设置播放方式为播放一次,在"第一帧"后面的文本框中输入 6。播放动画,可以看到星形闪烁动画从第 6 帧开始播放,并且只播放一次。

6.1.4 按钮元件

按钮元件包括弹起、指针经过、按下、单击 4 个帧的时间轴,前三帧表示按钮的三种响应状态,第 4 帧定义按钮的活动区域。影片播放时,按钮的时间轴不播放,只根据鼠标指针的动作做出响应,并执行相应的动作。通常在 ActionScript 中为按钮添加侦听器,对 Flash 影片实现交互控制。

按钮元件时间轴上个帧的功能如下:

- 弹起:表示指针没有经过按钮时该按钮的状态。
- 指针经过:表示指针经过按钮时该按钮的外观。
- 按下:表示单击按钮时该按钮的外观。
- 单击:定义响应鼠标经过、按下等动作的区域,此区域在发布的 SWF 文件中不可见。

【例 6-3】 使用按钮元件。

(1) 打开素材文件夹中的"6-3 按钮.fla"文件。文件"库"面板中有 Play 按钮元件。

(2) 双击"库"面板中的 Play 按钮元件,打开按钮元件,舞台切换为 Play 按钮元件内容,如图 6-5 所示。

(3) 在舞台左上方单击"场景 1"按钮,切换回主时间轴。将 Play 按钮元件拖动到主时间轴图层 1 的第 1 帧中,创建按钮实例。

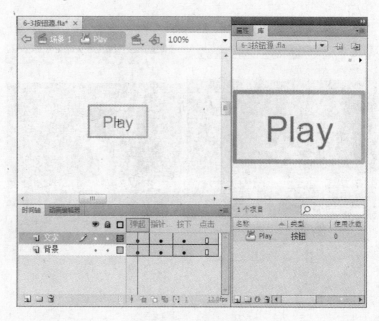

图 6-5　Play 按钮元件

（4）测试影片，可以看到按钮的弹起、指针经过和按下效果。

6.2　创建和编辑元件

6.2.1　创建元件

执行"插入"→"新建元件"命令，弹出"创建新元件"对话框，如图 6-6 所示，在"名称"文本框中输入元件名称，在"类型"选项中选择元件类型，在"文件夹"选项中设置元件保存位置后，单击"确定"按钮就可以创建一个新元件。创建元件后，舞台将自动切换到元件编辑模式，如图 6-7 所示。在元件编辑模式中，舞台中央有一个十字光标表示该元件的注册点。舞台左上角显示当前正在编辑的元件名称和场景名称，单击场景名称可以退出元件编辑模式切换回场景。另外，单击舞台右上角的"编辑场景"按钮 或"编辑元件"按钮 ，也可以将舞台切换到需要编辑的场景或其他元件。

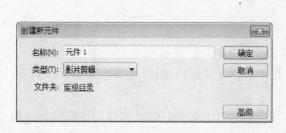

图 6-6　"创建新元件"对话框

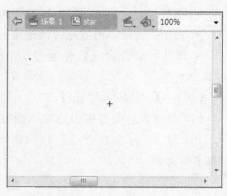

图 6-7　元件编辑模式

【例 6-4】 星空。

（1）新建一个 Flash 文件，设置舞台颜色为黑色。

（2）执行"插入"→"新建元件"命令，在"创建新元件"对话框中设置元件名称为"行星"，类型为图形，如图 6-8 所示，单击"确定"按钮创建元件。

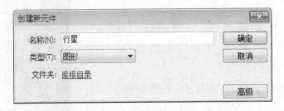

图 6-8　创建"行星"图形元件

（3）在"行星"图形元件的图层 1 第 1 帧中使用"基本椭圆工具"绘制一个深黄色椭圆，在"属性"面板中设置椭圆的宽度为 200、高度为 25、开始角度为 180、内径为 80，如图 6-9 所示，制作行星后半圈光环。

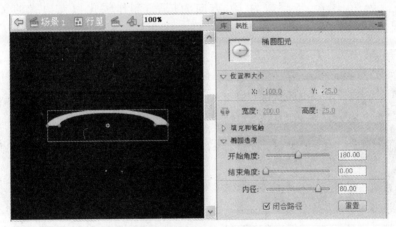

图 6-9　制作行星后半圈光环

（4）使用"基本椭圆工具"绘制一个橙色椭圆，在"属性"面板中设置椭圆的宽度为 90、高度为 90、开始角度为 0、内径为 0，如图 6-10 所示，绘制行星。

图 6-10　绘制行星

（5）选择已绘制的后半圈光环，执行"编辑"→"复制"及"编辑"→"粘贴到当前位置"命令，将光环复制一份。执行"修改"→"变形"→"垂直翻转"，将光环翻转，拖动到合适位置，完成"行星"图形元件，如图 6-11所示。

（6）执行"插入"→"新建元件"命令，在"创建新元件"对话框中设置元件名称为"闪烁星"，类型为"影片剪辑"，元件保存位置为"库根目录"。

（7）使用"多角星形工具"，选择合并绘制模式，在"闪烁星"影片剪辑的图层 1 第 1 帧中绘制一个白色四角星形，如图 6-12 所示。

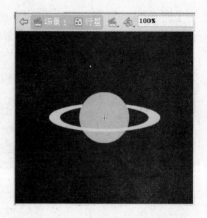

图 6-11　"行星"图形元件

（8）在"闪烁星"影片剪辑元件的图层 1 第 10 帧创建关键帧，使用"任意变形工具"将星形放大。

（9）选择放大的星形，执行"修改"→"形状"→"柔化填充边缘"，在"柔化填充边缘"对话框中设置距离为 20 像素、步骤数为 10、方向为扩展，制作柔化填充边缘的星形，效果如图 6-13 所示。

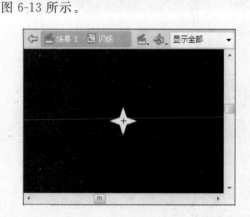

图 6-12　绘制四角星形

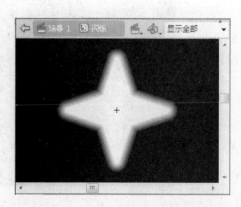

图 6-13　制作柔化填充边缘的星形

（10）在第 1～第 10 帧创建补间形状动画。在第 11 帧插入空白关键帧，在第 15 帧插入帧，制作星星闪烁动画，元件时间轴与舞台内容如图 6-14 所示。

（11）单击舞台左上角"场景 1"按钮，切换回场景舞台。将"库"面板的"行星"元件拖动到图层 1 第 1 帧，创建行星实例。在第 20 帧插入帧，使行星持续显示 20 帧。

（12）新建一个图层，在第 5 帧创建关键帧，将"库"面板的"闪烁星"元件拖动到图层 2 第 5 帧，创建闪烁星实例，在"属性"面板中设置实例名为"星 1"。在第 15 帧插入帧，设置"星 1"显示时间。

（13）再新建一个图层，在第 10 帧创建关键帧，将"库"面板的"闪烁星"元件拖动到图层 3 第 10 帧，创建闪烁星实例，在"属性"面板中设置实例名为"星 2"。在第 20 帧插入帧，设置"星 2"显示时间。设置完成后舞台效果及图层如图 6-15 所示。

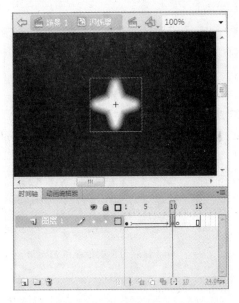 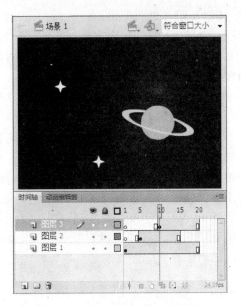

图 6-14 "闪烁星"元件动画时间轴与舞台内容　　图 6-15 "星空"舞台效果及图层结构

（14）测试影片，两颗星星交错闪烁。

在制作按钮元件时，通常在按钮的弹起、指针经过、按下三帧设置内容不同的关键帧，对鼠标的各种动作进行响应。

【例 6-5】 播放按钮。

（1）新建一个 Flash 文件。

（2）执行"插入"→"新建元件"命令，在"创建新元件"对话框中设置元件名称为 play，类型为"按钮"，元件保存位置为"库根目录"。

（3）在 play 按钮元件图层 1 的弹起帧中使用"矩形工具"在对象绘制状态绘制一个浅蓝色矩形，使用"多角星形工具"在对象绘制状态下绘制一个深蓝色正三角形，制作按钮弹起状态，如图 6-16 所示。

（4）在指针经过帧插入关键帧，将三角形颜色修改为黄色。在按下帧插入关键帧，将三角形颜色修改为绿色，设置鼠标经过按钮及按下按钮时的响应效果。

图 6-16 Play 按钮弹起状态

（5）单击舞台左上角"场景 1"按钮，切换回场景舞台。将"库"面板的 Play 按钮元件拖动到图层 1 第 1 帧舞台上，创建按钮实例。

（6）测试影片，查看按钮响应鼠标动作效果。

按钮元件的点击帧用来定义响应鼠标经过、按下动作的区域，一般按钮的点击帧的内容为空或与前三帧内容一致，使按钮的响应区域与可见的按钮形状一致。也可以利用点击帧中的内容在发布的 SWF 文件中不显示的特点，只在点击帧中绘制图形来制作透明按钮。

【例 6-6】 透明按钮。

(1) 新建一个 Flash 文件。

(2) 新建一个按钮元件,设置元件名称为"透明按钮"。

(3) 在点击帧插入关键帧,在此关键帧中绘制一个红色矩形,如图 6-17 所示。

(4) 单击舞台左上角"场景 1"按钮,切换回场景舞台。将"库"面板的"透明按钮"按钮元件拖动到图层 1 第 1 帧,创建按钮实例。在场景舞台上,按钮实例显示为淡蓝色,表示按钮响应区域。

(5) 测试影片。透明按钮在测试时不显示,但鼠标指针移入按钮区域时变为手形,说明按钮对鼠标动作有响应。

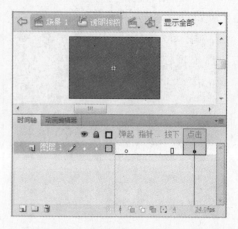

图 6-17　在点击帧中绘制红色矩形

6.2.2　转换元件

除了执行"新建元件"命令可以创建新元件以外,还可以将舞台上已完成的静态对象或动画创建元件。

选定舞台上的静态对象,执行"修改"→"转换为元件"命令,或将选定对象拖动到"库"面板中,在"转换为元件"对话框中设置元件名称、类型、文件夹位置、注册点等,如图 6-18 所示,即可将选定对象作为元件添加到库中,选定的对象将自动转换为该元件的一个实例。

【例 6-7】 三叶草。

(1) 打开素材文件夹中的"6-7 三叶草.fla"文件。

(2) 选定舞台上的三叶草,执行"修改→转换为元件"命令,在"转换为元件"对话框中设置元件名称为"三叶草",类型为"图形",元件保存位置为"库根目录",注册点在元件左上角,如图 6-19 所示。

图 6-18　"转换为元件"对话框

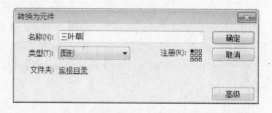

图 6-19　转换"三叶草"图形元件

图 6-20　创建多个三叶草实例

(3) 打开"库"面板,将三叶草元件拖动到舞台上,创建多个实例,如图 6-20 所示。

如果需要将主场景舞台上已有的动画转换为元件,则不能直接使用"转换为元件"命令,而必须使用复制帧的相关命令,将已有动画的所有帧复制到新建的元件中。

【例 6-8】 走动的老虎。

(1) 打开素材文件夹中的"6-8 老虎.fla"文件,

场景主时间轴为老虎原地走动的逐帧动画。

（2）新建一个影片剪辑元件，设置元件名称为"虎"。

（3）单击舞台左上角"场景 1"按钮，切换回场景舞台。选择主时间轴上的第 1 帧到第 30 帧，执行"编辑→时间轴→剪切帧"命令。

（4）双击"库"面板中的"虎"影片剪辑元件，进入元件编辑状态。右击元件时间轴第 1 帧，执行"编辑→时间轴→粘贴帧"命令，将主时间轴中的老虎动画粘贴到影片剪辑元件中，如图 6-21 所示。

（5）将"库"面板中的"虎"影片剪辑元件拖动到舞台左侧创建实例，并制作虎向舞台右边移动动画，如图 6-22 所示。

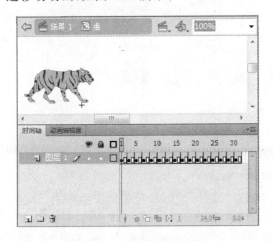
图 6-21　"虎"影片剪辑元件

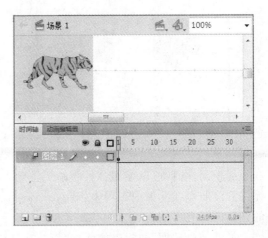
图 6-22　制作虎移动动画

（6）测试影片，查看老虎从舞台左边走到右边的效果。

6.2.3　修改元件

在 Flash 中，可以使用"编辑元件"、"在当前位置编辑"、"在新窗口中编辑"三种方式来修改已建立的元件。

选定舞台上的元件实例，执行"编辑"→"编辑元件"命令，或右击元件实例，在弹出的快捷菜单中执行"编辑"命令，可将舞台视图切换为该元件视图，对元件进行编辑。正在编辑的元件的名称显示在舞台顶部当前场景名称的右侧，如图 6-23 所示。

选定舞台上的元件实例，执行"编辑"→"在当前位置编辑"命令，或右击元件实例，在弹出的快捷菜单中执行"在当前位置编辑"命令，或双击要编辑的元件，可以在舞台上直接对元件进行编辑。此时舞台上的其他对象以灰色显示，以便和正在编辑的元件进行区别。正在编辑的元件的名称显示在舞台顶部当前场景名称的右侧，如图 6-24 所示。

图 6-23　元件编辑模式

右击元件实例，在弹出的快捷菜单中执行"在新窗口编辑"命令，将打开一个新窗口，并在新窗口中编辑元件。此时可以同时看到该元件和主时间轴,正在编辑的元件的名称会显示在舞台顶部,如图 6-25 所示。

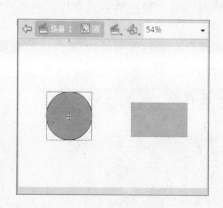

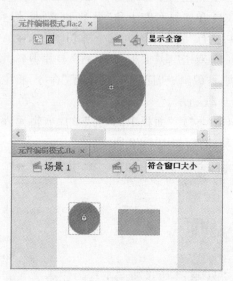

图 6-24　在当前位置编辑模式　　　　　　图 6-25　在新窗口编辑模式

编辑元件时,可以使用各种绘画工具导入各种媒体素材,也可以创建其他元件的实例。元件的注册点在元件内部用坐标(0,0)来标识。编辑元件时,Flash 将更新文档中由该元件的创建的所有实例。

另外,右击"库"面板中的元件名称,在弹出的快捷菜单中执行"属性"命令,打开"元件属性"对话框,如图 6-26 所示,可以对元件的名称和类型进行修改。

【例 6-9】 修改元件。

(1) 打开例 6-4 中建立的"6-4 星空.fla"文件。

(2) 双击"库"面板中的"行星"图形元件,选定行星光环,执行"修改"→"形状"→"柔化填充边缘"命令,在"柔化填充边缘"对话框中设置柔化距离为 40 像素、步骤数为 10,方向为扩展。

(3) 单击舞台左上角"场景 1"按钮,切换回场景 1 舞台,可见修改行星元件后场景 1 中行星元件实例一同被修改,如图 6-27 所示。

图 6-26　"元件属性"对话框　　　　　　图 6-27　柔化光环后的行星元件实例

6.3 元件的实例

6.3.1 创建实例

元件创建之后保存在"库"面板中。将"库"面板中的元件拖动到主场景舞台上或其他元件中，可以创建该元件的实例。一个元件可以创建多个实例，修改元件时，该元件创建的所有实例会一同更新。

【例 6-10】 树林。

（1）打开素材文件夹中的"6-10 树林.fla"文件。

（2）将"库"面板中的 tree 图形元件拖动到场景 1 第 1 帧舞台上。

（3）重复步骤（2）中将多个 tree 图形元件拖动到场景 1 第 1 帧舞台上，如图 6-28 所示。

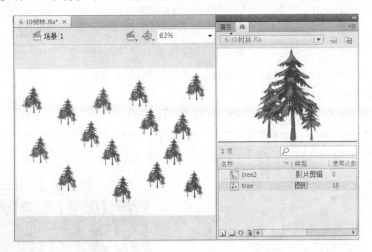

图 6-28　创建多个 tree 元件实例

（4）双击 tree 元件，进入元件编辑状态，使用"任意变形工具"将元件中的树放大。单击舞台左上角"场景 1"按钮，切换回场景 1 舞台，其中所有 tree 元件的实例也一同放大，如图 6-29 所示。

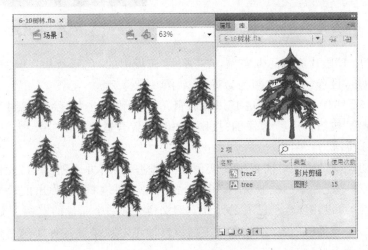

图 6-29　放大 tree 元件后的场景 1

6.3.2 更改实例

元件实例除了具有元件的所有内容外,每个元件实例还具有独立于该元件的属性。可以对元件实例的大小、位置、旋转角度、色彩效果等属性进行更改。对某个元件实例的修改不影响元件以及其他元件实例。另外,影片剪辑实例和按钮实例可以命名,使用ActionScript语句在程序中根据实例名可以对实例进行引用,更改对应实例的属性。

元件实例的位置和大小使用工具箱中的"任意变形工具"进行修改,也可以在"属性"面板的"位置和大小"选项中精确设置实例的位置和大小。

元件实例的颜色可以在"属性"面板的"色彩效果"选项中进行调整。在"色彩效果"中,可以设置亮度、色调、高级和Alpha四种样式。其中,亮度、色调和Alpha三种样式只能有一种设置有效,如如果设置修改元件实例的色调,则已设置的亮度及Alpha透明度选项会自动取消。如果要同时设置亮度、色调、Alpha透明度,则应使用高级样式进行设置,如图6-30所示。

另外,不同类型元件实例还可以修改一些特定属性。例如,影片剪辑元件实例和按钮元件实例可以设置滤镜和混合显示效果;影片剪辑元件实例可以设置3D定位;按钮元件实例可以设置独立的音轨;图形元件实例可以设置循环播放属性。

【例6-11】 修改元件实例。

(1)打开例6-9中修改后的"6-9星空.fla"文件。

(2)选择场景1图层2中的"星1"影片剪辑元件实例,使用"任意变形工具"将"星1"放大,如图6-31所示。

图6-30 "色彩效果"选项的高级样式   图6-31 放大"星1"影片剪辑元件实例

(3)选定"星1"影片剪辑元件实例,在"属性"面板中的"色彩效果"选项中设置样式为"色调",单击色板,设置"星1"的颜色为黄色,如图6-32所示。

(4)选择场景1图层2中的"星1"影片剪辑元件实例,单击"属性"面板中"滤镜"选项左下角的"添加滤镜"按钮,为"星1"添加"投影"滤镜,设置合适的投影参数,为"星1"添加投影效果,如图6-33所示。

(5)测试动画,场景1中"星2"元件实例及"闪烁星"元件并未随"星1"元件实例改变。

执行"修改"→"元件"→"交换元件"命令,或右击元件实例,在弹出的快捷菜单中选择"交换实例"命令,可以将舞台上已有的元件实例交换为另一个元件的实例。交换后,实例内容将转换为另一个元件的内容,原始实例上已设置的色彩效果等各种实例属性仍将运用到交换后的元件实例上。

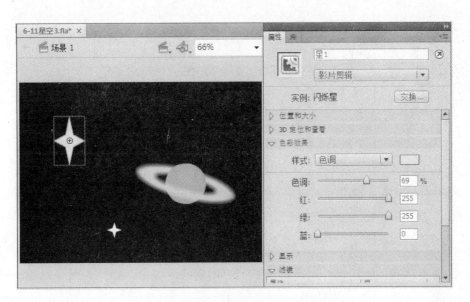

图 6-32 修改"星 1"元件实例的颜色

图 6-33 添加投影滤镜

【例 6-12】 交换元件实例。

(1) 打开例 6-10 完成的"6-10 树林.fla"文件。

(2) 选择场景 1 舞台中的一棵树,执行"修改"→"元件"→"交换元件"命令,在"交换元件"对话框中选择 tree2,如图 6-34 所示。单击"确定"按钮,将选定实例对应的元件交换,交换结果如图 6-35 所示。

(3) 选择舞台上的另一棵树,在"属性"面板中将元件实例的色调修改为深红色,使用"任意变形工具"将该元件实例放大,如图 6-36 所示。

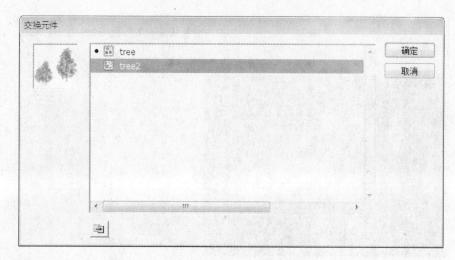

图 6-34　"交换元件"对话框

图 6-35　交换 tree2 元件后的舞台

图 6-36　修改一棵树的色调及大小

（4）选择修改色调并放大的树，执行"修改"→"元件"→"交换元件"，将其对应的元件交换为 tree2，原来修改过的元件实例属性仍然应用于交换后的实例，如图 6-37 所示。

如果需要断开某个元件实例与元件之间的关系，需要对元件实例执行"修改"→"分离"命令，或右击元件实例，在弹出的快捷菜单中执行"分离"命令，将实例分离为形状和线条的集合。实例分离后与原来的元件无关，对原有元件的修改不会改变分离后的实例。

【例 6-13】　分离元件实例。

（1）打开例 6-10 完成的"6-10 树林.fla"文件。

（2）选择一棵树，执行"修改"→"分离"命令，将该元件实例分离。

（3）双击 tree 元件，进入元件编辑状态，使用"任意变形工具"将元件实例中的树缩小。单击舞台左上角"场景 1"按钮，切换回场景 1 舞台，其中分离后的树不受 tree 元件的实例影响，如图 6-38 所示。

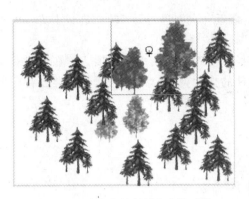

图 6-37　对修改后实例的交换元件

图 6-38　分离为图形的 tree 元件实例

6.4　管理元件

6.4.1　库

在 Flash 中创建的元件放置在"库"面板中,"库"面板显示当前 Flash 文档中使用的所有元件的名称、链接、使用次数、修改日期以及类型等信息。在"库"面板中可以对文档中使用的元件进行管理,完成元件的排序、新建、移动、复制、删除、分类等各种操作。

在"库"面板中,元件名称左边的图标表示元件类型。选择"库"面板中的某个元件,在"库"面板的上部的库预览窗口中会出现该元件的预览效果,如图 6-39 所示。如果元件中包含动画或声音,则库预览窗口中会出现"播放"按钮,单击"播放"按钮可以播放元件中的动画或声音。

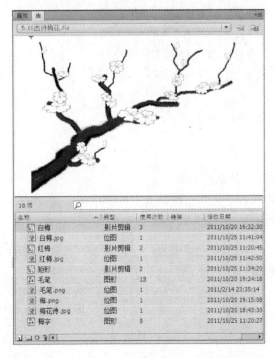

图 6-39　"库"面板

　　在"库"面板中,元件默认按照创建次序排序,最近一次创建的元件排列在最上方。单击元件列表上方的列标题可以对元件按"元件名称"升序或降序排序。

　　如果"库"面板中的元件较多,可以在"库"面板中使用文件夹来组织项目。在创建新元件时,在"创建新元件"对话框中可以设置存储元件的文件夹,如果不选择,元件存放在库根目录下。

1. 新建文件夹

在"库"面板中新建文件夹方法如下:

- 单击"库"面板底部的"新建文件夹"按钮。
- 执行"库"面板的面板菜单中的"新建文件夹"命令。

2. 展开或折叠文件夹

在"库"面板中展开或折叠文件夹方法如下:

- 双击文件夹。
- 选择文件夹后执行"库"面板的面板菜单中的"展开文件夹"或"折叠文件夹"命令。

另外,在"库"面板的面板菜单中执行"展开所有文件夹"或"折叠所有文件夹"可以展开或折叠所有文件夹。

3. 移动元件

在"库"面板中的文件夹之间移动元件的方法如下:

- 将元件从一个文件夹拖动到另一个文件夹。
- 选定元件后执行"库"面板菜单或快捷菜单中的"移至…"命令,在"移至…"对话框中设置元件要移动到的位置,如图6-40所示。

图6-40　"移至…"对话框

移动元件时,如果目标文件夹中已经存在同名项目,则会弹出"解决库冲突"对话框,如图6-41所示,提示是否要替换现有项目。如果选择"不替换现有项目",移动元件会自动在元件名后面加上"副本"两个字并移动到目标文件夹。如果选择"替换现有项目",移动的元件会替换目标文件夹中的同名项目。

4. 复制元件

在"库"面板中的复制元件的方法如下:

选定元件后执行"库"面板菜单或快捷菜单中的"直接复制…"命令,打开"直接复制元件"对话框,如图6-42所示。

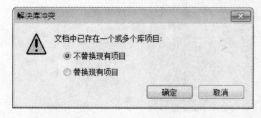

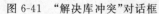

图6-41　"解决库冲突"对话框

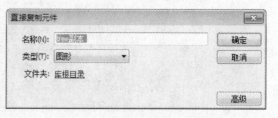

图6-42　"直接复制元件"对话框

如果目标文件夹中已有同名元件，系统会提示名称已被使用，请选择其他名称。

4．重命名元件

在"库"面板中重命名元件的方法如下：

- 双击元件名称，在元件名称框中输入元件名。
- 选定元件后执行"库"面板菜单或在快捷菜单中选择"重命名"命令，在名称编辑框中输入新名称。

重命名元件时，如果在同一个文件夹中已存在同名元件，则 Flash 会提示名称已被使用，请选择其他名称。

5．删除元件

在"库"面板中删除元件的方法如下：

- 单击"库"面板底部的"删除"按钮 。
- 选定元件后执行"库"面板菜单或在快捷菜单中选择"删除"命令。

从"库"面板中删除元件后，文档中所有由该元件创建的实例也会一同删除。

为了使"库"面板中元件更容易查找，通常将元件分类放到不同的文件夹中，并将未使用的元件删除。执行"库"面板中的"选择未用项目"命令可以选定所有未使用的元件，然后执行"删除"命令将未使用的元件删除。另外，单击库列表上方的"使用次数"栏，对元件按使用次数排序，也能快速查找到未使用的元件。由于元件会占用 FLA 文件的存储空间，因此删除未使用元件可以减小 FLA 文件大小。但因为发布文件时未使用元件并不包含在 SWF 文件中，因此是否删除未使用元件不影响 SWF 文件大小。

【例 6-14】 管理"库"面板。

（1）打开素材文件夹中的"6-14 小屋.fla"文件，小屋场景和"库"面板如图 6-43 所示。

图 6-43 小屋场景和"库"面板

（2）在"库"面板空白位置中右击，在弹出的快捷菜单中执行"新建文件夹"命令，建立新文件夹并命名为"树"。

（3）按下 Ctrl 键，同时在"库"面板中单击选定"树 1"、"树 2"、"树干"、"树冠 1"、"树冠

2"等元件,右击,在弹出的快捷菜单中执行"移至…"命令,在"移至…"对话框中选择"树"文件夹,如图 6-44 所示,单击"选择"按钮将与树相关的元件全部移入"树"文件夹。

（4）重复步骤（3）操作,在"库"面板中建立"草"文件夹,将"草 1"、"草 2"、"草叶"移至"草"文件夹中。

（5）双击"小屋 1"元件,进入元件编辑状态。选择小屋屋顶,执行"修改"→"分离"命令,将该元件实例与"屋顶"元件分离。

（6）在"库"面板中,右击"小屋 1"元件,在弹出的快捷菜单中执行"直接复制"命令,在"直接复制元件"对话框中设置复制元件的名称为"小屋 2",如图 6-45 所示。

图 6-44 "移至…"对话框   图 6-45 "直接复制元件"对话框

（7）双击"小屋 2"元件,进入元件编辑状态。使用颜料桶将"小屋 2"的屋顶填充为深红色。

（8）将"小屋 2"元件拖动到场景中合适的位置,并设置合适的层次,如图 6-46 所示。

（9）单击"库"面板标题栏右侧的功能按钮 ，执行"选择未用项目"以及"删除"命令,将未使用元件删除。

（10）整理后的"库"面板如图 6-47 所示。

图 6-46 在场景中加入"小屋 2"   图 6-47 整理后的"库"面板

6.4.2　共享元件

元件除了可以在本文档内被使用外,还可以作为共享资源在 Flash 文档之间共享。共享方法如下:

- 将项目从"库"面板或舞台上拖动到另一个文档的"库"面板中,可以将项目加入另一个文档库中。
- 将项目从"库"面板或舞台拖动到另一个文档的舞台上,项目添加到另一个文档"库"面板中,并在舞台上创建该项目的实例。
- 执行"文件"→"导入"→"打开外部库"命令,在"作为库打开"对话框中选择打开其他库所在的 Flash 文件,如图 6-48 所示。将其他文件的库在当前文档中打开,并在"库"面板顶部显示对应文件名。库中的项目可以直接拖动到舞台上使用,使用时选定的元件会自动添加到当前文档的"库"面板中。

图 6-48　"作为库打开"对话框

- 选定"库"面板或舞台上的项目后执行"复制"命令,在另一个文档中执行"粘贴"命令,将项目复制到另一个的"库"面板中并在舞台上创建该元件的实例。

【例 6-15】　共享元件。

(1) 新建一个文件,执行"文件"→"导入"→"打开外部库"命令,在"作为库打开"对话框中选择打开素材文件夹中的"6-14 小屋.fla"文件,打开"6-14 小屋.fla"的"库"面板。

(2) 将"6-14 小屋.fla"的"库"面板中的"小屋 1"元件拖动到舞台上,则"小屋 1"元件自动复制到当前文件的"库"面板中并在舞台上创建实例,如图 6-49 所示。

(3) 将文件保存为 6-15.fla。

(4) 打开素材文件夹中的"6-14 小屋.fla"文件。右击"库"面板中的"树 1"元件,在弹出的快捷菜单中执行"复制"命令。

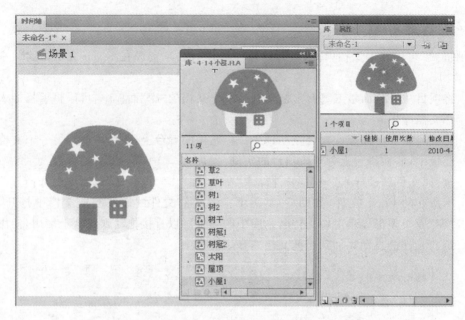

图 6-49　导入外部库元件

（5）打开 6-15.fla 文件，执行"编辑"→"粘贴"命令，将"树 1"元件以及该元件内使用的所有元件复制到 6-15.fla 文件的"库"面板中，并在舞台上创建"树 1"元件实例，如图 6-50 所示。

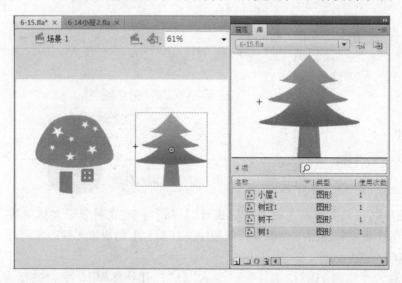

图 6-50　从其他文件复制元件

在导入和复制项目时，如果库中的当前文件夹中已有相同类型的同名项目，而且两个项目具有不同的修改时间时，系统会弹出"解决库冲突"对话框。在该对话框中可以选择是否替换现有项目，如果选择"替换现有项目"则新的项目将替换原有项目及所有实例。替换项目操作无法撤销，因此在进行替换项目之前应注意对文档进行备份。

在导入和复制项目时，如果库中的当前文件夹中存在不同类型的同名项目，则不会对原有项目进行替换，而是在导入或复制的项目名称后面加上"副本"字样进行区别。例如包含一个名为

ball 的图形元件,再导入一个名为 ball 的位图,则在"解决库冲突"对话框中不论选择是否替换现有项目,都不会替换原有的 ball 的图形元件,而是将 ball 位图导入后将名称改为"ball 副本"。

6.4.3　公用库

Flash 还附带一个公用库,公用库中包括声音、按钮和类,执行"窗口"→"公用库"→"按钮/声音/类"命令可以打开对应面板,如图 6-51 所示。在任何一个 Flash 文件中都可以将公用库中的项目拖动到当前文档的"库"面板中使用。

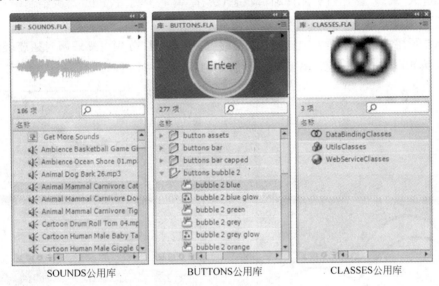

SOUNDS公用库　　　　BUTTONS公用库　　　　CLASSES公用库

图 6-51　"公用库"面板

也可以在 Flash 中建立自己的公用库。创建一个 Flash 文件,将需要放在公用库中的项目放到该文件的库中,并将文件保存到 Flash 安装路径的 Flash CS4 \ zh_CN \ Configuration\Libraries\文件夹中,如图 6-52 所示。该文件名就会出现在"窗口"→"公用库"菜单中,任何一个 Flash 文档都可以调用其中的项目。

图 6-52　"公用库"文件夹

6.5 综合应用

【例6-16】 两只蝴蝶。

（1）新建一个文件，在"属性"面板中设置舞台背景为淡蓝色。

（2）新建一个影片剪辑元件，命名为"蝴蝶"。

（3）进入"蝴蝶"影片剪辑元件编辑状态，选择"钢笔工具"，按下"对象绘制"按钮，在图层1第1帧中再绘制一只白色蝴蝶，如图6-53所示。

（4）在图层1第6帧插入关键帧，使用"任意变形工具"分别对蝴蝶两对翅膀轻微变形，在图层1第10帧插入帧，完成蝴蝶扇动翅膀动画，如图6-54所示。

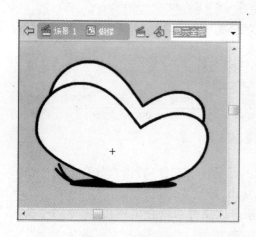

图6-53 绘制蝴蝶

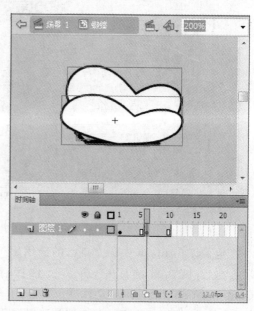

图6-54 蝴蝶扇动翅膀逐帧动画

（5）新建一个影片剪辑元件，命名为"蝴蝶飞舞"。

（6）进入"蝴蝶飞舞"影片剪辑元件编辑状态，将"蝴蝶"元件拖动到图层1第1帧，创建元件实例，使用"任意变形工具"调整蝴蝶方向，修改图层1名称为"蝴蝶"。

（7）新建传统运动引导层，在引导层第1帧使用"钢笔工具"绘制一条曲线作为蝴蝶飞舞路线，如图6-55所示。

（8）在引导层第60帧插入帧，在"蝴蝶"层第60帧插入关键帧。拖动蝴蝶图层第1帧中的蝴蝶，使蝴蝶的中心点与引导线起点重合，拖动蝴蝶图层第60帧中的蝴蝶，使蝴蝶的中心点与引导线终点重合，在"蝴蝶"层第1～第60帧创建传统补间动画，如图6-56所示。

（9）单击"场景1"按钮，切换回场景1舞台，将"图层1"重命名为"草地"，使用"矩形工具"绘制草地。

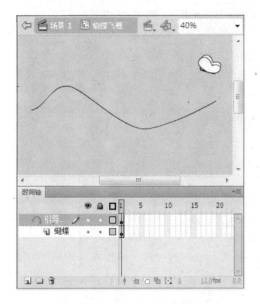

图 6-55 绘制蝴蝶飞舞路线　　　　　　图 6-56 制作蝴蝶飞舞动画

（10）新建一个图层，命名为"红蝴蝶"，将"库"面板中"蝴蝶飞舞"影片剪辑元件拖动到舞台右上方，在"属性"面板中设置实例名称为"蝴蝶_红"，在色彩效果中设置色调为红色，着色量 50％，如图 6-57 所示。

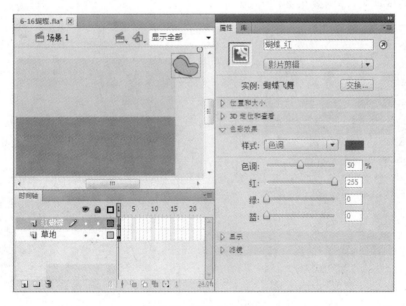

图 6-57 制作红色蝴蝶

（11）将"库"面板中"蝴蝶飞舞"影片剪辑元件拖动到舞台右下方，执行"修改"→"变形"→"垂直翻转"命令，将元件实例垂直翻转。在"属性"面板中设置实例名称为"蝴蝶_红影子"，在色彩效果中设置色调为灰色，着色量 80％，在"滤镜"选项中添加模糊滤镜，将模糊 X 与模糊 Y 值均设置为 30 像素，制作红色蝴蝶影子，如图 6-58 所示。

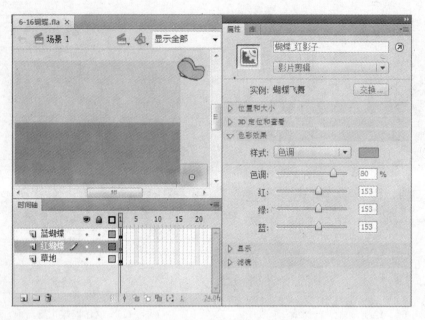

图 6-58　制作红蝴蝶影子

（12）重复步骤（10）和（11）的操作，新建蓝蝴蝶图层，在舞台左侧制作蓝色蝴蝶及影子，完成两只蝴蝶动画，如图 6-59 所示。

（13）测试动画，动画效果如图 6-60 所示。

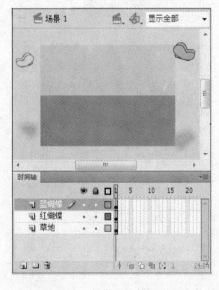

图 6-59　制作蓝蝴蝶及影子

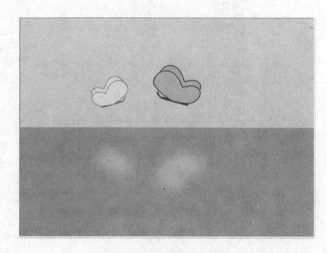

图 6-60　两只蝴蝶动画

【例 6-17】　旋转图案。

（1）新建一个文件，在"属性"面板中设置舞台大小为 500×500 像素，背景色为黑色。

（2）新建一个图形元件，命名为"圆"，在元件内绘制一个宽度和高度为 150 的红色圆。

（3）新建一个影片剪辑元件，命名为"圆放大"。进入元件编辑状态，将"圆"元件拖动到图层 1 第 1 帧。在图层 1 第 15 帧插入关键帧，将第 1 帧中的圆缩小为宽度和高度为 20。在第 1～第 15 帧创建传统补间动画，如图 6-61 所示。

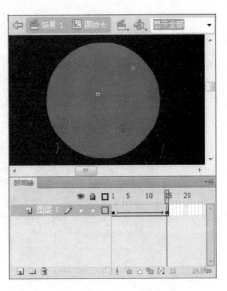

（4）新建一个影片剪辑元件，命名为"圆旋转"。进入元件编辑状态，将"圆放大"元件拖动到图层 1 第 1 帧中，在"属性"面板中设置圆的位置坐标为（100,0）。使用"任意变形工具"将"圆放大"元件实例的中心点移动到（0,0）点。在图层 1 第 30 帧插入关键帧，选择第 30 帧中的"圆放大"元件实例，在"属性"面板的"色彩效果"选项中设置 Alpha 透明度为 20％。在第 1～第 30 帧创建传统补间动画，选择第 1 帧，在"属性"面板的"补间"选项中设置旋转方式为顺时针旋转 1 周，如图 6-62 所示。

图 6-61　制作"圆放大"影片剪辑元件

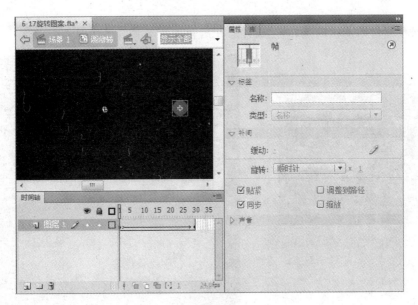

图 6-62　制作"圆旋转"影片剪辑元件

（5）新建一个影片剪辑元件，命名为"圆十二"。进入元件编辑状态，将"圆旋转"元件拖动到图层 1 第 1 帧中，在"属性"面板中设置"圆旋转"元件实例的位置坐标为（0,0）。

（6）使用"任意变形工具"将"圆旋转"元件实例的中心点移动到（0,0）点，执行"窗口"→"变形"，打开变形面板，设置旋转角度为 30°，单击变形面板右下角"重置选区和变形"按钮，旋转复制出 12 个"圆旋转"元件实例，如图 6-63 所示。

（7）单击"场景 1"按钮，切换回场景 1 舞台，将"圆十二"影片剪辑元件拖动到图层 1 第 1 帧舞台中央并复制 2 次。将其中两个影片剪辑实例缩小，并在"属性"面板"色彩效果"选项中分别设置缩小的影片剪辑元件实例色彩为黄色和绿色，如图 6-64 所示。

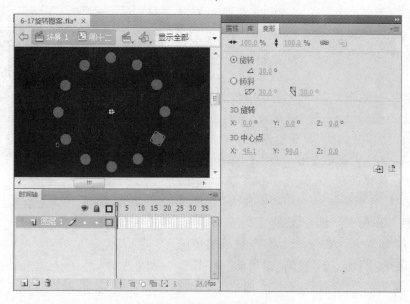

图 6-63　制作"圆十二"影片剪辑元件

（8）保存文件并测试动画，多层元件嵌套后合成的动画效果如图 6-65 所示。

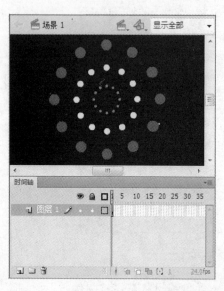

图 6-64　创建三个不同大小、颜色的
"圆十二"影片剪辑实例

图 6-65　旋转图案动画

【例 6-18】　旋转的按钮。

（1）打开例 2-6 制作的"2-6 立体按钮.fla"文件。

（2）选择舞台上的按钮，执行"修改"→"转换为元件"命令，将按钮转换为图形元件，命名为"按钮形状"。删除舞台上的元件实例。

（3）新建一个影片剪辑元件，命名为"旋转"。进入"旋转"元件编辑状态，将"按钮形状"

拖动到图层1的第1帧。

（4）在图层1第15帧插入帧，在第1～第15帧创建补间动画。选择图层1第1帧，在"属性"面板中设置"旋转"选项为顺时针旋转一次，完成按钮旋转动画，如图6-66所示。

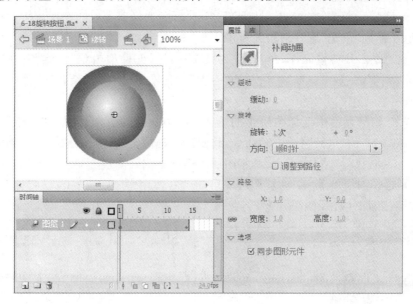

图 6-66 制作按钮旋转动画

（5）新建一个按钮元件，命名为"旋转按钮"。进入"旋转按钮"元件编辑状态，将"按钮形状"元件拖动到"弹起"帧，创建元件实例。在"指针经过"帧插入空白关键帧，将"旋转"元件拖动到"指针经过"帧，创建元件实例并使元件实例与"弹起"帧的按钮形状对齐。在"按下"帧插入帧，完成旋转按钮，如图6-67所示。

（6）单击"场景1"按钮，切换回场景1舞台，将"按钮"元件拖动到图层1第1帧。

（7）保存文件并测试动画，当鼠标移动到按钮上时按钮开始旋转，如图6-68所示。

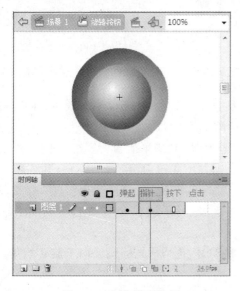

图 6-67 制作旋转按钮

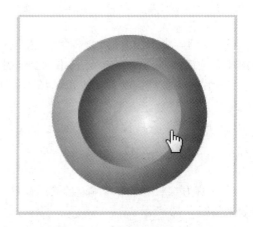

图 6-68 旋转按钮动画效果

【例6-19】 落花。

（1）新建一个 Flash 文件，在"属性"面板中设置舞台大小为 500×400 像素。

（2）新建一个影片剪辑元件，命名为"落花"。

（3）打开例5-3中制作的"5-3 花朵飘落.fla"文件，选择引导层和图层1中的所有帧，将这些帧复制、粘贴到"落花"影片剪辑元件中。

（4）新建一个影片剪辑元件，命名为"三朵花"，进入元件编辑状态，将"落花"元件拖动到图层1第1帧中，在第100帧插入帧，使"落花"元件实例能在"三朵花"元件中播放完毕，如图6-69所示。

（5）在"三朵花"元件中选择图层1的第1～第100帧，执行"复制帧"命令。新建图层2，选择图层2第30帧，执行"粘贴帧"命令，将图层1动画复制到图层2中。新建图层3，选择图层3第60帧，执行"粘贴帧"命令，将图层1动画复制到图层3中。

（6）分别选择图层2第30帧及图层3第60帧，使用"任意变形工具"将这两个图层的"花落"元件实例缩小，如图6-70所示。

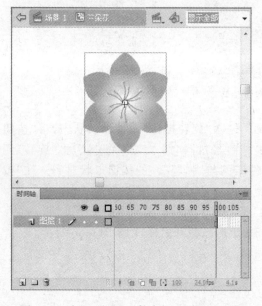
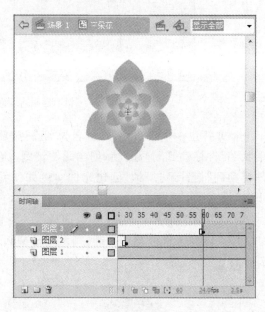

图 6-69　在"三朵花"元件中加入"落花"动画　　　　图 6-70　制作"三朵花"影片剪辑元件

（7）新建一个按钮元件，命名为"落花按钮"。进入"落花按钮"元件编辑状态，在指针经过帧插入关键帧，将"三朵花"元件拖动到指针经过帧。

（8）在按下帧插入帧。在点击帧插入空白关键帧，使用"矩形工具"绘制一个宽100、高100的正方形，设置正方形位置，X 为−50，Y 为−50，如图6-71所示。

（9）单击"场景1"按钮，切换回场景1舞台，将"落花按钮"元件拖动到图层1第1帧，放置到舞台左上角。将"落花按钮"元件实例复制多个，平铺放置到舞台上，如图6-72所示。

（10）保存文件并测试动画，当鼠标在舞台上移动时，花朵从光标位置向下旋转飘落，动画效果如图6-73所示。

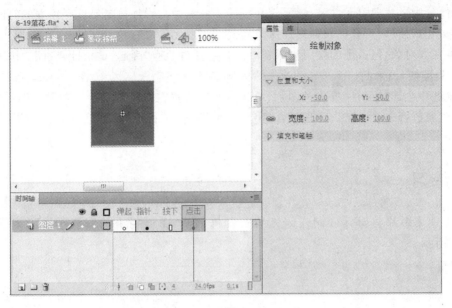

图 6-71　制作"落花按钮"元件

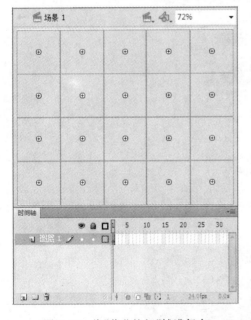

图 6-72　将"落花按钮"铺满舞台

图 6-73　落花动画效果

6.6　小结

　　本章介绍了 Flash 元件和实例的基本概念、元件类型和创建、编辑方法以及"库"面板的管理和使用方法。在制作 Flash 作品时，通常先根据作品需要先制作各种元件，再利用元件完成作品。

元件分为影片剪辑元件、图形元件和按钮元件三种。影片剪辑元件有独立的时间轴,可以包含交互式控件、声音以及他影片剪辑实例。图形元件没有独立时间轴,不能加入交互式控件、声音等对象,但占用的空间相对较小。按钮元件只有"弹起"、"指针经过"、"按下"、"点击"4个关键帧,用来制作 Flash 动画中的控制按钮。

Flash 中创建的元件、导入的图片、声音等对象放置在"库"面板中,利用"库"面板,可以对这些对象进行查看、编辑、管理。合理地对"库"面板进行管理,可以使 Flash 作品结构更清晰。

上机练习

(1) 使用影片剪辑元件制作闪光的圣诞树动画,圣诞树上的彩色小球闪闪发光,如图 6-74 所示。

图 6-74　闪光的圣诞树

(2) 将第 4 章上机练习中的纸飞机动画转变成影片剪辑元件,并在舞台上制作多架纸飞机飞过动画,如图 6-75 所示。

图 6-75　多架纸飞机飞过

（3）制作如图 6-76 所示的太阳、地球、月亮运动演示动画。

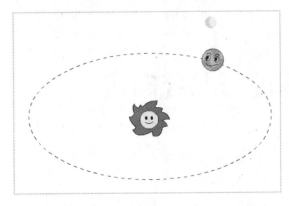

图 6-76　太阳、地球、月亮运动

（4）制作如图 6-77 所示的下雨动画。

图 6-77　下雨动画

（5）制作如图 6-78 所示的播放按钮，当鼠标移动到按钮上时，按钮中间的三角形放大。

（6）制作当鼠标在图片上移动时，水滴逐渐出现并落下的动画，如图 6-79 所示。

图 6-78　播放按钮

图 6-79　水滴

第 **7** 章

滤镜与混合模式

Flash 中的滤镜和混合模式功能与 Photoshop 中的滤镜和混合模式功能类似，不过在 Flash 中除了可以为对象增加静态滤镜、设置混合模式以外，还可以使滤镜和混合模式效果动起来。

7.1 滤镜

7.1.1 Flash 滤镜的种类

滤镜是扩展图像处理能力的一种主要手段，通过滤镜对图像进行处理，可以生成新的图像。在 Flash 中，使用滤镜可以为文本、按钮和影片剪辑元件实例添加各种有趣的视觉效果。

Flash CS4 提供 7 种滤镜，包括投影、模糊、发光、斜角、渐变发光、渐变斜角、调整颜色等。在对象上添加滤镜后，对象"属性"面板的"滤镜"选项中会出现对应滤镜的各个参数选项，调整这些参数，将得到不同的滤镜效果。

1. 投影滤镜

投影滤镜实现将选中对象向背景表面进行投影的效果，如图 7-1 所示。

投影滤镜的参数选项如图 7-2 所示，其中各数值框选项的含义如下：

- 模糊 X 和模糊 Y：设置投影在 X 轴或 Y 方向的模糊程度，⊛ 用于链接 X 轴和 Y 轴的属性值，使两个属性值同时修改。单击 ⊛ 使之变为 ⊛，此时可以单独调整 X 轴或 Y 轴属性。

图 7-1　投影滤镜效果　　　　　　　　　图 7-2　投影滤镜的参数选项

- 强度：设置阴影的强度。数值越大，阴影颜色越深。
- 品质：设置投影的质量级别，有"高"、"中"、"低"三个级别。质量越高，过渡越流畅，反之越粗糙。当设置为"高"时，效果近似于高斯模糊。应注意，阴影质量过高是以牺牲执行效率为代价的，因此一般将级别设置为"低"，实现最佳的回放性能。
- 角度：设置阴影的角度，即阴影相对于对象的方向。
- 距离：设置阴影与对象之间的距离。
- 挖空：挖空源对象，将对象隐藏，只显示投影。
- 内侧阴影：选中该复选框，实现在对象边界内应用阴影。
- 隐藏对象：选中该复选框，可以隐藏对象，并只显示阴影。选择本复选框可以创建逼真的阴影。
- 颜色：设置阴影的颜色。

2. 模糊滤镜

模糊滤镜用于模糊对象的边缘和细节，如图7-3所示。在对象上设置模糊滤镜，可以在舞台上制作景深效果，也可以使对象产生运动时的模糊效果。

模糊滤镜的参数选项如图7-4所示，各选项的含义如下：

- 模糊X和模糊Y：设置模糊的宽度和高度。
- 品质：设置模糊的质量。有高、中、低三个级别，质量越高，模糊过渡效果越流畅；反之越粗糙。

图7-3 模糊滤镜效果　　　　　　　图7-4 模糊滤镜的参数选项

3. 发光滤镜

发光滤镜为对象的整个边缘应用颜色，使对象周边产生光芒效果，如图7-5所示。

(a) 外发光　　　　(b) 内发光　　　　(c) 挖空

图7-5 发光滤镜效果

发光滤镜参数选项如图7-6所示，各选项的含义如下：

- 模糊X和模糊Y：设置发光的高度和宽度。
- 强度：设置光芒的清晰度。
- 品质：设置发光的质量级别。
- 颜色：在颜色选择列表框中设置发光的颜色。
- 挖空：选中该复选框将隐藏源对象，在挖空图像上只显示光芒。
- 内侧发光：在对象边界内侧应用发光效果。

图7-6 发光滤镜参数选项

4. 斜角滤镜

斜角滤镜向对象边角实现加亮效果,使对象凸出显示于背景画面,制造出三维效果。斜角滤镜包括内斜角、外斜角和全部斜角,根据参数设置产生各种不同的立体效果,如图 7-7 所示。

斜角滤镜参数选项如图 7-8 所示,各选项的含义如下:

* 模糊 X 和模糊 Y:设置斜角的宽度和高度。
* 强度:设置斜角的不透明度。
* 品质:设置斜角的质量级别。
* 阴影:设置斜角的阴影颜色。
* 加亮显示:设置斜角的加亮颜色。
* 角度:设置斜边投下的阴影角度。
* 距离:设置斜角的宽度。
* 挖空:选中该复选框将隐藏源对象,只显示斜角。
* 类型:选择要应用到对象的斜角类型,包括内斜角、外斜角和全部三种选项。

图 7-7　斜角滤镜效果

(a) 内侧　(b) 外侧　(c) 全部

图 7-8　斜角滤镜参数选项

5. 渐变发光滤镜

渐变发光滤镜能制作在发光表面产生的带渐变颜色的光芒效果,如图 7-9 所示。

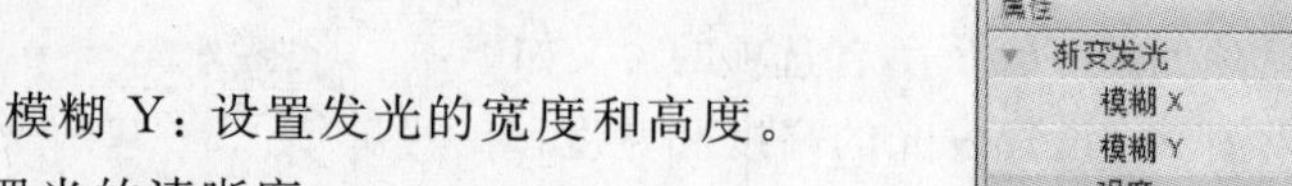

(a) 内侧　　(b) 外侧　　(c) 全部

图 7-9　渐变发光滤镜效果

渐变发光滤镜参数选项如图 7-10 所示,各选项的含义如下:

* 模糊 X 和模糊 Y:设置发光的宽度和高度。
* 强度:设置光的清晰度。
* 品质:设置渐变发光的质量级别。
* 角度:设置发光投影的阴影角度。
* 距离:设置斜角的宽度。
* 挖空:选中该复选框将隐藏源对象,只显示斜角。
* 类型:选择要应用到对象的发光类型,包括内发

图 7-10　渐变发光滤镜参数选项

光、外发光和全部三种选项。

- 渐变：设置渐变发光的颜色。渐变发光设置中要求选择一种颜色为渐变开始的颜色，其 Alpha 值为 0，而且该颜色的位置无法移动但可以改变颜色。在渐变中最多可以设置 15 种渐变颜色。

6. 渐变斜角滤镜

渐变斜角滤镜使对象产生从背景上凸起并且带斜角表面带渐变颜色的三维效果，如图 7-11 所示。

　(a) 内侧　　　　　　　(b) 外侧　　　　　　　(c) 全部

图 7-11　渐变斜角滤镜效果

渐变斜角滤镜参数选项如图 7-12 所示，各选项的含义如下：

- 模糊 X 和模糊 Y：设置斜角的宽度和高度。
- 强度：设置渐变斜角的不透明度。
- 品质：设置渐变斜角的质量级别。
- 角度：设置斜边投下的阴影角度。
- 距离：设置渐变斜角的宽度。
- 挖空：选中该复选框将隐藏源对象，只显示斜角。
- 类型：选择要应用到对象的斜角类型，包括内斜角、外斜角和全部三种选项。
- 渐变：设置渐变斜角的颜色。渐变斜角设置中要求渐变的中间有一个颜色，该颜色的 Alpha 值为 0，位置无法移动，但可以改变其颜色。在渐变中最多可以设置 15 种渐变颜色。

7. 调整颜色滤镜

调整颜色滤镜用于调整选定影片剪辑元件实例、按钮或文本对象的亮度、对比度、色相和饱和度。

调整颜色滤镜参数选项如图 7-13 所示，各选项的含义如下：

- 亮度：调整图像的亮度。数值范围在 −100～100。

图 7-12　渐变斜角滤镜参数选项

图 7-13　调整颜色滤镜参数选项

- 对比度：调整图像的加亮、阴影及中调效果。数值范围在－100～100。
- 饱和度：调整颜色的强度。数值范围在－100～100。
- 色相：调整颜色的深浅。数值范围在－180～180。

除了系统自带的 7 个滤镜以外，Flash 还支持从 PNG 文件中导入可修改的滤镜。

7.1.2　滤镜的基本操作

滤镜功能大大增强了 Flash 的设计能力，但滤镜只能应用在文本、按钮和影片剪辑元件实例上。如果要对图形对象使用滤镜，需要先将图形转换为影片剪辑元件。

选定文本、按钮或影片剪辑元件实例等对象后，在"属性"面板中出现"滤镜"选项，如图 7-14 所示。

图 7-14　"滤镜"选项

1. 添加滤镜

单击"滤镜"选项左下角的"添加滤镜"按钮，在弹出菜单中选择要添加的滤镜，在选定对象上添加滤镜。添加滤镜后，"滤镜"选项中将显示添加的滤镜的各项属性并可以进一步设置。

2. 改变滤镜的次序

在同一个对象上允许添加多个滤镜，多个滤镜叠加后将产生一些特殊效果。在对象上叠加多个滤镜后，上下拖动滤镜，即可改变滤镜的次序。如果滤镜的次序不同，产生的视觉效果也不一样，如图 7-15 所示。

(a) 渐变斜角+投影　　　　　(b) 投影+渐变斜角

图 7-15　滤镜次序对滤镜效果的影响

3. 启用或禁用滤镜

在对象上添加滤镜后，如果再对对象进行修改，系统会对滤镜进行重绘。如果应用的滤镜较多、较复杂，修改对象后，重绘操作会占用很多计算机时间，影响系统性能。要解决这个问题，可以先在对象上设置滤镜，然后将滤镜禁用，此时如果对象进行修改，滤镜不进行重绘，对象修改完毕后再重新激活滤镜，得到最后的结果。

在"滤镜"选项中选择滤镜，单击"滤镜"选项左下角的"启用或禁用滤镜"按钮，可以启用或禁用选定滤镜。

4. 重置滤镜

在对象上添加滤镜时，滤镜的各项参数将设置为默认值并在"滤镜"选项中显示，根据需要对各个属性参数值进行修改。如果对所修改的属性值不满意，单击"滤镜"选项左下角的"重置滤镜"按钮，将恢复各属性值的默认值。

5. 复制滤镜

如果在舞台上有多个对象需要设置相同的滤镜，可以在一个对象上设置滤镜后再将滤镜复制到另一个对象上。

选定对象后在"滤镜"选项中选择要复制的滤镜，单击左下角的"剪贴板"按钮 ，在弹出的快捷菜单中选择"复制所选"命令，将选定的滤镜复制到剪贴板中；在弹出的快捷菜单中选择"复制全部"，则将对象上所有的滤镜复制到剪贴板中。选定要粘贴滤镜的对象，单击"滤镜"选项左下角的"剪贴板"按钮，在弹出的快捷菜单中选择"粘贴"命令，可以将剪贴板中的滤镜粘贴到对象上。

6. 删除滤镜

在"滤镜"选项的滤镜列表中选中要删除的滤镜，单击"删除滤镜"按钮，可以删除对象上的滤镜。

7. 滤镜预设

如果要将对象上使用的滤镜或滤镜组应用到其他多个对象，可以创建滤镜设置预设库，将滤镜或滤镜组保存在预设库中，以备以后应用。

在对象上添加滤镜后，单击"滤镜"选项中的"预设"按钮，在弹出菜单中选择"另存为"命令，在"将预设另存为"对话框中，输入预设名称，可以将预设保存在滤镜库中。

选定要使用预设滤镜的对象，单击"滤镜"选项中的"预设"按钮，在弹出的菜单中选择要使用的滤镜预设的名称，可以将预设滤镜应用到选定对象上。在将预设滤镜应用于对象时，预设滤镜将替换已经在对象上使用的所有滤镜。

单击"预设"按钮，执行菜单中的"重命名"和"删除"命令可以重命名或删除用户定义的预设滤镜，但系统里的标准滤镜不能重命名或删除。

【例 7-1】 荡秋千。

（1）打开素材文件夹中的"7-1 荡秋千.fla"文件。

（2）将"库"面板中的"大树"元件拖动到图层 1 第 1 帧舞台上。

（3）新建一个图层，将"库"面板中的"荡秋千"影片剪辑元件拖动到图层 2 第 1 帧舞台上。

（4）选择"荡秋千"元件实例，在"属性"面板"滤镜"选项中单击"添加滤镜"按钮，添加投影滤镜。

（5）在"滤镜"选项中设置模糊 X、模糊 Y 均为 25 像素，强度为 100%，角度为 80°，距离为 255 像素，颜色为黑色，制作与兔子方向相同的阴影，如图 7-16 所示。

（6）测试影片，可见阴影和兔子方向相同，同时运动。

（7）选择图层 2 第 1 帧中的"荡秋千"元件实例，在"属性"面板"滤镜"选项中单击"删除滤镜"按钮，删除投影滤镜。

（8）新建一个图层，将"库"面板中的"荡秋千"影片剪辑元件拖动到图层 3 第 1 帧舞台上。

图 7-16 制作与兔子方向相同的阴影

（9）将图层 3 第 1 帧中的"荡秋千"元件实例垂直翻转，使用"任意变形工具"将兔子倾斜变形，如图 7-17 所示。

（10）选择图层 3 第 1 帧中的"荡秋千"元件实例，在"属性"面板"色彩效果"选项中设置样式为色调，颜色为灰色 100%，将兔子颜色修改为灰色。

（11）选择灰色兔子元件实例，在"属性"面板"滤镜"选项中单击"添加滤镜"按钮，添加投影滤镜。

（12）在投影"滤镜"选项中设置模糊 X、模糊 Y 均为 20 像素，制作与图层 2 中的兔子方向不同的阴影，如图 7-18 所示。

图 7-17　将兔子倾斜变形　　　　　　　　　图 7-18　制作不同方向阴影

（13）测试影片，可见兔子阴影与荡秋千的兔子同步运动。

7.1.3　滤镜动画

Flash 滤镜的最大特点是滤镜效果可以应用到动画中，在补间动画的属性关键帧中改变滤镜属性值或在传统补间动画的关键帧中改变滤镜属性值，可以使滤镜效果动起来。

【例 7-2】　光影文字。

（1）新建一个 Flash 文档，在"属性"面板中设置舞台大小为 300×150 像素。

（2）使用"文本工具"在图层 1 第 1 帧中创建文本 Flash，在"属性"面板中设置系列为 Impact，大小为 100 点，颜色为红色。

（3）选择文本，在"属性"面板"滤镜"选项中单击"添加滤镜"按钮，添加渐变斜角滤镜。在渐变斜角"滤镜"选项中设置模糊 X、模糊 Y 均为 10 像素，强度为 100%，角度为 45°，距离为 10 像素，类型为内侧，在渐变中设置渐变为白色到红色到黑色，滤镜效果如图 7-19 所示。

（4）选择文本，在"属性"面板"滤镜"选项中单击"添加滤镜"按钮，添加投影滤镜。在投影"滤镜"选项中设置模糊 X、模糊 Y 均为 10 像素，强度为 100%，角度为 45°，距离为 10 像素，颜色为黑色，效果如图 7-20 所示。

图 7-19　渐变斜角滤镜效果　　　　　　　　图 7-20　投影滤镜效果

（5）选择文本，在"属性"面板"滤镜"选项中单击"添加滤镜"按钮，添加调整颜色滤镜。

（6）在图层 1 第 40 帧插入关键帧。选择第 1 帧，执行"插入"→"传统补间"命令，在第 1～第 40 帧之间建立传统补间动画。

（7）选择第 40 帧舞台上的文本，在"属性"面板"滤镜"选项中设置渐变斜角滤镜的角度为 135°，投影滤镜的角度为 135°，调整颜色滤镜中的色相为 150，改变滤镜效果，如图 7-21 所示。

（8）测试动画，可见文字上的光影和阴影角度在变化，文字由红色变为绿色。

图 7-21　改变滤镜效果

7.2　混合模式

7.2.1　混合模式类型

在 Flash 中当影片剪辑元件实例或按钮元件实例在舞台上重叠时，可以在对象上使用混合模式，创建复合图像。图像复合是改变两个或两个以上重叠对象的透明度或颜色相互关系的过程。通过混合模式重叠影片剪辑中的颜色，可以制作出层次丰富、具有独特效果的复合图像和动画。

混合模式包括 4 种元素：混合颜色、不透明度、基准颜色和结果颜色。混合模式不仅取决于要应用混合的对象的颜色，还取决于基准颜色。

混合模式只能应用于影片剪辑元件实例和按钮元件实例，如果要为普通形状、位图、文字对象添加混合模式，需要先将其转换为影片剪辑或按钮。Flash 提供了 14 种混合模式，其作用如下：

- 一般：正常应用颜色，不与基准颜色发生交互。
- 图层：层叠各个影片剪辑，而不影响其颜色。
- 变暗：检查对象中的颜色信息，并选择基色或混合色中较暗的颜色作为结果色。比混合色亮的像素被替换，比混合色暗的像素保持不变。
- 正片叠底：查看每个通道中的颜色信息，并将基色与混合色复合。结果色总是较暗的颜色。任何颜色与黑色复合产生黑色，任何颜色与白色复合保持不变。
- 变亮：检查对象中的颜色信息，并选择基色或混合色中较亮的颜色作为结果色。比混合色暗的像素被替换，比混合色亮的像素保持不变。
- 滤色：用基准颜色乘以混合颜色的反色，产生漂白效果。
- 叠加：复合或过滤颜色，具体取决于基色。图案或颜色在现有像素上叠加，同时保留基色的明暗对比，不替换基色，但基色与混合色相混以反映原色的亮度或暗度。
- 强光：复合或过滤颜色，具体取决于混合色。此效果与耀眼的聚光灯照在图像上相似。如果混合色比 50% 灰色亮，则图像变亮，就像过滤后的效果，这对于向图像中添加高光非常有用。如果混合色比 50% 灰色暗，则图像变暗，就像复合后的效果。这对于向图像添加暗调非常有用。用纯黑色或纯白色绘画会产生纯黑色或纯白色。

- 增加：在基准颜色的基础上增加混合颜色。
- 减去：从基准颜色中去除混合颜色。
- 差值：从基准颜色中去除混合颜色或者从混合颜色中去除基准颜色。从亮度较高的颜色中去除亮度较低的颜色，具体取决于哪一个颜色的亮度值更大。与白色混合将反转基色值；与黑色混合则不产生变化。该效果类似于彩色底片。
- 反相：取基准颜色的反色。
- Alpha：透明显示基准色。该模式只能应用于上层对象，不能应用在背景对象上。
- 擦除：擦除基准颜色像素，包括背景图像中的基准颜色像素。该模式只能应用于上层对象，不能应用在背景对象上。

各种混合模式效果如图 7-22 所示。

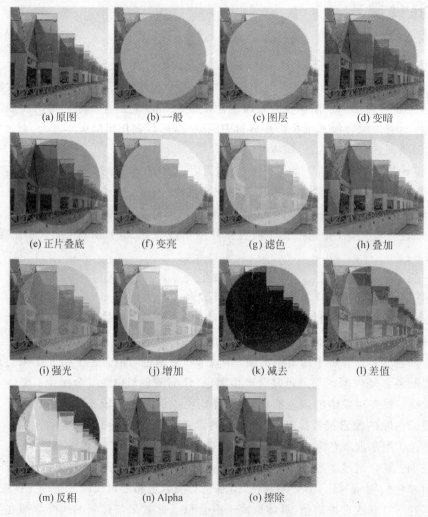

图 7-22　各种混合模式效果

要在对象上设置混合模式，需要先选定对象，在"属性"面板中的"显示"选项中单击"混合"菜单的下三箭头，在弹出菜单的混合模式菜单中选择要设定的混合模式即可。

7.2.2　混合模式动画

如果在时间轴的不同关键帧中为影片剪辑元件设置不同的混合模式，可以制作出混合模式动画。由于混合模式是对两个对象计算叠加效果，所以在设置动画时无法计算补间值，只能制作逐帧动画。

【例7-3】　变幻蝴蝶。

（1）新建一个 Flash 文档，在"属性"面板中设置舞台大小为 400×300 像素。

（2）将素材文件夹中的"蝴蝶.png"和"蝴蝶背景.jpg"文件导入到库。

（3）将"库"面板中的"蝴蝶背景.jpg"拖动到图层1第1帧舞台上，选择图片，在"属性"面板的"位置和大小"选项中设置 X 为 0，Y 为 0。

（4）将"库"面板中的"蝴蝶背景.jpg"拖动到图层1第1帧舞台中央，将蝴蝶转换为影片剪辑元件。

（5）在图层1第6帧、第11帧、第16帧、第21帧分别插入关键帧，在第25帧插入帧。

（6）分别选择图层1第6帧、第11帧、第16帧、第21帧中的蝴蝶，在"属性"面板"显示"选项中依次设置混合方式为"反相"、"正片叠底"、"减去"、"强光"，如图7-23所示。

（7）测试影片，查看蝴蝶混合方式变化动画。

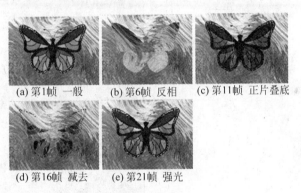

(a) 第1帧　一般　　(b) 第6帧　反相　　(c) 第11帧　正片叠底

(d) 第16帧　减去　　(e) 第21帧　强光

图 7-23　蝴蝶混合方式动画

7.3　综合应用

【例7-4】　炫舞。

（1）新建一个 Flash 文档。

（2）将素材文件夹中的"舞蹈1.png"、"舞蹈2.png"、"舞蹈3.png"、"舞蹈4.png"、"舞蹈背景.jpg"文件导入到库中。

（3）新建一个影片剪辑元件，命名为"舞蹈"。

（4）在"舞蹈"影片剪辑元件中图层1第1帧中绘制一个彩色渐变填充矩形，将矩形转换为影片剪辑元件。在第20帧插入关键帧，制作彩色矩形从上到下运动的动画。

（5）在"舞蹈"影片剪辑元件中图层1上方新建一个图层，分别在第6、第11和第16帧插入空白关键帧，在第20帧插入帧。

（6）将"库"面板中的 4 幅舞蹈图片依次插入图层 2 各个关键帧到舞台上，并将位图转换为矢量图。

（7）将图层 2 转换为遮罩层，制作舞蹈动画，如图 7-24 所示。

（8）切换到场景 1。将"库"面板中的"舞蹈背景.jpg"文件拖动到图层 1 第 1 帧舞台上。选择图片，在"属性"面板"位置和大小"选项中设置坐标，X 为 0，Y 为 0。

（9）在图层 1 上方新建一个图层。将舞蹈元件拖动到图层 2 第 1 帧舞台上。

（10）选择舞蹈元件实例，在"属性"面板"滤镜"选项中单击"添加滤镜"按钮，添加斜角滤镜。在"斜角"选项中设置模糊 X、模糊 Y 均为 5 像素，强度为 100%，角度为 45°，距离为 5 像素，类型为内侧。

（11）选择舞蹈元件实例，在"属性"面板"滤镜"选项中单击"添加滤镜"按钮，添加渐变发光滤镜。在"渐变发光"选项中设置模糊 X、模糊 Y 均为 5 像素，强度为 100%，角度为 45°，距离为 5 像素，类型为外侧，在渐变中设置渐变为白色到黄色。

（12）选择舞蹈元件实例，在"属性"面板"滤镜"选项中单击"添加滤镜"按钮，添加投影滤镜。在"投影"选项中设置模糊 X、模糊 Y 均为 5 像素，强度为 100%，角度为 45°，距离为 5 像素，颜色为黑色，三个滤镜叠加效果如图 7-25 所示。

图 7-24　制作舞蹈动画

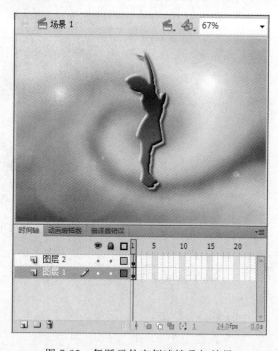

图 7-25　舞蹈元件实例滤镜叠加效果

（13）在图层 1 第 80 帧插入帧，分别在图层 2 第 21、第 41 和第 61 帧插入关键帧，在第 80 帧插入帧。

（14）分别选择图层 2 第 21、第 41 和第 61 帧中的"舞蹈"影片剪辑元件实例，在"属性"面板的"显示"选项中依次设置混合方式为"减去"、"变亮"、"变暗"，如图 7-26 所示。

（15）测试动画，查看动画效果。

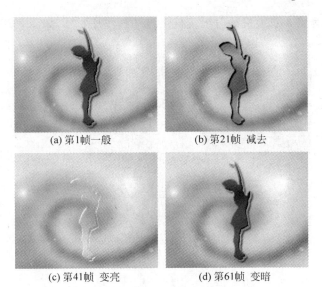

(a) 第1帧 一般　　　　　(b) 第21帧 减去

(c) 第41帧 变亮　　　　　(d) 第61帧 变暗

图 7-26　设置"舞蹈"元件实例的混合方式

7.4　本章小结

本章介绍了 Flash 中滤镜和混合模式的功能、各项设置的参数的含义及使用方法。使用滤镜和混合模式可以制作出以前只能在 Photoshop 或 Fireworks 等软件中才能完成的图像合成效果，如阴影、模糊、发光、斜角、渐变发光、渐变斜角和调整颜色等。滤镜和混合模式还可以应用到动画中，可以快速地制作各种动态特效。

上机练习

（1）使用发光滤镜和调整颜色滤镜制作旋转发光文字动画，如图 7-27 所示。

图 7-27　旋转发光文字动画

（2）使用滤镜为第 4 章上机练习纸飞机飞过动画添加影子，如图 7-28 所示。

图 7-28　纸飞机飞过

（3）使用滤镜制作水蒸气效果，如图 7-29 所示。

图 7-29　水蒸气效果

（4）选择两张照片，利用混合模式制作照片混合特效动画。

第 8 章

骨骼动画

Flash CS4 提供一种新的骨骼动画工具，使用骨骼工具可以在一系列影片剪辑元件上添加骨骼。利用骨骼的父子关系，实现影片剪辑元件之间的反向运动，创建复杂的运动动画。另外，骨骼工具也可以在形状上添加骨骼，通过骨骼控制形状变化。

8.1 骨骼动画与反向运动

目前动画制作方式分为顶点动画和骨骼动画两种。

顶点动画是制作了动画模型后，在不同帧上设置模型的特定姿态，然后在帧之间进行插值计算，生成平滑的动画效果。前面章节中讲到的补间动画就属于顶点动画。

骨骼动画（bones animation）是在动画模型中加入骨骼组成的骨架结构，通过改变骨骼的方向和位置生成动画。骨骼动画可以更简单、更快速地创建人物动作、表情等动画。

在骨骼动画中需要先在对象上创建骨骼，形成关节链，然后移动关节链中骨骼的位置、改变骨骼方向，使对象具有不同姿势，产生动画。

在骨骼动画中，骨骼运动方式又分为正向运动和反向运动两种。正向运动指在关节链中父物体运动时，子物体随父物体运动，而子物体运动时，父物体不受子物体影响。使用正向运动设置物体动作时，需要从父物体开始，逐层设置所有子物体的角度和位置。反向运动指在关节链中子物体运动时，与之相连的父物体一起运动。如果使用反向运动方式设置物体运动，只需要设置子物体的位置和角度，父物体将自动调整角度和位置。

Flash CS4 中使用的运动方式是反向运动。在 Flash 中可以在影片剪辑元件实例上或形状内部添加骨骼，在开始关键帧中设置对象的开始姿势，在后面的关键帧中设置对象的结束姿势，Flash 会根据反向动力学计算出关节链中所有连接点的角度，使元件实例或形状按照复杂而自然的方式运动，快速、简便地创建人物运动、表情等各种复杂动画。

8.2　添加骨骼

8.2.1　为元件实例添加骨骼

创建骨骼动画的第一步是定义对象的骨骼。"骨骼工具" 可以向影片剪辑元件实例、图形元件实例和按钮元件实例添加骨骼,每个元件实例可以添加一个骨骼。

添加骨骼前,需要在舞台上排列好元件实例,向元件实例添加骨骼后,系统会创建一个链接实例链,链接实例链可以是线性结构或分支结构。添加骨骼后,Flash 将元件和骨骼移动到新的姿势图层中,姿势图层中不能再绘制其他图形。

【例 8-1】　台灯。

（1）打开素材文件夹中的"8-1 台灯.fla"文件。将库面板中的台灯各部分元件拖动到舞台图层 1 第 1 帧中,并放置到合适的位置,如图 8-1 所示。

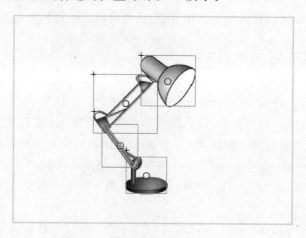

图 8-1　安排台灯各部分元件实例

（2）选择工具箱中的"骨骼工具",从"台灯底座"拖动鼠标到"支架 2"元件实例的底部,添加骨骼,如图 8-2 所示。

图 8-2　添加底座至支架 2 骨骼

（3）选择"骨骼工具"，分别由"支架2"向"支架1"元件实例拖动鼠标，由"支架1"向"灯"元件实例拖动鼠标，建立台灯其他部分骨骼。添加骨骼后，骨骼以及骨骼链接实例链及相关的元件实例都放置到姿势图层中，如图8-3所示。

（4）使用"选择工具"分别移动"灯"、"支架1"、"支架2"等元件实例，改变台灯状态，如图8-4所示。

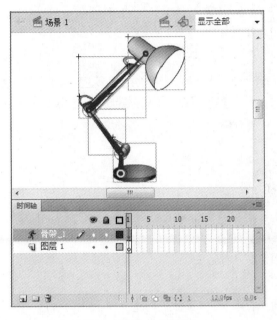

图8-3　添加台灯骨骼

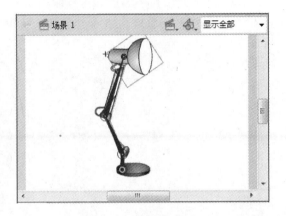

图8-4　改变台灯状态

8.2.2　为形状添加骨骼

使用"骨骼工具" ✐ 还可以向形状或绘制对象内部添加骨骼。

为形状添加骨骼之前，必须先在舞台上绘制形状并选择所有需要添加骨骼的形状。添加骨骼后，所有的形状将转换为IK形状，并和骨骼一起移动到新的姿势图层中，姿势图层中不能再绘制其他图形。转换后的IK形状也无法再与IK形状以外的其他形状合并。

【例8-2】　手臂。

（1）打开素材文件夹中的"8-2手臂.fla"文件。

（2）使用"选择工具"选定手臂图形。

（3）选择工具箱中的"骨骼工具"，从手臂上部肩关节处向肘关节处拖动鼠标，制作上臂骨骼，如图8-5所示。

（4）选择"骨骼工具"，分别由手臂肘关节处到腕关节处、由腕关节处到手心处拖动鼠标，添加骨骼，如图8-6所示。

（5）使用"选择工具"分别移动上臂、前臂和手，改变手臂状态，查看手臂运动效果，如图8-7所示。

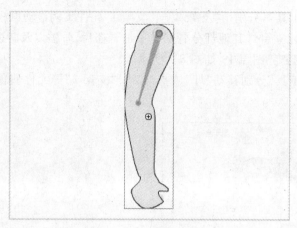

图 8-5　制作上臂骨骼

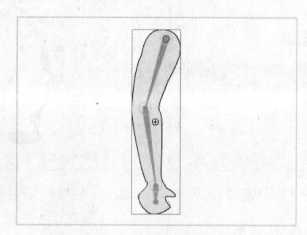

图 8-6　添加前臂及手部骨骼

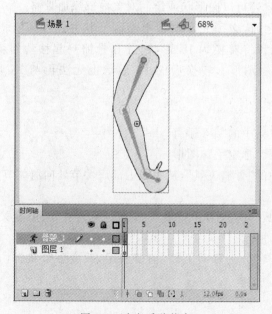

图 8-7　改变手臂状态

8.3 编辑骨骼

8.3.1 编辑骨架和对象

创建骨骼后,可以选择创建的骨骼,并对骨骼以及关联的对象进行编辑。

使用"选择工具"单击骨骼将选定骨骼,选定的骨骼用蓝色显示,骨架中的其他骨骼用红色显示。使用"选择工具"双击骨骼,可以选定所有骨骼。选定骨骼后,"属性"面板中将显示选定骨骼的属性,如图 8-8 所示。其中, 按钮可以用来选择"上一个同级"、"下一个同级"、"子级"、"父级"骨骼。

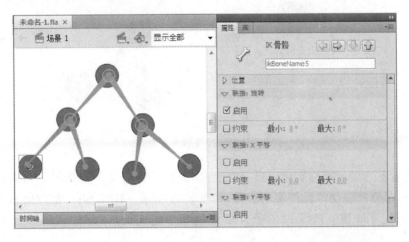

图 8-8　选定骨骼

单击姿势图层中包含骨架的帧,可以选择整个骨架以及相关元件实例,属性面板中显示骨架属性,如图 8-9 所示。

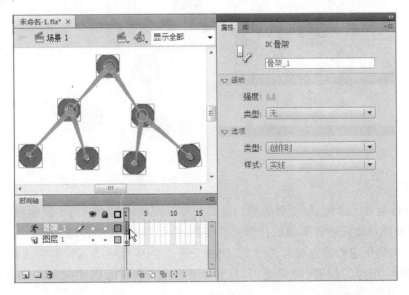

图 8-9　选定骨架

单击与骨架相连的元件实例,可以选择连接到骨骼的元件实例,此时属性面板中显示元件实例属性。

要改变骨骼的位置,可以拖动骨骼,对应骨骼和关联的元件实例以及子级骨骼将绕关节点旋转,如图 8-10 所示。如果要将某个骨骼与其子级骨骼一起旋转而不移动父级骨骼,需要按住 Shift 并拖动该骨骼。

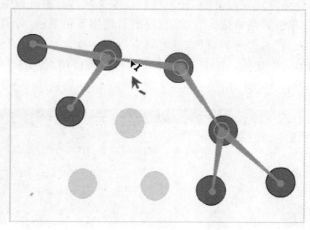

图 8-10   改变骨骼位置

拖动与骨骼连接的元件实例,可以使元件实例绕父骨骼关节点旋转。如果该元件实例带有子骨骼,子骨骼将绕该元件实例旋转,如图 8-11 所示。按住 Shift 键同时拖动与骨骼连接的元件实例,可以使元件实例的子骨骼绕该元件实例旋转,元件实例本身不绕父骨骼旋转。

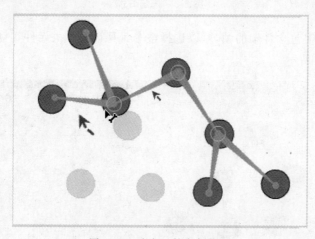

图 8-11   改变元件实例位置

选定骨骼后按 Del 键,可以将骨骼以及其所有子级骨骼删除。如果要删除所有骨骼,则需要选定 IK 形状或元件骨架中的任何元件实例,执行"修改"→"分离"命令。

为元件实例创建骨骼连接时,元件实例的变形点会自动移动到骨骼的连接点上。如果要改变骨骼头、尾部的位置,需要使用"任意变形工具"调整元件实例的变形点,如图 8-12 所示。

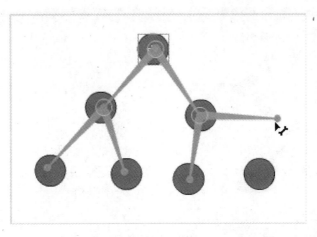

图 8-12　改变变形点位置调整骨骼端点位置

　　按住 Alt 键拖动元件实例或使用"任意变形工具"拖动元件实例可以单独移动元件实例而不影响其他元件实例,此时骨骼连接点也将和元件实例一同移动。

8.3.2　约束联接

　　为对象创建骨骼后,Flash 默认骨骼可以做任意角度旋转,不能沿 X、Y 轴移动。但在骨骼动画中有时需要限制骨骼的运动,例如手的肘关节运动时,骨骼应该限制在一个角度范围内旋转。如果要使骨骼完成更逼真的运动,可以在骨骼的"属性"面板中设置 IK 运动约束,启用、禁用和约束骨骼的旋转角度、沿X 或 Y 轴的运动距离以及骨骼运动速度,如图 8-13 所示。启用 X 或 Y 轴运动时,骨骼可以不限度数地沿 X或 Y 轴移动,而且父级骨骼的长度将随之改变以适应运动。

图 8-13　骨骼"属性"面板

　　【例 8-3】　约束台灯旋转。

　　(1)打开例 8-1 中完成的"8-1 台灯.fla"文件。

　　(2)选择台灯底座到支架 2 之间的骨架,在属性面板中取消"联接：旋转"选项下的"启用"复选框,使台灯底座不能旋转。

　　(3)选择台灯支架 2 上的骨骼,在属性面板中选择"联接：旋转"选项下的"启用"复选框和"约束"复选框,并设置旋转约束为最小−45°,最大 45°,约束支架 2 的旋转角度,如图 8-14 所示。

　　(4)选择台灯支架 1 上的骨骼,在属性面板中选择"联接：旋转"选项下的"启用"复选框和"约束"复选框,并设置旋转约束为最小−45°,最大 45°,约束支架 1 的旋转角度。

　　(5)使用"选择工具"分别移动支架 1 和支架 2,查看约束旋转后支架运动效果。

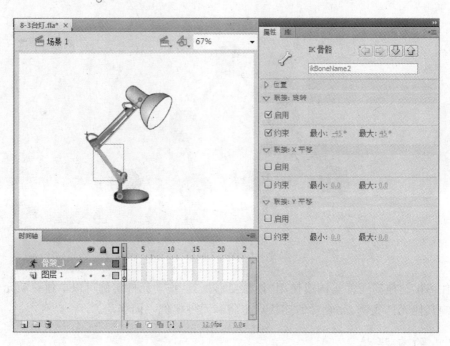

图 8-14 约束支架 2 的旋转角度

8.3.3 编辑 IK 形状

向形状内部添加骨骼后,所有的形状会转换为 IK 形状并和骨骼一起移动到新的姿势图层中。如果要改变骨骼的位置,可以使用"部分选取工具"移动骨骼的端点。如果要改变 IK 形状,则需要使用"部分选取工具"或"钢笔工具"对 IK 形状边界线进行修改。

使用"部分选择工具"单击 IK 形状边界,会出现蓝色边界线和控制点。此时,拖动控制点可以改变 IK 形状。单击边界线上没有控制点的部分,可以添加新的控制点,新控制点将自动与离它最近的骨骼绑定。单击选择某个控制点后,按 Del 键则可以删除控制点。另外,也可以使用"添加锚点工具"、"删除锚点工具"在 IK 形状边界上增加或删除控制点。

【例 8-4】 带有骨骼的花。

(1)新建一个 Flash 文件。

(2)在舞台中央使用"多角星形工具"绘制一个五角星。

(3)选定五角星,使用"骨骼工具"在五角星中创建骨骼,如图 8-15 所示。

(4)使用"部分选取工具"单击选择五角星轮廓,再选定五角星右角上边沿上的控制点并拖动,将直线边改变为曲线。采用同样方法拖动五角星右角下边沿上的控制点及控制点的滑杆,将右角的另一条边改为曲线,如图 8-16 所示。

(5)使用"添加锚点工具"单击五角星轮廓,在五角星上角轮廓两侧轮廓线上分别单击,添加控制

图 8-15 在五角星中创建骨骼

点。使用"部分选择工具"分别拖动添加的两个控制点,改变五角星上角轮廓,如图 8-17 所示。

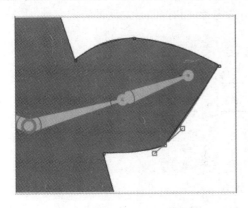

图 8-16 修改五角星右角轮廓

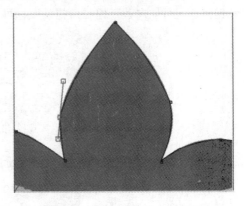

图 8-17 修改五角星上角轮廓

(6) 重复步骤(4)和(5)的操作,将五角星其他三个角也修改为曲线边,完成带有骨骼的花朵,如图 8-18 所示。

(7) 保存文件。

(8) 使用"选择工具"分别移动左、右侧骨骼,各花瓣上的控制点将跟随骨骼移动,从而影响图形轮廓,如图 8-19 所示。

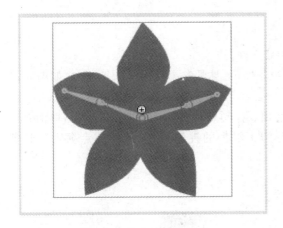

图 8-18 带有骨骼的花朵

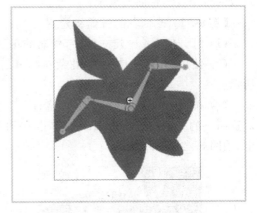

图 8-19 移动骨骼改变花的轮廓

8.3.4 将骨骼绑定到形状点

在 IK 形状中,形状边沿上的控制点自动与离该点最近的骨骼绑定,骨骼的运动带动控制点运动,从而使 IK 形状发生改变。但这种默认绑定方式有时使 IK 形状不能按正确的方式改变,这时就需要使用"绑定工具" 对骨骼和形状控制点之间的连接进行修改,使骨骼能正确控制形状的变化。

使用"绑定工具"单击骨骼,可以看到 IK 形状的边沿线和控制点,如图 8-20 所示。其中,选定的骨骼用红色线表示,只绑定到选定骨骼的控制点用黄色正方形表示,除了绑定到选定骨骼,还绑定到其他骨骼的控制点用黄色三角表示,未绑定到选定骨骼的控制点用蓝色正方形表示。此时按住 Shift 键并单击蓝色控制点,或按住 Shift 键由选定骨骼向蓝色控制点拖动,可以将未绑定到选定骨骼的控制点绑定到选定骨骼上。按住 Ctrl 键并单击黄色控制点,或按住 Ctrl 键由选定骨骼向黄色控制点拖动鼠标可以取消选定骨骼和控制点之间的绑定。

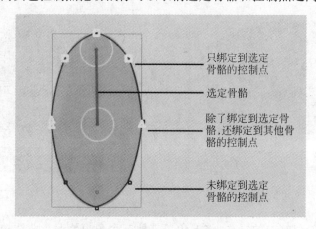

只绑定到选定骨骼的控制点

选定骨骼

除了绑定到选定骨骼,还绑定到其他骨骼的控制点

未绑定到选定骨骼的控制点

图 8-20　绑定到骨骼的控制点

使用"绑定工具"单击控制点,可以选定控制点,此时控制点用红色显示,与该控制点连接的骨骼用黄色显示。此时将控制点向其他骨骼拖动,可以将控制点绑定到其他骨骼。按住 Shift 键同时单击其他骨骼可以向控制点添加绑定的骨骼。按住 Ctrl 键单击黄色骨骼可以取消控制点与骨骼的绑定。

【例 8-5】　改变花的骨骼绑定。

(1) 打开例 8-4 中建立的"带骨骼的花.fla"文件。

(2) 使用"绑定工具"选择花朵右侧第二级骨骼,可见骨骼绑定的三个控制点,如图 8-21 所示。

(3) 按住 Ctrl 键,分别单击骨骼右下花瓣顶点控制点和右侧花瓣顶点控制点,取消骨骼对这两点的绑定。按住 Shift 键,单击右侧花瓣下沿上的控制点,使该控制点绑定到骨骼上,如图 8-22 所示。

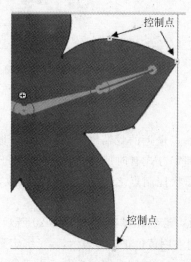

控制点

控制点

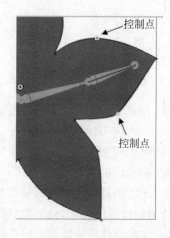

控制点

控制点

图 8-21　花朵右侧第二级骨骼绑定的控制点　　　图 8-22　修改右侧第二级骨骼绑定的控制点

（4）分别选择右侧花瓣上的第一级骨骼和左侧花瓣上的两级骨骼，重复步骤（3）的操作，取消这些骨骼对上花瓣和左下、右下花瓣上控制点的控制，只对两侧花瓣上下边沿控制点绑定，如图8-23所示。

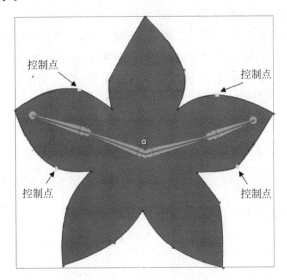

图 8-23 修改其他骨骼的绑定点

（5）使用"选择工具"选择骨骼，调整骨骼方向，修改绑定后花朵随骨骼变形效果如图8-24所示。

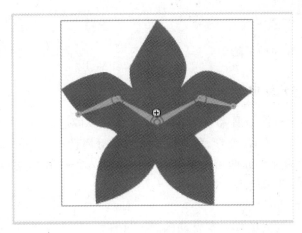

图 8-24 只控制左右花瓣的骨骼变形效果

8.4 制作骨骼动画

8.4.1 在时间轴中对骨架进行动画处理

在对象上创建IK骨架后，可以在姿势图层添加帧、关键帧，创建骨骼动画。姿势图层中的关键帧称为姿势。右键单击姿势图层中的帧，执行"插入姿势"命令，或选定姿势图层中的帧后按 F6 键,可以在姿势图层中添加姿势。在姿势中使用"选择工具"重新定位骨架在舞台上的位置后,Flash 将在两个姿势之间会自动产生基于骨骼位置的补间动画。

【例 8-6】 摆臂动画。

(1) 打开例 8-2 中建立的"8-2 手臂.fla"文件。

(2) 分别在时间轴"骨架_1"层第 30 和第 60 帧右击,在弹出的快捷菜单中执行"插入姿势"命令,插入两个姿势帧,姿势帧之间的帧变成绿色,系统自动生成补间动画。

(3) 选择第 30 帧姿势,在舞台上修改手臂骨骼位置,改变手臂动作,如图 8-25 所示。

(4) 播放动画,手臂摆动效果如图 8-26 所示。

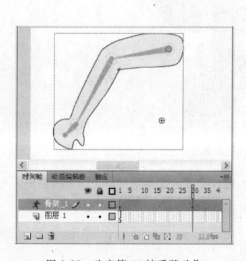

图 8-25　改变第 30 帧手臂动作

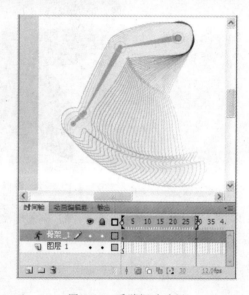

图 8-26　手臂摆动动画

8.4.2　在骨骼动画中实现其他补间效果

在 IK 姿势图层中只能对骨骼位置产生补间动画,对对象的其他属性无法产生补间。所以如果要对 IK 对象的位置、变形、色彩效果或滤镜等属性进行补间需要将骨架及其关联的对象包含在影片剪辑元件或图形元件中,再使用"插入"→"补间动画"命令和"动画编辑器"对元件的属性进行动画处理。

【例 8-7】 摆臂前进动画。

(1) 打开例 8-6 中建立的"8-6 摆臂动画.fla"文件。

(2) 选择"骨架_1"图层第 1 帧,在舞台上使用右键单击手臂,执行"转换为元件"命令,将手臂摆动动画转换为元件,命名为"摆臂"。此时主时间轴上原来的"骨架_1"图层自动由姿势图层转换为普通图层。

(3) 删除主时间轴上的"骨架_1"图层。

(4) 双击"库"面板中的"摆臂"元件,在图层 1 中绘制一个矩形。使用"任意变形工具"将矩形修改为梯形,制作人物身体。在图层 1 第 60 帧插入帧,使身体画面持续到第 60 帧。

(5) 单击舞台左上角"场景 1"按钮,返回主场景。

(6) 在主时间轴图层 1 第 1 帧中将手臂移动到舞台左侧。在第 120 帧插入关键帧,并将手臂移动到舞台右侧。

（7）执行"插入"→"传统补间"命令，创建手臂从左向右前进动画，如图 8-27 所示。

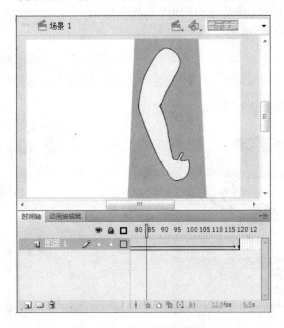

图 8-27 创建手臂前进动画

（8）执行"控制"→"测试影片"命令，查看摆臂前进动画。

8.4.3 制作可以使用 ActionScript 3.0 进行动画处理的骨架

如果计划使用 ActionScript 3.0 对 IK 骨架进行动画处理，在姿势图层中就不能创建骨骼动画，即骨架在姿势图层中只能有一个姿势，且姿势应位于姿势图层的第 1 帧中。另外，使用 ActionScript 3.0 只能控制连接到形状或影片剪辑实例的 IK 骨架，无法控制连接到图形或按钮元件实例的骨架。

制作可以使用 ActionScript 3.0 进行动画处理的骨架步骤如下：

（1）使用"选择工具"，在姿势图层中选择姿势帧。

（2）在属性面板的"类型"选项中选择"运行时"。

（3）在 Action Script 3.0 中使用属性面板中显示的骨架名称对骨架进行引用和动画处理。

8.5 综合应用

【例 8-8】 变色龙。

（1）打开素材库中的"8-8 变色龙.fla"文件。

（2）新建一个影片剪辑元件，命名为"爬行"。

（3）进入"爬行"影片剪辑元件。将图层 1 名字改为"身体"，将"库"面板中变色龙身体元件拖动到舞台中央。

（4）新建一个图层，命名为"左后腿"，分别将"库"面板中的腿和爪元件拖动到该图层中，在舞台上个调整腿和爪元件实例的位置，如图8-28所示。

（5）重复步骤（4）中的操作，分别创建"左前腿"、"右前腿"、"右后腿"图层，并设置其他三条腿的位置和图层层次，如图8-29所示。

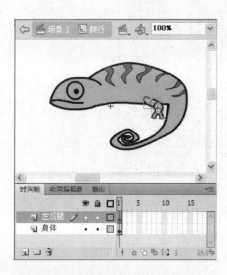

图8-28　设置变色龙身体和左后腿

图8-29　设置"爬行"元件中变色龙身体
各部分位置和层次

（6）使用"骨骼工具"在"左后腿"图层"腿"元件实例和"爪"元件实例之间拖动，建立骨骼。删除原来的"左后腿"图层，将建立的"骨架_1"图层命名为"左后腿"。如图8-30所示。

（7）重复步骤（6）中的操作，为变色龙其他三条腿建立骨骼，如图8-31所示。

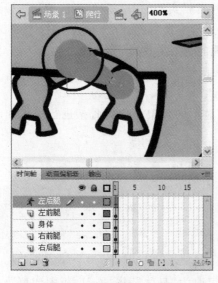

图8-30　建立左后腿骨骼

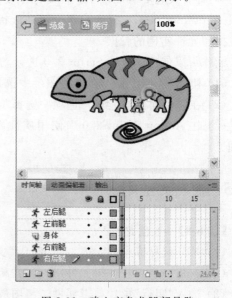

图8-31　建立变色龙腿部骨骼

（8）在"身体"图层第 120 帧插入帧。

（9）在"左前腿"骨骼图层第 10 帧插入姿势，使用"选择工具"将第 10 帧中的左前腿旋转到后侧。在"右后腿"骨骼图层第 10 和第 20 帧插入姿势，将第 20 帧右后腿旋转到后侧，如图 8-32 所示。

（10）在"左后腿"骨骼图层第 20、第 30 和第 40 帧插入姿势，将第 30 帧中的左后腿旋转到上方，将第 40 帧中的左后腿旋转到左侧，完成左后腿前进动画。在"右前腿"骨骼图层第 40、第 50 和第 60 帧插入姿势，将第 50 帧中的右前腿旋转到上方，将第 60 帧中的右前腿旋转到左侧，完成右前腿前进动画，如图 8-33 所示。

 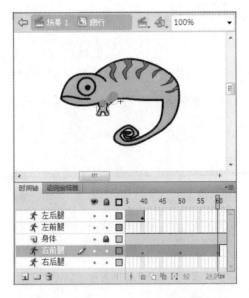

图 8-32　制作左前腿和右后腿后蹬动画　　　　图 8-33　制作左后腿和右前腿前进动画

（11）重复步骤（9）和（10）中的操作，在第 60～第 120 帧制作左前腿和右后腿前进，右前腿和左后腿后蹬动画，完成变色龙爬行所有动作。

（12）切换到"场景 1"，选择图层 1，在舞台左侧绘制一个蓝色矩形。在第 360 帧插入帧。

（13）新建一个图层，命名为"变色龙"。在该图层中第 1 帧中将"爬行"元件拖动到舞台右侧。在第 360 帧创建关键帧，将舞台左侧的"爬行"元件实例拖动到舞台右侧，在第 1～第 360 帧创建传统补间动画，如图 8-34 所示。

（14）在第 150 帧插入关键帧。

（15）在第 300 帧中选择变色龙，在"属性"面板中设置"色彩效果"样式为"色调"，颜色为蓝色 60%，使变色龙在爬行进入蓝色区域后颜色逐渐变为蓝色。

（16）测试动画，查看变色龙爬行变色效果。

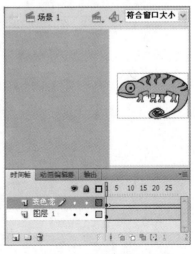

图 8-34　创建变色龙爬行动画

8.6　小结

本章介绍了骨骼动画的概念和制作方法。在 Flash 中,可以在影片剪辑元件实例上或形状内部创建骨骼,制作关节链,利用关节链可以改变对象或图形的姿势,使运动对象按骨骼的运动方式运动。利用骨骼动画功能可以使对象按照复杂而自然的方式运动,快速、简便地创建人物运动、表情等各种复杂动画。

上机练习

（1）使用骨骼动画功能制作海鸥飞过动画,如图 8-35 所示。

（2）使用骨骼动画功能制作铲车车斗举起动画,如图 8-36 所示。

图 8-35　海鸥飞过动画

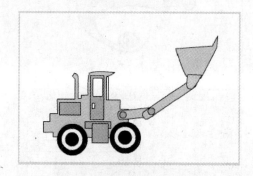

图 8-36　铲车车斗举起动画

（3）使用骨骼动画功能制作一个走路的人。

第 9 章

声音与视频

声音和视频也是 Flash 动画中不可缺少的部分,适当地使用声音和视频可以使动画更加精彩。Flash 支持向动画中导入声音和视频。声音需要先导入到库,再加入时间轴中。视频可以直接导入到舞台。导入到 Flash 中的声音和视频均有多种播放方式,使用时需要根据作品需要选择合适的播放方式。

9.1 使用声音

9.1.1 Flash 中的声音

一个完整的动画作品应该包括画面和声音。要在 Flash 动画中使用声音,需要先按照动画内容准备好声音素材,包括背景音乐、特殊声效、对白等,完成动画后,再将声音素材合成到动画中。Flash 提供多种使用声音的方式,如声音可以独立于时间轴连续播放,也可以在时间轴中设置声音与动画保持同步,还可以在按钮上添加声音使按钮具有更强的互动性。

在 Windows 系统中允许将 WAV、MP3、ASND(Adobe Soundbooth 的声音格式)格式声音文件导入到 Flash 中。如果系统安装了 QuickTime 4 或更高版本,还可以导入 AIFF、Sun AU 声音文件和只有声音的 QuickTime 影片。

由于使用数字化声音文件需要占用大量的磁盘空间和内存,在 Flash 中导入声音文件时最好选用压缩后的声音文件,如 MP3 格式文件。一般情况下,要想在动画中应用好的音质效果,需要导入 16 位声音文件。但如果机器内存有限,或考虑网速限制,则应在动画中使用短的声音剪辑或用 8 位声音文件。

9.1.2 导入声音

要在 Flash 动画中使用声音,首先需要将声音文件导入到当前文档的库中。执行"文件"→"导入"→"导入到库"命令,在"导入到库"对话框中打开声音文件即可导入声音,如图 9-1 所示。

导入的声音在"库"面板中显示,如图 9-2 所示。选定导入的声音,单击预览窗口右上角的"播放"按钮可以预览播放声音。

除了导入声音文件以外,在 Flash 公用库的声音库中也包含有多种特效声音。执行"窗

图 9-1 "导入到库"对话框

口"→"公用库"→"声音"命令,打开声音"库"面板,如图 9-3 所示。将公用库中的声音文件拖动到当前文件的"库"面板,即可在文件中使用对应声音。

图 9-2 导入到库中的声音

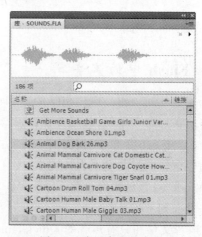

图 9-3 公用库中的声音

9.1.3 将声音加入时间轴

只要将库中的声音添加到时间轴上的关键帧中,就可将声音加入到动画。选定关键帧,在"属性"面板中可见"声音"选项,如图 9-4 所示。在"名称"下拉列表框中,选择声音文件名,即可将声音加入时间轴。加入声音后,时间轴上会显示声音波形;如图 9-5 所示。

Flash 中的声音有两种类型:事件声音和音频流。事件声音独立于时间轴,除非明确停止,声音将一直连续播放。事件声音必须完全下载后才能开始播放。音频流在前几帧下载了足够的数据后就开始播放,但需要设置与时间轴同步。

图 9-4 "属性"面板的"声音"选项

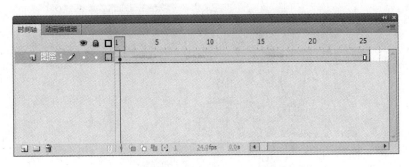

图 9-5　加入声音后的时间轴

选定关键帧后,在"属性"面板中"声音"选项下的"同步"下拉列表框中可以设置声音的同步播放方式。

事件:声音独立于时间轴进行完整的播放,即使 SWF 文件已经停止播放,声音播放也会继续,直到有停止命令才停止声音。

开始:与事件方式功能相近,但在 SWF 文件循环播放时,必须等前一个声音播放结束,才可以开始播放下一个声音。

停止:使指定的声音停止。使用事件方式或者开始方式启动了声音之后,如果希望在声音播放结束前强制静音,就可以使用"停止"方式。例如,向影片第 1 帧导入声音,在第 50 帧处创建关键帧,选择要停止的声音,在"同步"选项中选择"停止",则声音在播放到第 50 帧时停止播放。

数据流:声音将严格与时间轴同步。如果 SWF 文件在播放,就播放声音,如果 SWF 文件停止,声音就停止。

在编辑器中预览动画时,系统使用数据流方式使动画和音轨保持同步。如果计算机运算速度不够快,绘制动画帧的速度跟不上音轨,Flash 就会跳过帧。

"声音"选项下的"重复"下拉列表框中可以设置声音是重复播放还是循环播放。当声音设置为重复播放时,在列表框后面的文本框中可以设置重复播放次数。

【例 9-1】　动画配乐。

(1) 打开例 4-18 制作的"4-18 玫瑰与蜜蜂.fla"文件。

(2) 执行"文件"→"导入"→"导入到库"命令,在"导入到库"对话框中打开声音文件"可爱的一朵玫瑰花.MP3",将背景音乐导入到库。

(3) 在图层上方新建一个图层,命名为"背景音乐"。

(4) 选择背景音乐图层第 1 帧,在"属性"面板的"声音"选项中设置名称为"可爱的一朵玫瑰花.MP3",同步方式为"事件",如图 9-6 所示,为动画添加背景音乐。

(5) 测试影片,影片循环播放,每次播放时都重叠播放背景音乐,循环多次后背景音乐混乱。

(6) 选择背景音乐图层第 1 帧,在"属性"面板的"声音"选项中设置同步方式为"开始"。

(7) 测试影片,影片循环播放,但背景音乐在影片循环开始时不重叠播放,而是等音乐结束后再次循环影片时才开始。

(8) 选择背景音乐图层第 1 帧,在"属性"面板的"声音"选项中设置同步方式为"数据流"。

图 9-6　添加背景音乐

（9）测试影片，影片循环播放，每次影片结束时声音也一同结束，影片循环开始时背景音乐也从头开始。

（10）选择图层 4 第 1 帧，在"属性"面板的"声音"选项中设置同步方式为"停止"。

（11）测试影片，影片播放时声音不播放。

在 Flash 动画中，可以把声音放在一个单独的图层上，也可以放在包含其他对象的图层上。当一个动画中需要有多个声音时，可以将每个声音放在一个独立的图层上，每个图层都作为一个独立的声道，播放 SWF 文件时，所有图层上的声音会混合在一起。

【例 9-2】 使用多图层声音。

（1）打开例 9-1 制作的"9-1 动画配乐.fla"文件。

（2）执行"文件"→"导入"→"导入到库"命令，在"导入到库"对话框中打开声音文件"蜜蜂.MP3"，将蜜蜂音效导入到库。

（3）新建一个图层，命名为"蜜蜂声音"。

（4）在蜜蜂声音图层第 110 帧插入关键帧。

（5）选择蜜蜂声音图层第 110 帧，在"属性"面板的"声音"选项中设置名称为"蜜蜂.MP3"，同步方式为"数据流"，为动画添加蜜蜂飞过声效，如图 9-7 所示。

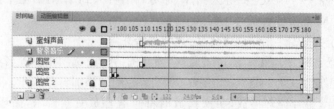

图 9-7　添加蜜蜂飞过声效

（6）测试动画，可以听到在背景音乐声中，当蜜蜂飞过时同步播放蜜蜂飞过的声音。

9.1.4　为按钮添加声音

声音还可以添加在按钮元件中的关键帧上，与按钮元件的不同状态关联起来。因为声音是添加在按钮元件内部，所以可以用于该元件的所有实例。一般在按钮元件中，声音选择短小的声效文件并设置以"事件"方式播放。

【例 9-3】 打鼓。

（1）打开例 5-2 制作的"5-2 鼓.fla"文件。

（2）新建一个按钮元件，命名为"鼓面"。

（3）在场景 1 图层 2 第 1 帧中选择鼓面轮廓曲线，将其复制粘贴到"鼓面"按钮元件的弹起帧中，将轮廓线内部使用白色填充。在按下帧中插入帧，完成按钮画面，如图 9-8 所示。

（4）执行"文件"→"导入"→"导入到库"命令，在"导入到库"对话框中打开声音文件"鼓声.MP3"，将鼓声音频导入到库。

（5）在"鼓面"按钮元件中新建一个图层。在该图层的按下帧中添加关键帧。选定按下帧，在"属性"面板的"声音"选项中设置名称为"鼓声.MP3"，同步方式为"事件"，为按钮的按下帧添加鼓声，如图 9-9 所示。

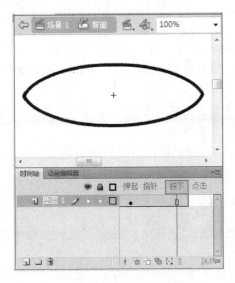

图 9-8 制作"鼓面"按钮

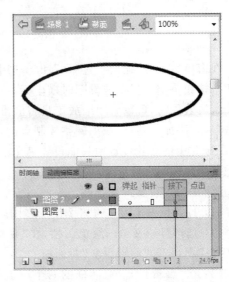

图 9-9 为按钮的按下帧添加鼓声

（6）切换到场景 1，将"库"面板中的"鼓面"元件拖动到图层 2 中，与原有的鼓图形中的鼓面对齐。

（7）测试动画，当单击鼓面时，会发出鼓声。

9.1.5 在 Flash 中编辑声音

在动画中加入声音后，在"属性"面板"声音"选项中的"效果"下拉列表框中可以设置声音的效果，如选择声道、淡入、淡出或自定义效果。选择效果后，单击效果后面的"编辑声音封套"按钮，在"编辑封套"对话框中可以修改设置的效果。

在"效果"列表中如果设置为"无"，表示不对声音文件应用效果，选用这个选项将删除以前应用的效果。

在"效果"列表中如果选择"自定义"效果，系统将弹出"编辑封套"对话框，如图 9-10 所示。其中，两个波形分别表示左右声道；横轴表示时间或帧数；纵轴表示音量；波形图上方的直线表示当前的音量设置。

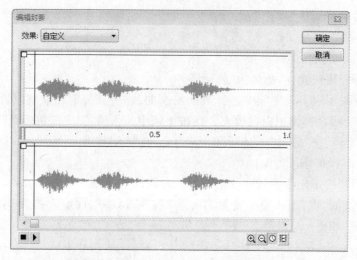

图 9-10 "编辑封套"对话框

在窗口右下方,缩放工具"十"和"一"用来对波形图进行缩放。它的旁边是秒和帧按钮,这两个按钮决定在显示波形图时横坐标。

编辑效果时,可以先用缩放工具将波形图缩放至合适的大小,然后在表示音量的直线上单击鼠标,添加控制点,拖动调整控制点的位置,改变音量效果。

Flash 中的音效设置中只能设置简单的声音效果,如果要使用更复杂的声音效果,则应该先使用专门的声音处理软件处理好声音文件后再导入到 Flash 中。

【例 9-4】 设置背景音效。

(1) 打开例 9-2 制作的"9-2 使用多图层声音.fla"文件。

(2) 选择背景音乐图层第 1 帧,在"属性"面板"声音"选项的"效果"下拉列表框中选择"自定义"项,打开"编辑封套"对话框。

(3) 在"编辑封套"对话框的两个声道中的直线上第 30 帧位置单击,添加一个控制点。将两个声道直线上左侧控制点拖动到窗口左下方,如图 9-11 所示,使背景音乐从第 1～第 30 帧逐渐增强。

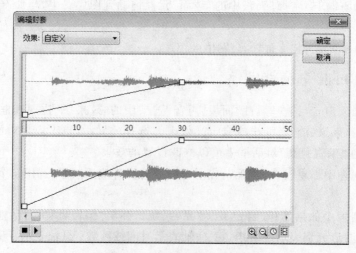

图 9-11 制作声音逐渐增强效果

（4）测试动画，可以听到背景音乐渐强效果。

9.1.6 压缩声音

由于 Flash 动画大部分都是在网络中流传和应用，所以在制作动画时应该考虑动画文件大小问题。如果动画中使用的声音占用较大空间，就需要对声音进行压缩。

如果要对单个声音进行压缩，可以在"库"面板中右击声音文件，在弹出的快捷菜单中选择"属性"命令，在如图 9-12 所示的"声音属性"对话框中的"压缩"选项中进行设置。如果采用这种压缩设置方式，文档中的所有音频流都将导出为单个的流文件，而且所用的设置是所有应用于单个音频流设置中的最高级别。

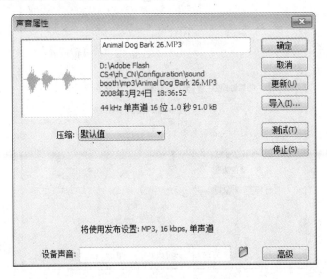

图 9-12 "声音属性"对话框

如果要对 Flash 文件中使用的所有音频流或音频事件设置压缩，可以在"发布设置"对话框中进行全局压缩设置，如图 9-13 所示。这些全局压缩设置将应用于所有没有在"声音属性"对象框中设置过压缩选项的声音。如果在"发布设置"对话框中选中"覆盖声音设置"复选框，则全局压缩设置将覆盖所有的声音压缩设置。

Flash 中声音的压缩方法包括 ADPCM、MP3、原始和语音 4 种。

ADPCM：用于设置 8 位或 16 位声音数据的压缩。适合用于导出较短的事件声音，如按钮声效。

原始：导出声音时不进行声音压缩。

MP3：以 MP3 压缩格式导出声音。适合用于导出乐曲、背景音乐等较长的音频流。

语音：采用适合于语音的压缩方式导出声音。

在使用各种压缩方法时，都可以对压缩选项进行进一步设置，如"预处理"、"采样率"、"位"、"比特率"、"品质"等。选择"预处理"选项中的"将立体声转换成单声道"复选框会将混合立体声转换成非立体声（单声道），同时声音文件减小。"采样率"、"位"、"比特率"、"品质"等选项设置的值越高，声音效果越好，但声音文件占用空间也越大，所以应该根据作品需要选择合适的取值。例如，在设置采样比率时，44kHz 是标准的 CD 音频比率，音质最好，

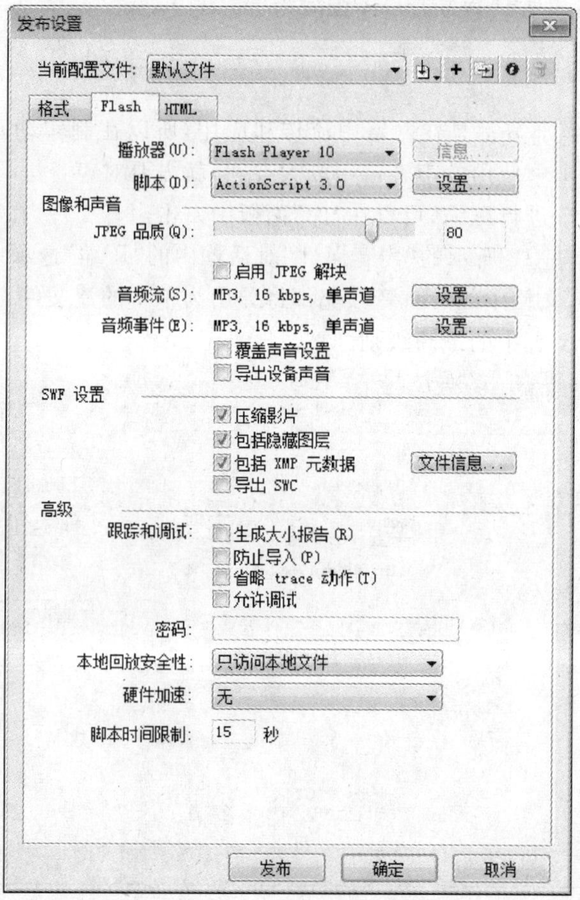

图 9-13　"发布设置"对话框

22kHz 是用于 Web 回放的常用选择,11kHz 是使用音乐时建议的最低声音品质,5kHz 是语音的最低可接受标准。

除了采样比率和压缩外,还可以使用下面几种方法在文档中有效地使用声音并保持较小的文件大小:

- 设置切入和切出点,避免静音区域存储在 Flash 文件中,从而减小文件中的声音数据的大小。
- 通过在不同的关键帧上应用不同的声音效果(如音量封套,循环播放和切入/切出点),从同一声音中获得更多的变化,只使用一个声音文件就可以得到许多声音效果。
- 循环播放短声音作为背景音乐。
- 不要将数据流声音设置为循环播放。
- 从嵌入的视频剪辑中导出音频时,使用"发布设置"对话框中所选的全局流设置导出。

【例 9-5】　压缩声音。

(1) 打开例 9-4 制作的"9-4 设置背景音效. fla"文件。

（2）双击"库"面板中的"可爱的一朵玫瑰花.MP3"文件，在"声音属性"对话框中设置压缩为 MP3，取消"使用导入的 MP3 品质"复选框，将比特率设置为 24kbps，品质为快速，如图 9-14 所示。

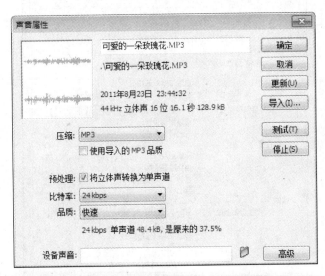

图 9-14　设置"可爱的一朵玫瑰花.MP3"声音压缩属性

（3）双击"库"面板中的"蜜蜂.MP3"文件，在"声音属性"对话框中设置压缩为语音，设置采样率为 11kHz，品质为快速，如图 9-15 所示。

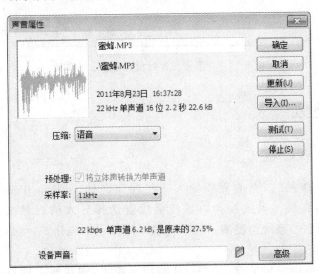

图 9-15　设置"蜜蜂.MP3"声音属性

（4）发布影片，发布的影片大小压缩到 88KB。

（5）执行"文件"→"发布设置"命令，在"发布设置"对话框中设置音频流和音频事件为"MP3，8kbps，单声道"，选中"覆盖声音设置"复选框，如图 9-16 所示。

（6）发布影片，发布的影片大小压缩到 52.6KB。

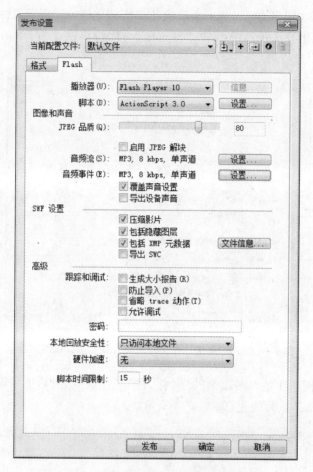

图 9-16　在发布影片时设置音频压缩属性

9.2　使用视频

9.2.1　Flash 中的视频

在制作 Flash 作品时,有时需要导入一些视频文件。Flash 中必须使用以 FLV 或 H.264 格式编码的视频。导入视频时系统会检查选择导入的视频文件,如果视频不是 Flash 可以播放的格式,系统会提醒。如果视频不是规定编码格式,可以使用 Adobe Media Encoder 对视频进行编码。

如果计算机系统中安装了 QuickTime4 或以上版本,则在导入视频时支持的视频文件格式有 AVI、DV、DVI、MPG、MPEG 和 MOV。如果计算机系统中安装了 Direct7 或更高版本,则在导入视频时支持的视频文件格式有 AVI、MPG、MPEG、WMF 和 ASF。

9.2.2　导入视频

执行"导入"→"导入"→"导入视频"命令,打开"导入视频"对话框,如图 9-17 所示,根据提示进行设置,可以向 Flash 文件中导入视频。

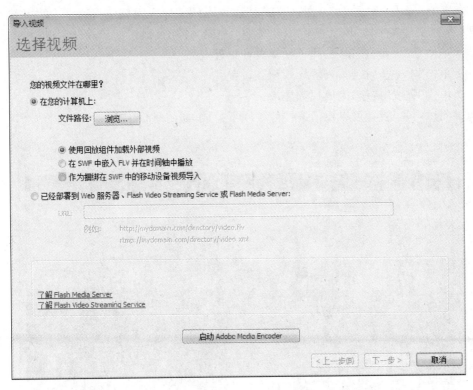

图 9-17 "导入视频"对话框

导入视频时,可以导入本机上的视频文件,也可以导入已经部署到网上的视频。要导入本机视频,需要选择"在您的计算机上"单选按钮,并单击"浏览"按钮,选择计算机上的视频文件。要导入网上的视频,则需要选择"已经部署到 Web 服务器、Flash Video Streaming 或 Flash Media Server"单选按钮并在下面的文本框中输入视频的 URL 地址。

在导入本机视频时,有"使用回放组件加载外部视频"、"在 SWF 中嵌入 FLV 并在时间轴中播放"、"作为捆绑在 SWF 中的移动设备视频导入"三种导入方式。

使用回放组件加载外部视频:导入视频并创建 FLVPlayback 组件的实例,以控制视频回放。采用这种方式导入视频的 Flash 文件在发布为 SWF 文件并将其上载到 Web 服务器时,必须将视频文件一同上载到服务器或 Flash Media Server,并按照已上载视频文件的位置配置 FLVPlayback 组件。

在 SWF 中嵌入 FLV 或 F4V 并在时间轴中播放:将 FLV 文件或 F4V 文件嵌入到 Flash 文档中。以这种方式导入视频时,视频放置在时间轴中,在时间轴上可以看到各个视频帧的位置。嵌入的 FLV 或 F4V 视频文件作为 Flash 文档的一部分,发布 SWF 文件时也将一同发布。由于将视频内容直接嵌入到 SWF 文件中会显著增加发布文件的大小,这种方式仅适合于嵌入短小的视频文件。

作为捆绑在 SWF 中的移动设备视频导入:这种视频导入方式与在 Flash 文档中嵌入视频类似,将视频绑定到 Flash Lite 文档中以便部署到移动设备。

【例 9-6】 使用回放组件导入视频。

(1) 新建一个 Flash 文档,在"属性"面板中设置舞台大小为 640×480 像素。

（2）执行"导入"→"导入"→"导入视频"命令，打开"导入视频"对话框。单击"浏览"按钮，导入素材文件夹中的"风景视频.flv"文件。选择"使用回放组件加载外部视频"选项。

（3）单击"下一步"按钮，选择一种播放控件外观。

（4）单击"下一步"按钮，查看导入视频设置。

（5）单击"完成"按钮，完成视频导入。

（6）测试影片，视频可以在播放控件控制下播放，如图 9-18 所示。

图 9-18　使用回放组件加载的视频

【例 9-7】　导入嵌入式视频。

（1）新建一个 Flash 文档，在"属性"面板中设置舞台大小为 640×480 像素。

（2）执行"导入"→"导入"→"导入视频"命令，打开"导入视频"对话框。单击"浏览"按钮，导入素材文件夹中的"风景视频.flv"文件。选择"在 SWF 中嵌入 FLV 并在时间轴中播放"选项。

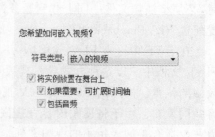

（3）单击"下一步"按钮，设置嵌入视频选项，如图 9-19 所示。

（4）单击"下一步"按钮，查看导入视频设置。

图 9-19　设置嵌入视频选项

（5）单击"完成"按钮，完成视频导入。可见影片时间轴长度自动扩展到影片长度。

（6）测试影片，视频嵌入在 SWF 文件内播放，如图 9-20 所示。

图 9-20 嵌入式视频

9.2.3 导出视频文件

制作完成的 Flash 动画也可以导出为 AVI 格式视频文件。如果计算机中安装有 QuickTime,还可以将动画导出为 MOV 格式的 QuickTime 影片文件。

执行"文件"→"导出"→"导出影片"命令,在"导出影片"对话框中设置保存类型为 AVI 或 MOV 格式,如图 9-21 所示,即可导出视频文件。

图 9-21 "导出影片"对话框

【例9-8】 将动画导出为视频。

（1）打开例9-1制作的"9-1动画配乐.fla"文件。

（2）执行"文件"→"导出"→"导出影片"命令，在"导出影片"对话框中设置保存类型为AVI。

（3）在"导出Windows AVI"对话框中设置尺寸为320×233像素，视频格式为"24位彩色"，声音格式为"11kHz 8位立体声"，如图9-22所示。

（4）单击"确定"按钮导出影片。

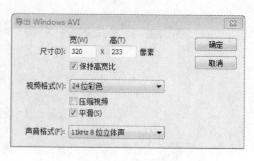

图9-22 设置AVI影片导出选项

9.3 综合应用

【例9-9】 古诗朗诵——梅花。

（1）打开例5-10制作的"5-10古诗梅花.fla"文件。

（2）执行"文件"→"导入"→"导入到库"命令，在"导入到库"对话框中打开声音文件"梅花三弄.MP3"和"梅花朗诵.MP3"，将背景音乐和朗诵语音导入到库。

（3）切换到"写字"场景，在引导线图层上方新建一个图层，命名为"背景音乐"。

（4）选择背景音乐图层第1帧，在"属性"面板的"声音"选项中设置名称为"梅花三弄.MP3"，同步方式为"开始"，如图9-23所示，为动画添加背景音乐。

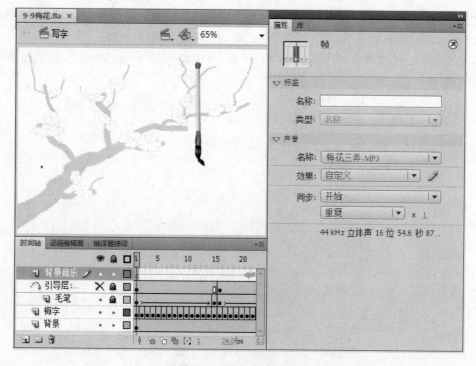

图9-23 添加背景音乐

（5）选择背景音乐图层第1帧，在"属性"面板"声音"选项的效果下拉列表框中选择"自定义"项，打开"编辑封套"对话框。

（6）在"编辑封套"对话框中单击"秒"按钮 ⊙ 。在两个声道中的直线上第10秒和第45秒位置单击，分别添加两个控制点。分别将两个声道直线上左侧控制点和右侧控制点拖动到窗口底部，再如图9-24所示，使背景音乐从开始到第10秒逐渐增强，从第45秒到结束逐渐减弱。

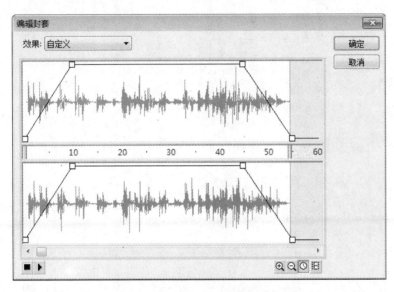

图9-24　制作背景音乐渐强渐弱效果

（7）切换到"梅花诗"场景。在图层3上方新建一个图层。

（8）选择图层4第1帧，在"属性"面板的"声音"选项中设置名称为"梅花朗诵.MP3"，同步方式为"数据流"，为动画添加朗诵语音。

（9）测试动画，可以听到朗诵的语音和动画不同步，而且由于朗诵部分时间轴长度比朗诵语音时间短，古诗朗诵没有播完就结束。

（10）在"梅花诗"场景中图层4第400帧插入帧，可见朗诵音频波形到第360帧结束。

（11）分别在背景图层、诗图层和图层3第400帧插入帧，使背景和古诗文字延续到第400帧。

（12）参考图层4中的波形，将图层3第1帧复制粘贴到第40帧，即朗读音频即将开始的位置，并清除第1～第40帧之间的形状补间，如图9-25所示。

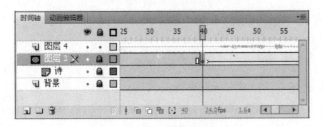

图9-25　改变遮罩动画开始帧

（13）参考图层 4 中的波形，拖动图层 3 第 200 帧，将其移动到第 360 帧，即朗诵音频结束的位置。

（14）测试动画，可以听到在播放背景音乐的同时，古诗朗诵音频与古诗文字同步播放。

（15）双击"库"面板中的"梅花三弄. MP3"文件，在"声音属性"对话框中设置压缩为 MP3，取消"使用导入的 MP3 品质"复选框，将比特率设置为 48kbps，品质为快速，如图 9-26 所示。

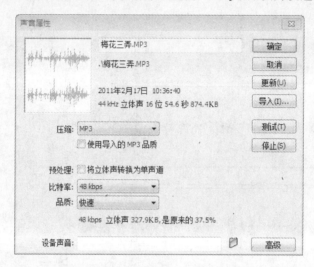

图 9-26 设置"梅花三弄. MP3"声音属性

（16）双击"库"面板中的"梅花朗诵. MP3"文件，在"声音属性"对话框中设置压缩为语音，设置采样率为 44kHz，如图 9-27 所示。

图 9-27 设置"梅花朗诵. MP3"声音属性

（17）保存并发布影片。

（18）执行"文件"→"导出"→"导出影片"命令，在"导出影片"对话框中设置保存类型为 AVI。在"导出 Windows AVI"对话框中设置尺寸为 550×450 像素，视频格式为"24 位彩色"，声音格式为"11kHz 8 位立体声"，将动画导出为视频文件。

9.4 本章小结

本章介绍在 Flash 动画导入声音和视频的方法。声音可以添加到时间轴的关键帧上，有"事件"、"开始"、"停止"、"数据流"等多种同步方式，要根据影片需要进行选择。导入到 Flash 中的声音可以进行简单编辑处理，在发布文件之前可以根据需要设置声音的压缩选项。Flash 支持导入本地计算机或网上的视频文件，也可以根据作品需要选择合适的视频播放方式。学会在动画中使用声音、视频等多媒体文件，可以使创建的 Flash 动画更加丰富多彩。

上机练习

（1）为第 6 章上机练习中的多架纸飞机飞过动画添加背景音乐，设置音乐淡入淡出音效。使用麦克风录制以下小诗并添加到动画中。

> 纸飞机
> 轻轻的纸飞机，
> 真想骑着你，
> 载我向那高处飞，
> 飞往一处桃源地。

（2）选择一段歌曲设计对应动画，要求能同步显示歌词。

（3）拍摄一段校园风光视频，将其分别以嵌入式视频方式和使用回放组件方式导入到 Flash 中，并发布为 Flash 影片，观察两种导入方式的区别。

第 10 章

使用ActionScript 3.0编程

动作脚本(ActionScript, AS),是一种辅助动画设计的面向对象的编程语言。与其他编程语言一样,ActionScript 拥有自己的常用术语及语法规则。使用 ActionScript 可以改变播放流程,控制动画中的元件,制作精彩游戏,实现网页链接、数据处理等,从而实现丰富的交互效果和动画特效。

10.1 ActionScript 3.0 基础

10.1.1 ActionScript 3.0 概述

1997 年,Flash 的早期版本(Flash2.0)引入通过脚本语言控制动画的功能,只不过嵌入 Flash 动画的脚本并没有统一的名字,只是一种类似于 JavaScript 的简单脚本语言,通过如 play、stop 等函数控制影片的播放和停止。

随着时间的推移,这种简单脚本语言功能不断扩充,如声明变量、编写循环和条件语句等。直到 2000 年,在 Flash5.0 中这种脚本语言被命名为 ActionScript 1.0。到 2002 年发布的 Flash MX 为止,ActionScript 已经发展成为一种完善的面向过程的脚本语言。

在 2003 年发布的 Flash MX2004 中,ActionScript 进行了进一步的升级和改进,推出了 ActionScript 2.0。ActionScript 2.0 中重新编写了代码的规范,增强了对流媒体和网络程序的处理,引入了部分面向对象编程的概念。

2006 年发布的 ActionScript 3.0 已经具备完全的面向对象编程的特征,所有代码都基于类——对象——实例模式,拥有更可靠的编程模型。

Flash CS3 和 Flash CS4 以 ActionScript 3.0 作为默认的动画脚本语言,重新设计了命名空间的结构,增强了对面向对象的支持,并在 Flash Player 9 中增加了一个新的高度优化的 ActionScript 虚拟机 AVM2,大大超过了 AVM1 可能达到的性能,执行 ActionScript 3.0 代码的速度比早期的 ActionScript 代码快 10 倍。

随着 Flash CS4 的发行,以及 ActionScript 3.0 的不断完善,越来越多的企业开始构建以 ActionScript 3.0 为核心的网络应用和桌面应用。

另外,Flash CS4 的 ActionScript 3.0 还增强了音频类,使 Flash 可以动态地输出音频,为 Flash 的多媒体应用提供了更广泛的空间。

10.1.2 动作面板的使用

"动作"面板是编写 ActionScript 3.0 程序的工作环境。

在 Flash CS4 中,新建或打开一个 Flash 文件(ActionScript 3.0)后,执行"窗口"→"动作"命令或按 F9 键即可打开"动作"面板。

"动作"面板由以下几个部分组成,如图 10-1 所示。

- 脚本窗格:脚本窗格位于动作面板右边,这里是显示和编辑 ActionScript 语句的地方,又称作 ActionScript 编辑器。
- 动作工具箱窗格:动作工具箱窗格位于动作面板左上角,提供 ActionScript 所有的包、类、属性和方法列表。用户可以根据程序编写的需要,自行选择相应的语言元素。除此之外,也可以单击脚本窗格上方的 按钮,取得所有 actions 指令。
- 脚本导航器窗格:脚本导航器窗格位于动作面板左下角,提供当前编辑的代码位置以及影片中所有代码的位置列表。
- 弹出菜单:单击位于动作面板右上角的弹出菜单按钮,即弹出有关脚本编辑器的选项菜单,可以对动作面板进行设置。

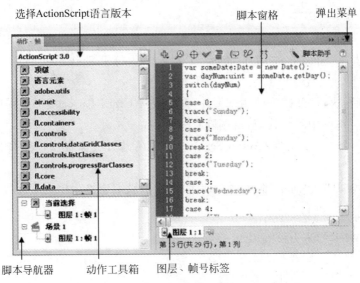

图 10-1 "动作"面板

在脚本窗格的上部,有"动作"面板工具栏,可以更好地使用"动作"面板,当鼠标停留在工具栏的某个按钮上时,会显示按钮名称。"动作"面板工具栏如图 10-2 所示。

图 10-2 "动作"面板工具栏

- 添加脚本：选取 actions 指令后在脚本窗格中添加。
- 查找：查找和替换当前代码中的内容。
- 插入目标路径：将实例名称以及地址添加到脚本中。
- 语法检查：对脚本进行语法检查。
- 自动套用格式：对已插入的代码进行格式化。
- 显示代码提示：在添加脚本的时候劲旅系统显示下一步的代码提示。
- 调试选项：对某行添加断点或测试断点，使得 Flash 程序执行到此处时暂停。
- 脚本助手：相当于早期版本的标准模式，以输入框和选项的形式提示输入的语言元素，适合于初学者。
- 脚本参考：显示相关的帮助信息。

10.1.3　书写代码

1. 代码的位置

Flash 文件中有两个地方可以放置 ActionScript 代码，在帧中编写代码或是在外部类文件中编写代码。

1) 在帧中编写代码

在帧中编写代码是常见的代码编写方法。编写时选中主时间轴上或者影片剪辑中的某一个帧，执行"窗口"→"动作"命令或按 F9 键，打开动作面板后，在脚本窗格输入代码。

输入代码后，执行"调试"→"测试影片"命令或按 Ctrl＋Enter 键测试程序。

【例 10-1】　在帧中编写代码，绘制随机线条。

(1) 新建一个 Flash 文件（ActionScript 3.0），在"属性"面板中设置舞台大小为 300×300 像素。

(2) 执行"窗口"→"动作"命令，在"动作"面板的脚本窗格中输入下列代码：

```
import flash.display.Sprite;
graphics.lineStyle(1,0,1);
for (var i:int = 0; i < 30; i++) {
  graphics.lineTo(Math.random() * 280, Math.random() * 280);
}
```

(3) 测试程序，程序运行结果如图 10-3 所示。

2) 在外部类文件中编写代码

Flash CS4 中用外部类文件方法创建动作脚本需要两个文件，一个是文档类 as 文件；另一个是 fla 文件。两个文件名要一致，并且保存在同一个目录下。在 fla 文件的"属性"面板中，应在"类"文本框中输入 as 文件中的类名称（类名称与文件名要保持一致）。类名称设置如图 10-4 所示。

注意：如果类在一个包中，则需要输入完整的包路径。

【例 10-2】　在外部类文件中编写代码，绘制随机线条。

(1) 新建一个 ActionScript 文件。

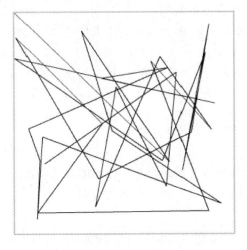

图 10-3 随机线条

图 10-4 类名称设置

（2）在代码窗口中输入如下代码：

```
package {
    import flash.display.Sprite;
    public class S1 extends Sprite {
        public function S1() {
            graphics.lineStyle(1,0,1);
            for (var i:int = 0; i < 30; i++) {
                graphics.lineTo(Math.random() * 280,Math.random() * 280);
            }
        }
    }
}
```

（3）将文件保存为 S1.as。

（4）新建一个 Flash 文件（ActionScript 3.0），设置文件尺寸为 300×300 像素，在"属性"面板的"类"输入框中输入 as 文件中的类名称 S1，在与 S1.as 同一文件夹下保存 fla 文件。

（5）测试影片，影片运行结果与例 10-1 相同，窗口中出现 30 根随机线条。

2. 书写规则

和其他程序设计语言类似，ActionScript 3.0 在进行程序设计的时候具有一定的书写规范，以便于阅读。下面列举了几条主要规则：

1）区分字母的大小写

ActionScript 3.0 是一种区分大小写的语言。只是大小写不同的标识符会被视为不同。例如，下面的代码定义了两个不同的变量 num1 和 Num1：

```
var num1:int;
var Num1:int;
```

2）分号（；）

一般使用分号（；）来终止语句。

如果省略分号,则编译器默认每一行代码代表一条语句。

使用分号终止语句也可以在一行中放置多个语句,但是这样会降低代码的可读性。

3)冒号(:)

使用冒号为变量指定数据类型,例如,要定义一个字符型变量,可以用这样的代码:

```
var s1:String = "Welcome!"
```

其中,s1为变量名,后面紧跟":",然后是数据类型说明 String。

4)在代码中添加注释

使用注释是一个良好的编程习惯,通过注释可以帮助用户理解代码的含义和作用,或在调试程序时禁止执行某些有可能出现问题的代码,有利于程序的维护和调试。

在 ActionScript 3.0 中,注释分为单行注释和多行注释两种。

单行注释以两个正斜杠字符(//)开头并持续到该行的末尾。例如,下面的代码包含一个单行注释:

```
var someNumber:Number = 3;           // 单行注释
```

单行注释也可单独放在一行。

多行注释以一个正斜杠和一个星号(/*)开头,以一个星号和一个正斜杠(*/)结尾。例如,下面的代码包含一个多行注释:

```
/* 这是一个可以跨
多行代码的多行注释. */
```

编译器编译时将忽略标记为注释的文本。

3. 输出消息

随着程序功能日益强大,编写程序,调试程序的难度也越来越大。在调试程序的过程中,根据程序输出的各种消息可以帮助程序员寻找错误,检查程序因错误而中断的位置。在 ActionScript 3.0 中,可以调用 trace() 方法输出各种消息。

trace()方法的一般形式为:

trace(参数 1,参数 2,…参数 n);

trace()方法将传递给它的任何参数的值(变量或文本表达式)写入"输出"面板。

trace()方法调用可以采用多个参数,这些参数排列在一起,组成一个输出行。每个 trace()调用的末尾添加了换行符,因此每个 trace() 调用将在单独的行中输出。

【**例 10-3**】 用 trace 方法输出"欢迎使用 ActionScript 3.0"。

(1)新建一个 Flash 文件(ActionScript 3.0)。

(2)在"动作"面板的脚本窗格中输入下列代码:

```
trace("欢迎使用 ActionScript 3.0")
```

(3)测试程序,在"输出"面板中显示文字,如图 10-5 所示。

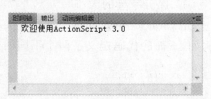

图 10-5　trace 方法输出

10.2 编程基础

作为一种编程语言，ActionScript 3.0 拥有自己的常量、变量和数据类型，下面分别加以介绍。

10.2.1 变量和常量

计算机所处理的数据，必须先装入内存。在高级语言中，需要将存放数据的内存单元命名，通过内存单元的名字来访问其中的数据。被命名的存储单元就是常量或变量。对于常量，在程序运行期间，其内存单元中存放的数据始终不能改变。对于变量，在程序运行期间，其内存单元中存放的数据可以根据需要随时改变。

1. 常量和变量的命名规则

在 ActionScript 3.0 中，常量或变量的命名必须遵循以下规则：

- 变量名的字符由英文字母、汉字、数字、美元符号以及下划线组成，而且第一个字母不能为数字。
- 区分常量名和变量名的大小写，如 NUM1 与 num1 是两个不同的变量名。
- 不能使用保留关键字，表 10-1 所示为 AS3.0 中部分保留关键字。

表 10-1 部分保留关键字列表

break	dynamic	import
case	final	include
continue	internal	use namespace
default	native	
do..while	override	class
else	private	const
for	protected	extends
for..in	public	function
for each..in	static	get
if		implements
label	false	interface
return	null	namespace
super	this	package
switch	true	set
throw		var
try..catch..finally		
while		
with		

2. 变量

变量是在程序运行过程中可以被修改的量。

在使用变量前，一般必须先声明变量名及其数据类型，以便系统为它分配存储单元。

在 ActionScript 3.0 中，使用 var 语句声明变量，其语法格式为：

var 变量名:数据类型[= 值]

例如：

```
var x1:Number;
```

在本例中，指示计算机创建一个名为 x1 的变量，该变量仅保存 Number 数据（Number是在 ActionScript 3.0 中定义的一种特定数据类型）。也可以立即在变量中存储一个值，例如：

```
var x2:Number = 8;
```

在声明变量时，可以用一个 var 关键字声明多个变量，变量之间用","分隔。例如：

```
var x3:int = 5,x4:String = "FLASH";
```

3. 常量

常量是在程序运行中值不变的量。

除了在程序中直接使用常数这种特殊的常量外，亦可以自定义常量，其语法格式为：

const 常量名：数据类型 = 值

例如：

```
const pi: Number = 3.14
```

常量包括数值型、字符型和逻辑型三种类型。

- 数值型常量：该类常量是具体的数值，如 3，5 等。
- 字符型常量：由两端加单引号或双引号的若干字符组成，如"Flash"、" ActionScript"等。
- 逻辑型常量：用于判断条件是否成立，成立为真，用 True 或非 0 值表示，不成立为假，用 False 或 0 表示。该类常量又叫做布尔型常量。

10.2.2　数据类型

数据类型指明一个变量可以存储的信息种类。

在 ActionScript 3.0 中，常用数据类型包括字符型、数值型、布尔型等。

1. 字符型

字符型数据由英文字母、汉字、符号组成。使用时需在两边加上双引号或单引号括起来。字符串在内部存储为 Unicode 字符，并使用 UTF-16 格式。字符串是不可改变的值。

用字符型声明的变量的默认值是 null。

注意：虽然 null 值与空字符串（""）均表示没有任何字符，但两者并不相同。Null 表示没有实例化的字符型数据，而空字符串（""）则表示已经实例化但没有值内容的字符型数据。

两个或更多的字符型数据可以用加号"＋"连接在一起，组成一个新字符串。例如，"123"＋"456"组成一个新字符串"123456"。

2. 数值型

该类数据是具有数学意义的数，可用数学运算符对其进行处理。ActionScript 3.0 包含以下三种特定的数值数据：

(1) int：表示一个整数，其值介于 -2147483648（-2^{31}）～2147483647（$2^{31}-1$）。int 数据类型的变量的默认值是 0。

(2) Number：Number 数据类型可以表示整数、无符号整数和浮点数。

Number 类型可以表示的最大值和最小值存储在 Number 类的名为 Number.MAX_VALUE 和 Number.MIN_VALUE 的静态属性中。

Number.MAX_VALUE == 1.79769313486231e+308

Number.MIN_VALUE == 4.940656458412467e-324

Number 类型的变量的默认值为 NaN，NaN 是一个由 IEEE 754 标准定义的特殊值，它表示非数字的某个值。

任何运算应返回数字却没有返回数字时其结果也为 NaN。例如，计算负数的平方根，结果将是 NaN。

其他特殊的 Number 值包括正无穷大和负无穷大。

注意：在被 0 除时，如果被除数也是 0，则结果只有一个，那就是 NaN。在被 0 除时，如果被除数是正数，则结果为"正无穷大"；如果被除数是负数，则结果为"负无穷大"。

(3) uint：一个无符号整数，即不能为负数的整数。

uint 包含的整数集介于 0～4294967295（$2^{32}-1$）。

uint 数据类型可用于要求非负整数的特殊情形。例如，必须使用 uint 数据类型来表示像素颜色值，因为 int 数据类型有一个内部符号位，该符号位并不适合处理颜色值。

uint 数据类型的变量的默认值是 0。

3. 布尔型

布尔型（boolean）数据包含两个值：true 和 false。对于 Boolean 类型的变量，其他任何值都是无效的。已经声明但尚未初始化的布尔变量的默认值是 false。

4. Null 数据类型

Null 数据类型仅包含一个值：null。这是 String 数据类型和用来定义复杂数据类型的所有类（包括 Object 类）的默认值。其他基本数据类型（如 Boolean、Number、int 和 uint）均不包含 null 值。

5. void 数据类型

void 数据类型仅包含一个值：undefined。在早期的 ActionScript 版本中，undefined 是 Object 类实例的默认值。在 ActionScript 3.0 中，Object 实例的默认值是 null。只能为无类型变量赋予 undefined 值。无类型变量是指缺乏类型注释或使用星号（*）作为类型注释的变量。可以将 void 只用作返回类型注释。

6. Object 数据类型

在 ActionScript 3.0 中，将所有的变量都看做对象，同时也将所有的对象视为变量。因此，Flash 中的影片剪辑、图形、组件等对象事实上都分别有其各自的数据类型，这些数据类型统称为 Object 数据。

表 10-2 所示为不同数据类型变量的默认值。

表 10-2　不同数据类型变量的默认值

数 据 类 型	默 认 值
Boolean	false
Int	0
Number	NaN
Object	null
String	null
uint	0
未声明(与类型注释 * 等效)	undefined
其他所有类(包括用户定义的类)	null

10.2.3　类和对象

ActionScript 3.0 是一种面向对象的程序设计语言,程序设计中将对象作为程序的基本单元,将命令和数据封装修在其中,可以最大化地提高软件的重用性、灵活性和扩展性。面向程序设计中的每个对象都应该能够接受数据、处理数据并将数据传达给其他对象。类和对象是面向对象编程语言中的重要组成部分。

1. 类

类(class)定义了一组事物的抽象特征,包括事物的各种基本性质(属性)和功能(也叫做方法)。

可以使用 class 关键字来定义自己的类。在方法声明中,可通过以下三种方法来声明类属性(property):用 const 关键字定义常量,用 var 关键字定义变量,用 get 和 set 属性(attribute)定义 getter 和 setter 属性。可以用 function 关键字来声明方法。

可使用 new 运算符来创建类的实例。下面的示例创建 Bitmap 类的一个名为 myBitmap 的实例:

```
var myBitmap:Bitmap = new Bitmap();
```

2. 对象

ActionScript 3.0 将所有的事物都看作是对象(object),包括程序中的变量、常量、方法,甚至类和包,以及影片中的声音、文本、图像、视频、组件等。

每个对象都是由类定义的,对象是某个类的具体实例,在将类实例化为具体的对象后,即可通过对象调用类的各种常量、属性或方法。一个类可以实例化多个实例名称不同的对象,各对象间互不干扰。

对象实例化的一般形式为:

var 实例名: 类名 = new 类名();

例如,下面语句定义了一个影片剪辑(MovieClip)类的新对象 newMC:

```
var newMC: MovieClip = new MovieClip();
```

当一个对象在程序执行过程中发生了改变,可以对其进行重新实例化,使其返回初始的值,这一过程又被称作"初始化"。

3. 包

下面的示例使用 package 指令来创建一个包含单个类的简单包：

```
package Exam{
    public class ExamCode {
        public var str:String;
        public function sFun() {
            trace(str + "in ActionScript 3.0 ");
        }
    }
}
```

在上面的指令中，类的名称是 ExamCode。由于该类位于 Exam 包中，因此编译器在编译时会自动将其类名称限定为完全限定名称——Exam. ExamCode。编译器还限定属性或方法的名称，str 和 sFun ()分别变成 Exam. ExamCode. str 和 Exam. ExamCode. sFun ()。

ActionScript 3.0 不但支持将类放在包的顶级，而且还支持将变量、函数甚至语句放在包的顶级。但是，在包的顶级只允许使用两个访问说明符——public 和 internal。

注意：ActionScript 3.0 不支持嵌套类也不支持私有类。

ActionScript 3.0 中完全限定的包引用点运算符（.）表示。可以用包将代码组织成直观的分层结构，以供其他程序员使用。这样，就可以将自己所创建的包与他人共享，还可以在自己的代码中使用他人创建的包，从而推动了代码共享。

使用包还有助于确保所使用的标识符名称是唯一的，而且不与其他标识符名称冲突。还可以在包名称中嵌入点来创建嵌套包，这样就可以创建包的分层结构。

如果希望使用位于某个包内部的特定类，则必须导入该包或该类。这与 ActionScript 2.0 不同，在 ActionScript 2.0 中，类的导入是可选的。

以前面的 ExamCode 类示例为例。如果该类位于名为 Exam 的包中，那么在使用 ExamCode 类之前，必须使用下列导入语句之一：

```
import Exam. * ;
```

或

```
import Exam.ExamCode;
```

通常，import 语句越具体越好。如果只打算使用 Exam 包中的 ExamCode 类，则应只导入 ExamCode 类，而不应导入该类所属的整个包。导入整个包可能会导致意外的名称冲突。

还必须将定义包或类的源代码放在类路径内部。类路径是用户定义的本地目录路径列表，它决定了编译器将在何处搜索导入的包和类。类路径有时称为"生成路径"或"源路径"。

在正确地导入类或包之后，可以使用类的完全限定名称（Exam. ExamCode），也可以只使用类名称本身（ExamCode）。

注意：如果使用标识符名称时，没有先导入相应的包或类，编译器将找不到类定义。另一方面，即便导入了包或类，只要尝试定义的名称与所导入的名称冲突，也会产生错误。

10.2.4　运算符

运算符是表示实现某种运算的符号。按照功能的不同,可分为数值运算符、关系运算符、逻辑运算符、按位运算符等。

1. 数值运算符

数值运算符用于对数值进行加、减、乘、除和其他数学运算,如表 10-3 所示(设 a 的值为 3)。

表 10-3　数值运算符

运　算　符	含　义	优　先　级	示　例	结　果
++	自加	1	a++	4
——	自减	1	a——	2
*	乘	2	a*a*a	27
/	除	2	10/a	3.33333333333333
%	取余数	2	10 % a	1
+	加	3	10+a	13
—	减	3	10—a	7

注意:

(1)"—"运算符在单目运算(单个操作数)中作取负号运算,在双目运算(两个操作数)中作算术减运算;

(2)算术运算符两边的操作数应是数值型,若是逻辑型,则自动转换成数值型后再运算;若有一个是数字字符,则视作字符型数据连接成新字符串。

例如:

```
20 - True        '结果为 19,逻辑值 True 转换为数值 1,False 转换为数值 0
10 + "9"         '结果为 109
```

2. 关系运算符

关系运算符用来对两个相同类型的表达式或变量进行比较,其结果是一个逻辑值,即 True 和 False。关系运算符具有相同的优先级,运算规律如表 10-4 所示。

在比较时应注意以下规则:

(1)如果两个操作数都是数值型,则按其大小比较。

(2)如果两个操作数都是字符型,则按字符的 ASCII 码值从左到右逐一比较。

表 10-4　关系运算符

运　算　符	含　义	示　例	结　果
>	大于	"ABCDE" > "ABR"	False
>=	大于等于	"bc" >= "ab"	False
<	小于	23 < 3	False
<=	小于等于	"23" <= "3"	True

3. 逻辑运算符

逻辑运算又称布尔运算,除 Not 是单目运算符外,其余都是双目运算符,结果是逻辑值 True 或 False。逻辑运算规律和优先级如表 10-5 所示(表中 T 表示 True,F 表示 False)。

表 10-5　逻辑运算符

运算符	含义	优先级	说　明	示例	结果
!	逻辑非	1	当操作数为假时,结果为真	! F	T
			当操作数为真时,结果为假	! T	F
&&	逻辑与	2	两个操作数均为真时,结果才为真	T && T	T
				T && F	F
				F && T	F
				F && F	F
||	逻辑或	3	两个操作数中有一个为真时,结果为真	T || T	T
				T || F	T
				F || T	T
				F || F	F

例如:

```
! (1 < 3)        ' 结果为 False
(5 >= 5) && (4 < 5 + 1)     ' 结果为 True
True || (x < y)     ' 结果为 True
```

4. 等于运算符

等于运算符有两个操作数,它比较两个操作数的值,然后返回一个布尔值。表 10-6 所示为所有等于运算符,它们具有相同的优先级。

5. 按位逻辑运算符

按位逻辑运算符有两个操作数,它执行位级别的逻辑运算。按位逻辑运算符具有不同的优先级;按优先级递减的顺序列出了按位逻辑运算符,如表 10-7 所示。

表 10-6　等于运算符

运　算　符	含　义
==	等于
!=	不等于
===	严格等于
!==	严格不等于

表 10-7 按位逻辑运算符

运　算　符	含　义
&	按位"与"
^	按位"异或"
|	按位"或"

6. 赋值运算符

赋值运算符有两个操作数,它根据一个操作数的值对另一个操作数进行赋值。所有赋值运算符,它们具有相同的优先级,如表 10-8 所示。

表 10-8　赋值运算符

运　算　符	含　义	运　算　符	含　义
=	赋值	<<=	按位向左移位赋值
*=	乘法赋值	>>=	按位向右移位赋值
/=	除法赋值	>>>=	按位无符号向右移位赋值
%=	求模赋值	&=	按位"与"赋值
+=	加法赋值	^=	按位"异或"赋值
-=	减法赋值	|=	按位"或"赋值

10.2.5　点语法

在 ActionScript 3.0 中,点操作符(.)用于访问一个对象的属性或方法使用点语法,可以使用后跟点运算符和属性名或方法名的实例名来引用类的属性或方法。

例如:以下面的类定义为例。

```
public class ExamCode{
  public var str:String;
  public function sFun(){
    trace(str + "in ActionScript 3.0 ");
  }
}
```

借助于点语法,可以使用在如下代码中创建的实例名来访问 str 和 sFun()方法:

```
var myExam1:ExamCode = new ExamCode();
myExam1.str = "Flash"
myExam1.sFun();
```

定义包时,可以使用点语法。也以使用点运算符来引用嵌套包。

例如,TextFormat 类位于一个名为 text 的包中,该包嵌套在名为 flash 的包中。可以使用下面的表达式来引用 text 包:

```
flash.text
```

还可以使用下面表达式来引用 TextFormat 类:

```
flash.text.TextFormat
```

10.2.6　程序流程控制

ActionScript 3.0 语言遵循了结构化程序设计方法,具有三种基本结构:顺序结构、选择结构和循环结构。

顺序结构的程序段从上往下逐句依次执行,一般用于对事件进行顺序处理。顺序结构的流程图如图 10-6(a)所示。

选择结构的程序段由 if 或 switch 语句构成,具有判断功能,对不同判断结果选择不同的程序段进行处理。选择结构的流程图如图 10-6(b)所示。

循环结构的程序段由 for 或 while 等循环语句构成,可以根据条件或次数重复执行某段程序,提高程序的效率。循环结构的流程图如图 10-6(c)所示。

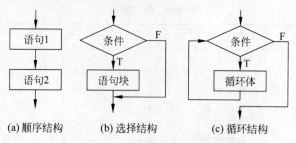

(a)顺序结构　　　(b)选择结构　　　(c)循环结构

图 10-6　三种基本程序结构流程图

1. if 语句

if 语句一般形式如下：

```
if (条件) {
    语句块
}
```

if 语句的执行过程是：当条件为真时，执行语句块中的若干语句，然后执行选择结构后的语句；若条件为假则越过语句块，直接执行选择结构后的语句。其流程如图 10-6(b) 所示。

条件中进行比较运算时，用比较运算符"＝＝"(两个等于号)来判断条件是否相等，不能用"＝"，"＝"是赋值运算符。

条件的值必定是布尔值，True 或 False，如果不是布尔值，则将""，0，undefined，null，NaN 等转换为 False，其他值转换为 True。

如果 if 语句有多个条件，可以用"＆＆"或"||"进行连接。"＆＆"表示"与"，即两个或多个条件成立时，执行大括号中的语句；"||"表示"或"，即两个或多个条件中有一个成立时，执行大括号中的语句。

如果 if 语句后面只有一条语句，可以省略大括号。例如，下面的代码不使用大括号：

```
if (x > 0)
    trace("x 大于 0");
```

等同于

```
if (x > 0) {
    trace("x 大于 0");
}
```

但是，建议不要省略大括号，这样程序的可读性更强，并且便于以后往选择结构中添加语句。

2. if…else 语句

if…else 语句一般形式如下：

```
if (条件) {
    语句块 1
}else{
    语句块 2
}
```

if…else 语句的执行过程是，当条件为真时，执行语句块 1 中的若干语句，再往下执行选择结构后的语句；当条件为假时，执行语句块 2 中的若干语句，再往下执行选择结构后的语句。其流程如图 10-7 所示。

例如，下面的代码测试 x1 的值是否为正数，如果是，则输出 x1>0，否则输出 x1<=0。

```
if (x1 > 0) {
```

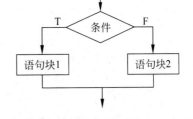

图 10-7 双分支选择结构程序流程图

```
    trace("x1 > 0");
} else {
    trace("x1 <= 0");
}
```

3. if…else if 语句

if…else if 语句一般形式如下：

```
if (条件 1) {
    语句块 1
}else if (条件 2){
    语句块 2
}
…
else if (条件 N){
    语句块 N
}
else{
    语句块 N+1
}
```

if…else if 语句的执行过程是,按照定义条件的顺序,依次执行各个条件对应的语句块。先进行条件 1 的判断,当条件 1 为真时,执行语句块 1 中的语句,当条件 1 为假时,进行条件 2 的判断,当条件 2 为真时,执行语句块 2 中的语句,当条件 2 为假时,进行条件 3 的判断,余者依此类推。其流程如图 10-8 所示。

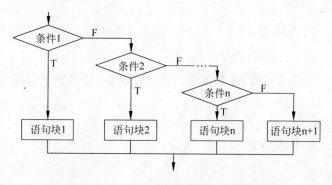

图 10-8　多分支选择结构程序流程图

if…else if 条件语句可以测试多个条件,控制更复杂的流程。例如,下面的代码测试 x 的值为正数、负数还是 0。

```
var x1:int;
x1 = 0;
if (x1 > 0) {
    trace("x1 为正数");
} else if (x1 < 0) {
    trace("x1 为负数");
} else {
    trace("x1 为 0");
}
```

4. 嵌套 if 语句

前面介绍的 if 语句可以实现同一级的条件判断,但如果需要进行多层次的条件判断,则需要将 if 语句嵌套使用。if 语句嵌套指的是在外层 if 语句的某分支的语句块中,又完整地包含着另一个 if 语句。

5. switch 语句

ActionScript 3.0 中,还可以用 switch 语句组成多分支的选择结构。如果多个执行路径依赖于同一个条件表达式,则 switch 语句非常有用,采用此种结构编程就更为简明直观,程序可读性更强。它的功能大致相当于一系列 if⋯else if 语句,不过 switch 语句不是对条件进行测试以获得布尔值,而是对表达式进行求值并使用计算结果来确定要执行的代码块。代码块以 case 语句开头,以 break 语句结尾。

switch 语句的一般形式如下:

```
switch(条件表达式){
  csae 表达式结果 1;
    语句块 1
  break;
  csae 表达式结果 2;
    语句块 2
  break;
    …
[default:
    语句块 n + 1 ]
}
```

例如,下面的 switch 语句基于由 Date.getDay 方法返回的日期值输出星期日期。

```
var someDate:Date = new Date();
var dayNum:uint = someDate.getDay();
switch (dayNum) {
    case 0 :
        trace("Sunday");
        break;
    case 1 :
        trace("Monday");
        break;
    case 2 :
        trace("Tuesday");
        break;
    case 3 :
        trace("Wednesday");
        break;
    case 4 :
        trace("Thursday");
        break;
    case 5 :
        trace("Friday");
        break;
    case 6 :
```

```
            trace("Saturday");
            break;
        default :
            trace("请输入 0 到 6 之间的整数");
    }
```

6. for 循环

for 循环语句一般形式如下：

```
for (初始表达式;条件表达式;递增递减表达式){
    语句块(循环体)
}
```

for 循环语句也称计数循环,用于使某程序段被重复执行给定次数。在实际编程时,若已知某段处理要重复若干次,就应用 for 循环结构来实现。

for 循环语句的执行过程如下：

① 循环变量取初值。

② 根据循环终止条件判断循环是否继续,如果是,执行循环体；否则,结束循环,执行循环结构后的下一句语句。

③ 循环变量根据递增递减表达式变化,转步骤②,继续循环。

其流程如图 10-9 所示。

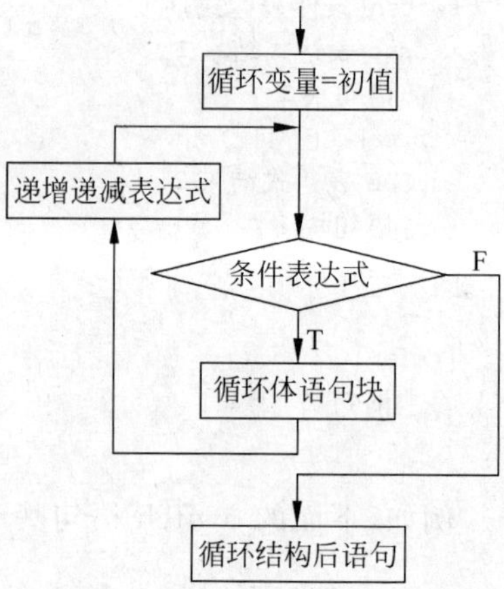

例如,求 1～100 所有自然数之和：

```
var i:int,sum:int;
for (i = 1; i <= 100; i++) {
    sum += i;
}
trace(sum);
```

图 10-9　for 循环程序流程图

7. while 语句

while 循环也称条件循环,由循环条件和循环体组成,只要条件为 true,循环体就会反复执行。while 语句的一般形式为：

```
while(条件){
    语句块(循环体)
}
```

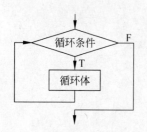

图 10-10　while 循环流程图

其流程如图 10-10 所示。

例如,求 1～100 所有自然数之和,下面的代码与 for 循环示例生成的输出结果相同。

```
var i:int,sum:int;
while (i <= 100) {
    sum += i;
    i++;
}
```

```
trace(sum);
```

使用 while 循环必须注意,必须在循环体中设置若没有用来递增或递减循环变量的表达式,循环将成为无限循环,也称为"死循环"。

注意:当循环条件不满足时,有可能一次也不执行循环体。

8. do…while 语句

do…while 循环也由循环条件和循环体组成,与 while 语句不同的是,do…while 语句的循环条件放置在循环体的后面,其一般形式为:

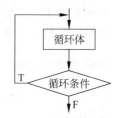

```
do{
    语句块(循环体)
}while(条件)
```

其流程图如图 10-11 所示。

图 10-11 do…while 循环流程图

注意:do…while 循环为先执行循环体后判断循环条件,哪怕循环条件不为 True 也至少执行一次循环体。

10.2.7 函数

函数是执行特定任务并可以在程序中重用的代码块。

在使用 ActionScript 编写程序时,经常需要将一段可重复使用的代码封装起来,在必要时重复调用。这种封装起来的代码称为函数。ActionScript 中的函数既可以有返回值,也可以无返回值。

1. 定义函数

定义函数的一般形式为:

```
function 函数名(参数 1:数据类型,参数 2:数据类型,…,参数 n:数据类型):函数数据类型{
语句块
return value;
}
```

说明:

- 函数命名规则与变量命名规则相同。
- 参数列表用逗号分隔。
- 每个参数都需要用冒号声明其数据类型。
- 用大括号括起来的函数体即在调用函数时要执行的 ActionScript 代码。
- return 为返回函数结果的关键词,如无返回结果可以省略。
- 若函数没有返回值,则其数据类型为 void。

2. 调用函数

调用函数时使用后跟小括号()的函数名。调用分为有参数的函数调用和无参数的函数调用两种情况。

如果要调用没有参数的函数,在函数名后面必须使用一对空的小括号。例如,若函数定义语句为:

```
function a():void {
    …
}
```

调用语句为:

```
a( );
```

如果要调用有参数的函数,在函数名后面的小括号中必须填写与函数定义语句中参数对应的调用参数。参数之间使用逗号","分隔。例如,若函数定义语句为:

```
function b(n:int):void {
    …
}
```

调用语句为:

```
b(10);
```

【例 10-4】 分别定义以下函数并调用:

* 求 1~100 所有自然数之和。
* 求 1~n 所有自然数之和。

(1) 新建一个 Flash 文件(ActionScript 3.0)。

(2) 在代码窗口中输入如下内容:

```
function sum100():void {              //定义函数计算 1~100 所有自然数之和
    var i:int,s:int;
    for (i = 1; i < = 100; i++) {
        s += i;
    }
    trace("前 100 个自然数之和为: " + s);
}

function sum(n:int):void {            //定义函数计算 1~n 所有自然数之和
    var i:int,s:int;
    for (i = 1; i < = n; i++) {
        s += i;
    }
    trace("前" + n + "个自然数之和为: " + s);
}
sum100( );                           //调用 sum100()函数
sum(10)                              //调用 sum()函数
```

输出结果如图 10-12 所示。

ActionScript 3.0 构建了一些无须链接外部类的全局函数。例如,输出消息的 trace 函数是 Flash Player API 中的顶级函数,可用于输出各种信息:

```
trace("输出消息帮助调试");
```

可以使用没有参数的 Math. random 方法生成一个

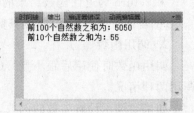

图 10-12 定义函数并调用

[0,1)之间的随机数：

```
var ran:Number = Math.random();
```

10.3　ActionScript 3.0 对影片剪辑元件的处理

10.3.1　影片剪辑元件

ActionScript 3.0 是一个面向对象编程的脚本语言。在 ActionScript 3.0 中，舞台（Stage）被视为影片的根，是最基本的对象。所有显示的元素，都必须居于舞台中，是舞台对象的子对象。

ActionScript 3.0 允许将一个或多个显示的元素放置在某一个对象中，这个对象叫做显示对象容器类（DisplayObjectContainer）的实例。舞台是典型的显示对象容器，影片剪辑元件（MovieClip）也是显示对象容器，类似的还有图像单元（Sprite）及图形元件（Shape）等。

所有显示到舞台中的元素称为显示对象类（DisplayObject）的实例。显示对象包括很多种。例如，影片剪辑元件（MovieClip）、位图（Bitmap）、视频（Video）、按钮元件（SimpleButton）等。

注意：在 ActionScript 的早期版本中，MovieClip 类是舞台上所有实例的基类。在 ActionScript 3.0 中，影片剪辑只是可以在屏幕上显示的众多显示对象中的一个。

Flash 利用时间轴来形象地表示动画或状态改变。任何使用时间轴的可视元素都必须是 MovieClip 对象或从 MovieClip 类扩展而来。尽管 ActionScript 可控制任何影片剪辑的停止、播放或转至时间轴上的另一点，但不能用于动态创建时间轴或在特定帧添加内容，这项工作仅能使用 Flash 创作工具完成。

10.3.2　MovicClip 对象的创建与处理

1. 创建 MovicClip 对象

只要在 Flash 中创建影片剪辑元件，Flash 就会将该元件添加到该 Flash 文档的库中。默认情况下，此元件会成为 MovieClip 类的一个实例，因此具有 MovieClip 类的属性和方法。

为了使元件可以在 ActionScript 中使用，必须指定为 ActionScript 导出该元件。

为 ActionScript 导出元件的步骤为：

（1）在"库"面板中选择该元件并打开其"元件属性"对话框。如图 10-13 所示。

（2）选中"为 ActionScript 导出"复选框，激活"类"和"基类"字段。默认情况下，"类"字段会用删除空格的元件名称填充，如名为 Tree House 的元件会变为 TreeHouse。若要指定该元件对其行为使用自定义类，请在此字段中输入该类的完整名称，包括它所在的包。如果希望能够在 ActionScript 中创建该元件的实例，但不需要添加任何其他行为，则可以使类名称保持原样。"基类"字段的值默认为 flash.display.MovieClip。如果想让元件扩展另一个自定义类的功能，可以指定该类的名称替代这一值，只要该类能够扩展 Sprite（或 MovieClip）类即可。

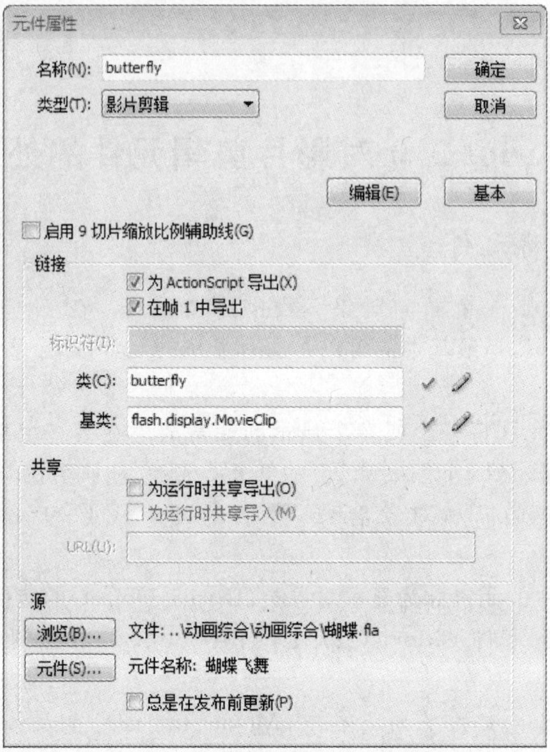

图 10-13　为 ActionScript 导出元件

（3）单击“确定”按钮保存所做的更改。此时，如果 Flash 找不到包含指定类的定义的外部 ActionScript 文件（例如，如果不需要为元件添加其他行为），将显示以下警告：

无法在类路径中找到对此类的定义，因此将在导出时自动在 SWF 文件中生成相应的定义。

如果库元件不需要超出 MovieClip 类功能的独特功能，则可以忽略此警告消息。

从第 6 章中了解到在 Flash 中创建影片剪辑实例的一个方法是将资源从库中拖放到舞台上。创建影片剪辑实例的另一个方法是以编程方式创建，这种方法具有多个优点：代码更易于重用、编译时速度加快，并可在 ActionScript 中进行更复杂的修改。

在 ActionScript 3.0 中，当以编程方式创建影片剪辑（或任何其他显示对象）实例时，只有通过对显示对象容器调用 addChild 或 addChildAt 方法将该实例添加到显示列表中后，才能在屏幕上看到该实例。

如果需要删除显示对象容器中的显示对象时使用 removeChild 或 removeChildAt 方法。

【例 10-5】　创建并显示影片剪辑实例。

（1）新建一个 Flash 文件（ActionScript 3.0）。

（2）导入素材文件夹“蝴蝶.fla”文件中蝴蝶飞舞影片剪辑元件，命名为 butterfly，并使用 ActionScript 导出。

（3）按 F9 键，在脚本窗格中输入下列代码：

```
var _butterfly:butterfly = new butterfly();
//创建影片剪辑实例_butterfly:
addChild(_butterfly);
//将影片剪辑实例加入到显示列表中
```

图 10-14 创建影片剪辑实例

（4）测试程序。

程序运行结果如图 10-14 所示。

2. 设置 MovicClip 对象位置

在将 MovicClip 对象添加到舞台之前，如果不设置 MovicClip 对象的位置，则 Flash 会为对象设置一个默认的位置，即 Flash 坐标轴的原点。可以通过设置 MovicClip 对象的 x 属性和 y 属性指定其显示位置。

设置 MovicClip 对象显示位置的一般形式为：

MovicClip 实例名.x = 水平坐标值;
MovicClip 实例名.y = 垂直坐标值;

【例 10-6】 在默认位置与指定位置显示影片剪辑实例。

（1）新建一个 Flash 文件（ActionScript 3.0），在"属性"面板中设置舞台大小为 300×300 像素。

（2）从素材文件夹"旋转按钮.fla"文件中导入影片剪辑元件旋转按钮，命名为 rButton，并使用 ActionScript 导出。

（3）按 F9 键，在脚本窗格中输入下列代码：

```
var rButton1:rButton = new rButton;      //创建实例 rButton1
var rButton2:rButton = new rButton;      //创建实例 rButton2
rButton2.x = 200;                        // 设置 rButton2 位置
rButton2.y = 200;
addChild(rButton1);                      // rButton1 加入到显示列表中
addChild(rButton2);                      // rButton2 加入到显示列表中
```

（4）测试程序，程序运行结果如图 10-15 所示。

3. 处理 MovieClip 对象

在发布 SWF 文件时，Flash 会将舞台上的所有影片剪辑元件实例转换为 MovieClip 对象。通过在属性检查器的"实例名称"字段中指定影片剪辑元件的实例名称，可以在 ActionScript 中使用该元件。在创建 SWF 文件时，Flash 会生成在舞台上创建该 MovieClip 实例的代码，并使用该实例名称声明一个变量。如果已经命名了嵌套在其他已命名影片剪辑内的影片剪辑，则这些子级影片剪辑将被视为父级影片剪辑的属性，可以使用点语法访问该子级影片剪辑。例如，如果

图 10-15 默认位置与指定位置的按钮

实例名称为 childClip 的影片剪辑嵌套在另一个实例名称为 parentClip 的剪辑内,则可以通过调用以下代码来播放子级剪辑的时间轴动画。

```
parentClip.childClip.play();
```

10.3.3　影片剪辑元件的播放与停止

MovieClip 在播放时将以 SWF 文件的帧速率的速度沿着其时间轴推进,也可以通过在 ActionScript 中设置 Stage.frameRate 属性来覆盖此设置。

1. 播放影片剪辑和停止回放

play 和 stop 方法允许对时间轴上的影片剪辑进行基本控制。例如,假设有一个影片剪辑元件 fan,其中包含一个动画,其实例名称设置为 fan1。如果将以下代码附加到主时间轴上的关键帧,将不播放该动画。

```
fan1.stop();
```

要播放动画可以通过一些其他的用户交互开始。例如,在舞台上放置两个按钮,其功能为单击名为 playButton 的按钮,播放该动画,单击 stopButton 按钮时停止该动画。

在以往的 AS2.0 中,可以直接在元件内加入代码,并进行控制。这种代码编写方式,虽然很方便,但是执行效率会比较低。

在 ActionScript 3.0 中,每个事件都由一个事件对象表示。事件对象是 Event 类或其某个子类的实例。事件对象不但存储有关特定事件的信息,还包含便于操作事件对象的方法。例如,当 Flash Player 检测到鼠标单击时,会创建一个事件对象(MouseEvent 类的实例)以表示该特定单击事件。创建事件对象之后,Flash Player 即"调度"该事件对象,这意味着将该事件对象传递给作为事件目标的对象。作为所调度事件对象的目标的对象称为"事件目标"。可以使用事件侦听器"侦听"代码中的事件对象。"事件侦听器"是您编写的用于响应特定事件的函数或方法。要确保您的程序响应事件,必须将事件侦听器添加到事件目标,或添加到作为事件对象事件流的一部分的任何显示列表对象。

无论何时编写事件侦听器代码,该代码都会采用以下基本结构:

```
function eventResponse(eventObject:EventType):void
{
// 此处是为响应事件而执行的动作.
}
eventTarget.addEventListener(EventType.EVENT_NAME,eventResponse);
```

此代码执行两个操作。首先,定义一个函数,这是指定为响应事件而执行的动作的方法。

接下来,调用源对象的 addEventListener 方法,实际上就是为指定事件"订阅"该函数,以便当该事件发生时,执行该函数的动作。当事件实际发生时,事件目标将检查其注册为事件侦听器的所有函数和方法的列表。然后,它依次调用每个对象,以将事件对象作为参数进行传递。

要使用 ActionScript 3.0 代码使按钮控制动画播放时,可以对两个按钮设置侦听器,使得单击 playButton 按钮时播放该动画,单击 stopButton 按钮时停止该动画。

【例 10-7】 用 play 和 stop 方法播放停止动画。

(1) 新建一个 Flash 文件(ActionScript 3.0),在"属性"面板中设置舞台大小为 700×400 像素。

(2) 从素材文件夹"扇.fla"文件中导入影片剪辑元件"扇",命名为"扇子",并使用 ActionScript 导出,拖放扇子到舞台上,产生一个实例并命名为 san1。

(3) 按 F9 键,在脚本窗格中输入下列代码:

```
san1.visible = false;        //开始时折扇不可见
san1.stop();                 //停止动画

function playAnimation(event:MouseEvent):void {
    san1.visible = true;     //让折扇可见
    san1.play();             //播放动画
}

playButton.addEventListener(MouseEvent.CLICK, playAnimation);
// 将播放函数注册为 play 按钮的侦听器.

function stopAnimation(event:MouseEvent):void {
    san1.stop();
}
stopButton.addEventListener(MouseEvent.CLICK,stopAnimation);
// 将停止函数注册为 stop 按钮的侦听器.
```

(4) 测试程序。程序运行结果如图 10-16 所示,两个按钮随时可以播放与停止动画。

图 10-16　播放与停止动画

2. 播放影片时前进和后退

在影片剪辑中,play 和 stop 方法并非是控制回放的唯一方法,也可以使用 nextFrame 和 prevFrame 方法手动向前或向后沿时间轴移动播放头。调用这两种方法中的任一方法均会停止回放并分别使播放头向前或向后移动一帧。

使用 play 方法类似于每次触发影片剪辑对象的 enterFrame 事件时调用 nextFrame。使用 prevFrame 方法,可以为 enterFrame 事件创建一个事件侦听器并在侦听器函数中让影片剪辑对象回到前一帧,若每次触发影片剪辑对象的 enterFrame 事件时调用 prevFrame(),导致影片剪辑从后向前播放,从而产生倒退等效果。

【例 10-8】 反向播放动画。

（1）打开例 10-7 建立的折扇控制动画，重新写入程序代码如下：

// 触发 enterFrame 事件时调用此函数，这意味着每帧调用一次该函数

```
function everyFrame(event:Event):void {
    if (san1.currentFrame == 1) {
        san1.gotoAndStop(fan1.totalFrames);
    } else {
        fan1.prevFrame();
    }
}
fan1.addEventListener(Event.ENTER_FRAME,everyFrame);
```

（2）测试程序，折扇从右向左展开。

3. 跳到不同帧和使用帧标签

时间轴上的任何帧都可以分配一个标签。选择时间轴上的某一帧，将其转换为关键帧，然后在属性检查器的"帧标签"字段中输入一个名称，则该帧的标签即为该名称。调用 gotoAndPlay() 或 gotoAndStop()时可使用编号或与帧标签名称匹配的字符串作为参数。将使影片剪辑跳到指定帧。

当创建复杂的影片剪辑时，使用帧标签比使用帧编号具有明显优势。当动画中的帧、图层和补间的数量变得很大时，应考虑给重要的帧加上具有解释性说明的标签来表示影片剪辑中的行为转换（例如"离开"、"行走"或"跑"）。这可提高代码的可读性，同时使代码更加灵活，因为转到指定帧的 ActionScript 调用是指向单一参考（"标签"而不是特定帧编号）的指针。如果以后决定将动画的特定片段移动到不同的帧，则无须更改 ActionScript 代码，只要将这些帧的相同标签保持在新位置即可。

例如，在例 10-7 中，希望在第 5 帧停止播放动画，在帧标签为 aa 的帧开始播放动画，可以用下面的程序代码实现：

```
fan1.stop();                          //停止动画
function playAnimation(event:MouseEvent):void {
    //让折扇可见
    san1.gotoAndPlay("aa");           //播放动画
}
//将该函数注册为按钮的侦听器
playButton.addEventListener(MouseEvent.CLICK,playAnimation);

function stopAnimation(event:MouseEvent):void {
    san1.gotoAndStop(5);
}
// 将该函数注册为按钮的侦听器
stopButton.addEventListener(MouseEvent.CLICK,stopAnimation);
```

10.3.4 加载外部 SWF

在 ActionScript 3.0 中，SWF 文件是使用 Loader 类来加载的。若要加载外部 SWF 文件，ActionScript 需要执行以下 4 个操作：

（1）用文件的 URL 创建一个新的 URLRequest 对象。

（2）创建一个新的 Loader 对象。

（3）调用 Loade 对象的 load 方法，并以参数形式传递 URLRequest 实例。

（4）对显示对象容器（如 Flash 文档的主时间轴）调用 addChild 方法，将 Loader 实例添加到显示列表中。如果计划使用 ActionScript 以某种方式与外部 SWF 文件通信，则在加载该外部 SWF 文件时，执行加载的 SWF 文件和被加载的 SWF 文件必须位于同一个安全区域中。另外，如果外部 SWF 文件包含了与执行加载的 SWF 文件中的类共享同一命名空间的类，需要为被加载的 SWF 文件创建新的应用程序域来避免命名空间冲突。

当成功加载外部 SWF 文件后，可通过 Loader.content 属性访问该文件。如果该外部 SWF 文件是针对 ActionScript 3.0 发布的，则加载的文件将为影片剪辑，具体取决于所扩展的类。

如果已使用早期版本的 ActionScript 发布了外部 SWF 文件，则需要考虑一些限制条件。与在 AVM2（ActionScript Virtual Machine 2）中运行的 ActionScript 3.0 SWF 文件不同，针对 ActionScript 1.0 或 2.0 发布的 SWF 文件在 AVM1（ActionScript VirtualMachine 1）中运行。成功加载 AVM1 SWF 文件后，已加载的对象（Loader.content 属性）将是 AVM1 Movie 对象。AVM1Movie 实例是显示对象，但不同于影片剪辑，它不包括与时间轴相关的方法或属性。父级 AVM2 SWF 文件将不能访问已加载的 AVM1 Movie 对象的属性、方法或对象。

通过指定图像文件的 URL 可以使用上述同样的过程加载外部图像文件，如 JPEG、GIF 或 PNG 图像。

10.4 ActionScript 3.0 对文本的处理

10.4.1 动态文本

在 Adobe Flash Player 中，若要在场景中显示文本，可以使用文本字段（TextField）类的实例。文本字段内容可以在 SWF 文件中预先指定、从外部源（如文本文件或数据库）中加载或由用户在与应用程序交互时输入。在文本字段内，文本可以显示为呈现的 HTML 内容，并可在其中嵌入图像。一旦建立了文本字段的实例，可以使用 flash.text 包中的类（如 TextFormat 类和 StyleSheet 类）来控制文本的外观。flash.text 包几乎包含与 ActionScript 中创建文本、管理文本及对文本进行格式设置有关的所有类。

文本字段中文本的类型根据其来源分为静态文本、动态文本和输入文本三种，其中静态文本，只能通过 Flash 创作工具来创建。关于静态文本请参看第三章。

动态文本包含从外部源（如文本文件、XML 文件以及远程 Web 服务）加载的内容。ActionScript 语句可以创建文本字段，动态文本的属性和值也可以通过 ActionScript 语句改变。

1. 创建文本字段

创建文本字段的步骤如下：

（1）导入 TextField 类，方法为：

`import flash.text.TextField;`

（2）创建新的 TextField 实例，方法为：

var 字段名:TextField = new TextField();

（3）将实例添加到显示列表中，方法为：

addChild(字段名);

创建文本字段后还可以通过 x,y 属性设置文本字段位置，通过 width、height 属性设置文本字段的长与宽，通过 border 属性，background 属性设置有否边框，是否有背景色，通过 borderColor,backgroundColor 属性确定边框，背景色的颜色。

【例 10-9】 创建并显示动态文本字段。

（1）新建一个 Flash 文件（ActionScript 3.0），在"属性"面板中设置舞台大小为 150×150 像素。

（2）按 F9 键，在"动作"面板的脚本窗格中输入下列代码：

```
import flash.text.TextField;              //导入 TextField 类
var myTextBox:TextField = new TextField();  //创建文本字段实例 myTextBox
var myText:String = "动态文本例1";
myTextBox.x = 80;                         //设置文本字段位置
myTextBox.y = 80;
myTextBox.border = true                   //文本字段添加边框
myTextBox.text = myText;                  //设置文本字段内容
addChild(myTextBox);                      //文本字段加入到显示列表中
```

（3）测试程序，程序运行结果如图 10-17 所示。

默认情况下，TextField 文本字段大小为 100×100 像素，可以通过设置 width 和 height 属性来定义文本字段的大小，在上例中增加语句：

```
myTextBox.height = 30
```

则程序运行结果如图 10-18 所示。

图 10-17　动态文本

图 10-18　100×30 像素文本字段

2. 创建并应用文本样式

默认情况下，Flash Player 显示的文本为 12px 的黑色宋体字。通过 TextFormat 类可以设置文本字段中文本的字体、字号、颜色等属性。

（1）在创建实例前，首先要导入 TextFormat 类，导入语句为：

```
import flash.text.TextFormat;
```

（2）创建新的 TextFormat 实例，方法为：

```
var 样式名:TextFormat = new TextFormat();
```

该函数对应部分参数为：

font：以字符串形式表示的文本字体名称。

size：一个指示点数值的整数。

color：使用此文本格式的文本的颜色，包含三个 8 位 RGB 颜色成分的数字。例如，0xFF0000 为红色，0x00FF00 为绿色。

bold：一个布尔值，指示文本是否为粗体字。

italic：一个布尔值，指示文本是否为斜体。

underline：一个布尔值，指示文本是否带有下划线。

url：使用此文本格式的文本超链接到的 URL。如果 url 为空字符串，则表示文本没有超链接。

align：段落的对齐方式，作为 TextFormatAlign 值。

（3）将文本样式应用到文本字段中，方法为：

```
字段名.setTextFormat(样式名);
```

【例 10-10】 创建并应用文本样式。

① 新建一个 Flash 文件（ActionScript 3.0），在"属性"面板中设置舞台大小为 100×300 像素。

② 按 F9 键，在脚本窗格中输入下列代码：

```
import flash.text.TextField;
import flash.text.TextFormat;
var myTextBox:TextField = new TextField();
myTextBox.text = "动态文本例 1";
var format1:TextFormat = new TextFormat();
format1.color = 0xFF0000;
format1.bold = true;
format1.font = "楷体_GB2312";
format1.size = "28";
myTextBox.width = 200;
myTextBox.setTextFormat(format1);
addChild(myTextBox);
```

③ 测试程序，程序运行结果如图 10-19 所示。

TextField.setTextFormat 方法只影响已显示在文本字段中的文本。如果 TextField 中的内容发生更改，则应用程序需要重新调用 TextField.setTextFormat 方法以便重新应用格式设置。也可以设置 TextField 对象的 defaultTextFormat 属性来指定要用于用户输入文本的格式。

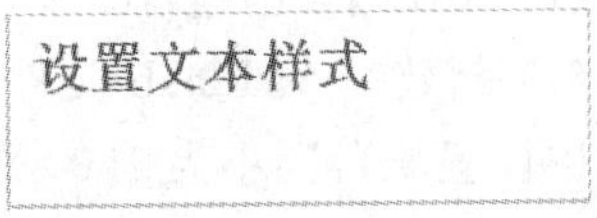

设置文本样式

图 10-19 创建并应用文本样式

10.4.2 输入文本

输入文本是指输入的任何文本或可以编辑的动态文本。可以设置样式表来设置输入文本的格式,或使用 flash.text.TextFormat 类为输入内容指定文本字段的属性。

默认情况下,文本字段的 type 属性设置为 dynamic,为不可编辑的动态文本字段。如果使用 TextFieldType 类将 type 属性设置为 input,此时文本字段称为输入文本字段,可以保存用户在文本字段中输入的值并在程序中使用。

设置 type 属性的方法为:

字段名.type = TextFieldType.INPUT;

或

字段名.type = "input";

设置 type 属性前,必须先导入 TextFieldType 类,方法为:

import flash.text.TextFieldType;

【例 10-11】 创建输入文本字段,并输入任意文本。

(1) 新建一个 Flash 文件(ActionScript 3.0),在"属性"面板中设置舞台大小为 150×150 像素。

(2) 按 F9 键,在"动作面板"的脚本窗格中输入下列代码:

```
import flash.text.TextField;
import flash.text.TextFieldType;             //导入 TextFieldType 类
var myTextBox:TextField = new TextField();
myTextBox.type = "input";                    //设置为输入文本字段
myTextBox.x = 30;
myTextBox.y = 30;
myTextBox.border = true
addChild(myTextBox);
```

(3) 测试程序,此时可在文本字段中输入文本,程序运行结果如图 10-20 所示。

输入文本时,出于信息保密的需要,有时需要屏蔽文本内容,如输入密码时。为了实现这个功能,设置文本字段的 displayAsPassword 属性值为真,则输入的字符被隐藏,对应位置显示星号。

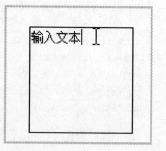

图 10-20　输入文本字段

【例 10-12】 创建输入文本字段,设置为密码文本字段。

(1) 新建一个 Flash 文件(ActionScript 3.0),在"属性"面板中设置舞台大小为 150×150 像素。

(2) 按 F9 键,在"动作"面板的脚本窗格中输入下列代码:

```
import flash.text.TextField;
import flash.text.TextFieldType;             //导入 TextFieldType 类
var myTextBox:TextField = new TextField();
```

```
myTextBox.type = "input";              //设置为输入文本字段
myTextBox.displayAsPassword = true
myTextBox.x = 30;
myTextBox.y = 30;
myTextBox .border = true;
addChild(myTextBox);
```

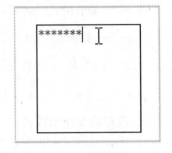

（3）测试程序，在文本字段中输入若干字符，程序运行结果如图 10-21 所示。

对于输入文本字段，可以设置 TextField 对象的 defaultTextFormat 属性来指定要用于输入文本的格式。

图 10-21　密码文本字段例

10.5　ActionScript 3.0 对图形图像的处理

10.5.1　图形处理常用对象

ActionScript 的 flash.display.Graphics 类提供了创建矢量图形（直线、曲线、形状、填充和渐变）的功能。如果要使用 Graphics 类的方法，需要创建 Shape、Sprite 或 MovieClip 的实例，因为每个 Shape、Sprite 和 MovieClip 对象都具有一个 Graphics 属性。

如果仅需绘制简单图形，可以使用 Shape 实例。Shape 实例的性能优于其他用于绘制的显示对象，因为它不会产生 Sprite 和 MovieClip 类中的附加功能的开销。如果希望绘制的图形内容具有交互功能，并且还希望该对象包含其他显示对象，则可以使用 Sprite 或 MovieClip 实例。

1. 设置线条样式

使用 Shape、Sprite 或 MovieClip 实例的 graphics 属性进行绘制前，必须先定义绘制时使用的样式（线条大小和颜色、填充颜色）。

创建纯色线条，使用 lineStyle 方法。该方法指定一种线条样式，随后调用对象的其他 Graphics 方法（如 lineTo 和 drawRect 方法等）将采用该线条样式，在未设置其他样式前，该样式一直有效。

lineStyle 方法的一般形式为：

```
对象名.graphics.lineStyle(thickness, color, alpha, pixelHinting, scaleMode, caps, joints,
miterLimit);
```

调用此方法时，最常用的值是前三个参数：线宽 thickness、颜色 color 和透明度 alpha。

其中，thickness 为一个整数，以像素为单位表示线条的粗细；有效值为 0～255。如果未指定数字，或者未定义该参数，则不绘制线条。如果传递的值小于 0，则默认值为 0。值 0 表示极细的线条；最大线宽为 255。如果传递的值大于 255，则默认值为 255。

color 为线条的十六进制颜色值（如红色为 0xFF0000，蓝色为 0x0000FF 等）。如果未指明值，则默认值为 0x000000（黑色）。

alpha 为表示线条颜色的 Alpha 值的数字；有效值为 0 到 1。如果未指明值，则默认值为 1（纯色）。如果值小于 0，则默认值为 0。如果值大于 1，则默认值为 1。

lineStyle 方法中还可以设置像素提示和缩放模式等额外参数，缺省时取其默认值。

在例 10-1 中设置线条样式为线宽 1 个像素、黑色、不透明，使用语句为：

```
graphics.lineStyle(1,0,1);
```

如果绘制线宽 10 个像素、黄色、80％不透明的线条，使用下面语句定义样式：

```
graphics.lineStyle(10,0xffff00,0.8);
```

2. 设置渐变线条样式

使用 lineGradientStyle 方法，可以创建渐变线条。lineGradientStyle 方法的一般形式为：

对 象 名. graphics. lineGradientStyle (type, colors, alphas, ratios, matrix, spreadMethod, interpolationMethod,focalPointRatio)

其中，前 4 个参数类型、颜色、Alpha 以及比率是必需的。

参数类型指定要创建的渐变类型。可接受的值是 GradientFill. LINEAR（线性渐变）或 GradientFill. RADIAL（放射状渐变）。

参数颜色指定要使用的颜色值的数组。在线性渐变中，将从左向右排列颜色。在放射状渐变中，将从内到外排列颜色。数组颜色的顺序表示在渐变中绘制颜色的顺序。

参数 Alpha 指定前一个参数中相应颜色的 Alpha 透明度值。

参数比率指定比率或每种颜色在渐变中的重要程度。可接受的值范围是 0～255。这些值并不表示任何宽度或高度，而是表示在渐变中的位置；0 表示渐变开始，255 表示渐变结束。

其余 4 个参数是可选的，但对于高级自定义非常有用。指定一种线条样式的渐变，该渐变将在随后对其他 Graphics 方法（如 lineTo()或 drawCircle()）的调用中用于进行绘制。

3. 绘制直线

Graphics 对象调用 lineTo 方法可以绘制一条直线，该直线从当前位置开始，到 lineTo 方法指定的两个参数坐标(x,y)结束。(x,y)成为新的当前位置。

lineTo 方法一般形式为：

```
graphics.lineTo(x,y);
```

X,Y 的单位为像素。

可以使用 Graphics 对象的 moveTo 方法定义绘制线条的起始位置。

moveTo 方法一般形式为：

```
graphics.moveTo(x,y);
```

ActionScript 中多次调用可以绘制出多边形图形，如三角形、矩形等。

【10-13】 用 lineTo 方法绘制三角形。

(1) 新建一个 Flash 文件（ActionScript 3.0），在"属性"面板中设置舞台大小为 200×200 像素。

(2) 按 F9 键，在"动作"面板的脚本窗格中输入下列代码：

```
graphics.lineStyle(2,0x0000ff,0.75);      //线宽 2 个像素、蓝色、75％ 不透明
graphics.moveTo(100,50);                  //设置三角形的第一个顶点
graphics.lineTo(50,150);                   //三角形第一条边
```

```
graphics.lineTo(150,150);                    //三角形第二条边
graphics.lineTo(100,50);                     //三角形第三条边
```

（3）测试程序，程序运行结果如图 10-22 所示。

4．绘制曲线

Graphics 对象使用 curveTo 方法绘制二次贝济埃曲线。调用 curveTo 方法时，将当前绘制位置作为起点绘制一个连接两个点（称为锚点）的弧，同时向第三个点（称为控制点）弯曲。curveTo 方法的一般形式为：

graphics.curveTo(控制点 x,控制点 y,锚点 x,锚点 y);

curveTo 方法的 4 个参数分别为：控制点的 x 和 y 坐标；第二个锚点的 x 和 y 坐标。控制点相当于是所绘曲线的起始点和结束点切线的交点。

与绘制直线相似，可以用 moveTo 方法确定曲线的起始位置。

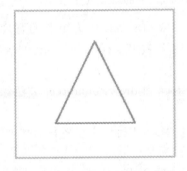
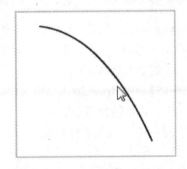

图 10-22　lineTo 方法画三角形　　　　图 10-23　绘制曲线

【例 10-14】 绘制一条曲线，从点（30,30）开始，到点（170,170）结束，控制点位于点（110,40）。

（1）新建一个 Flash 文件（ActionScript 3.0），在"属性"面板中设置舞台大小为 200×200 像素。

（2）按 F9 键，在"动作"面板的脚本窗格中输入下列代码：

```
graphics.lineStyle(2,0x0000ff);              //线宽 2 个像素、蓝色
graphics.moveTo(30,30);                      //设置起始位置
graphics.curveTo(110,40,170,170);           //通过控制点和第二个锚点画曲线
```

（3）测试程序，程序运行结果如图 10-23 所示。

5．绘制常用形状

ActionScript 3.0 中，使用 Graphics 类的 drawCircle、drawEllipse、drawRect 和 drawRoundRect 方法可以画圆、椭圆、矩形以及带圆角的矩形。这些方法可用于替代 lineTo 和 curveTo 方法，简化图形绘制的步骤。但要注意，在调用这些方法之前，仍需指定线条和填充样式。

（1）drawCircle 方法的一般形式为：

graphics.drawCircle(x,y,radius);

其中,x,y 分别为圆心的水平垂直坐标;radius 为半径。本方法以及下面几个方法中的参数均以像素为单位。

（2）drawEllipse 方法的一般形式为：

```
graphics.drawEllipse(x,y,xRadius,yRadius);
```

其中,x,y 分别为椭圆中心的水平垂直坐标;xRadius 为椭圆在 x 方向的半径;yRadius 为椭圆在 y 方向的半径。

（3）drawRect()方法的一般形式为：

```
graphics.drawRect(x,y,width,height);
```

其中,x,y 分别为矩形左上角的水平垂直坐标;width、height 为矩形的宽度和高度。

（4）drawRoundRect()方法的一般形式为：

```
graphics.drawRoundRect(x,y,width,height,ellipseWidth,ellipseHeight);
```

其中,x,y 分别为矩形左上角的水平垂直坐标；width、height 为矩形的宽度和高度；ellipseWidth、ellipseHeight 用于指定圆角的宽度和高度,ellipseHeight 的默认值与 ellipseWidth 的值相匹配。

【例 10-15】 用 drawCircle、drawEllipse、drawRect 和 drawRoundRect 方法绘制圆、椭圆、矩形以及带圆角的矩形。

（1）新建一个 Flash 文件（ActionScript 3.0）,在"属性"面板中设置舞台大小为 300×300 像素。

（2）按 F9 键,在"动作"面板的脚本窗格中输入下列代码：

```
graphics.lineStyle(2,0);                      //设置线宽为 2 个像素、黑色
graphics.drawCircle(80,80,50);                //画圆
graphics.drawEllipse(160,50,100,50);          //画椭圆
graphics.drawRect(30,170,100,100);            //画矩形
graphics.drawRoundRect(160,170,100,100,20.20) //画带圆角的矩形
```

（3）测试程序,程序运行结果如图 10-24 所示。

6. 设置填充样式

如果要对绘制的图形进行填充,可在开始绘制之前调用 beginFill、beginGradientFill 或 beginBitmapFill 方法来实现。

其中最基本的方法是 beginFill()。beginFill() 的一般形式为：

```
对象名.graphics.beginFill(Color,Alpha);
```

Color 为填充颜色,Alpha 为填充颜色的透明度(可选)。

例如,如果要绘制具有纯绿色填充的形状,应使用以下代码(假设在名为 myShape 的对象上

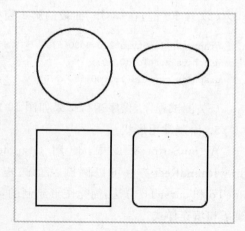

图 10-24　绘制常用图形

进行绘制）：

```
myShape.graphics.beginFill(0x00FF00);
```

注意：调用一种填充方法时，将结束以前定义的填充，然后再开始新的填充。

调用 endFill 方法来结束填充。如果绘制的形状没有闭合（换句话说，在调用 endFill 方法时，绘制点不在形状的起始点），调用 endFill 方法时，Flash Player 将自动绘制一条直线以闭合形状，该直线从当前绘制点到最近一次 moveTo() 调用中指定的位置。如果已开始填充并且没有调用 endFill()，调用 beginFill()（或其他填充方法之一）时，将关闭当前填充并开始新的填充。

【例 10-16】 填充图形。

（1）新建一个 Flash 文件（ActionScript 3.0），在"属性"面板中设置舞台大小为 300×300 像素。

（2）按 F9 键，在"动作"面板的脚本窗格中输入下列代码：

```
graphics.lineStyle(2,0);
graphics.beginFill(0x00FF00);               //设置绿色填充
graphics.drawCircle(80,80,50);              //画圆
graphics.beginFill(0xFFFF00);               //设置黄色填充
graphics.drawEllipse(160,50,100,50);        //画椭圆
graphics.beginFill(0xFF00FF);               //设置紫色填充
graphics.drawRect(30,170,100,100);          //画矩形
graphics.beginFill(0x0000FF);               //设置蓝色填充
graphics.drawRoundRect(160,170,100,100,20.20)  //画圆角矩形
graphics.endFill();                         //结束填充
```

（3）测试程序，程序运行结果如图 10-25 所示。

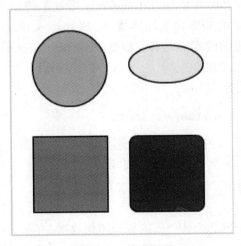

图 10-25 填充图形

10.5.2 图像处理的常用对象

计算机中处理数字图像时有两种主要的图形类型：位图和矢量。前面已经介绍了由以数学方式生成的几何形状（如直线、曲线和多边形）组成的矢量图形。接下来介绍位图图形。

位图图形也称为光栅图形，由排列为矩形网格形式的小方块（像素）组成。位图图像用图像的宽度和高度来定义，以像素为量度单位，每个像素包含的位数表示像素包含的颜色数。在使用 RGB 颜色模型的位图图像中，像素由三个字节组成：红、绿和蓝。每个字节包含一个 0～255 的值。如(255,0,0)表示红色,(0,0,0)表示黑色,(255,255,0)表示黄色。

位图图像的品质由图像分辨率和颜色深度位值共同确定。分辨率与图像中包含的像素数有关。像素数越大，分辨率越高，图像也就越精确。颜色深度与像素可包含的信息量有关。例如，颜色深度值为每像素 16 位的图像无法显示颜色深度为 48 位的图像所具有颜色数。因此，48 位图像与 16 位图像相比，其阴影具有更高的平滑度。

由于位图图形跟分辨率有关，因此不能很好地进行缩放。当放大位图图像时，这一特性显得尤为突出。通常，放大位图会有损其细节和品质。

Adobe Flash Player 支持的位图图像格式有 GIF、JPG 和 PNG。

使用 GIF 或 PNG 格式的位图图像可以对每个像素添加一个额外字节（Alpha 通道）。此额外像素字节表示像素的透明度值。

GIF 图像允许使用一位透明度，这意味着可以在 256 色调色板中指定一种透明的颜色。

PNG 图像最多可以有 256 级透明度。当需要将图像或文本混合到背景中时，此功能特别有用。

1. Bitmap 对象

作为 DisplayObject 类的子类，Bitmap 对象主要用于在屏幕上显示位图图像。这些图像可能已经通过 flash.display.Loader 类加载到 Flash 中，或已经使用 Bitmap()构造函数动态创建。从外部源加载图像时，Bitmap 对象只能使用 GIF、JPEG 或 PNG 格式的图像。实例化后，可将 Bitmap 实例视为需要呈现在舞台上的 BitmapData 对象的包装。由于 Bitmap 实例是一个显示对象，因此可以使用显示对象的所有特性和功能来操作 Bitmap 实例。

除了所有显示对象常见的功能外，Bitmap 类还提供了特定于位图图像的一些附加功能。与 Flash 创作工具中的贴紧像素功能类似，Bitmap 类的 pixelSnapping 属性可确定 Bitmap 对象是否贴紧最近的像素。此属性接受 PixelSnapping 类中定义的三个常量之一：ALWAYS、AUTO 和 NEVER。

应用像素贴紧的语法为：

```
myBitmap.pixelSnapping = PixelSnapping.ALWAYS;
```

通常，缩放位图图像时，图像会变得模糊或扭曲。若要帮助减少这种扭曲，可以使用 BitmapData 类的 smoothing 属性，这是一个布尔值属性，设置为 True，缩放图像时，可使图像中的像素平滑或消除锯齿。它可使图像更加清晰、自然。

2. BitmapData 对象

BitmapData 类用于访问和操作位图的原始图像数据。

BitmapData 类位于 flash.display 包中，可以看做是加载的或动态创建的位图图像中包含的像素的快照。此快照用对象中的像素数据的数组表示。BitmapData 类还包含一系列内置方法，可用于创建和处理像素数据。

实例化 BitmapData 对象语句的一般形式为：

```
var myBitmap:BitmapData = new BitmapData(width,height,transparent,fillColor);
```

width 和 height 参数指定位图的宽度和高度；两者的最大值都是 2880 像素。transparent 参数指定位图数据是否包括 Alpha 通道。fillColor 参数是一个 32 位颜色值，指定背景颜色和透明度值（如果设置为 True）。以下示例创建一个具有 50％透明的橙色背景的 BitmapData 对象：

```
var myBitmap:BitmapData = new BitmapData(150,150,true,0x80FF3300,0.5);
```

若要在屏幕上呈现新创建的 BitmapData 对象，请将此对象分配给或包装到 Bitmap 实例中。为此，可以作为 Bitmap 对象的构造函数的参数形式传递 BitmapData 对象，也可以将此对象分配给现有 Bitmap 实例的 bitmapData 属性。

必须通过调用将包含该 Bitmap 实例的显示对象容器的 addChild() 或 addChildAt() 方法将该 Bitmap 实例添加到显示列表中。

【例 10-17】 创建一个具有黄色填充不透明的 BitmapData 对象 BD1，其长宽各为 200 像素，并在 Bitmap 实例 rect1 中显示此对象。

（1）新建一个 Flash 文件（ActionScript 3.0），在"属性"面板中设置舞台大小为 300×300 像素。

（2）按 F9 键，在脚本窗格中输入下列代码：

```
var BD1:BitmapData = new BitmapData(200,200,false,0xffff00);
var rect1:Bitmap = new Bitmap(BD1);
addChild(rect1);
```

（3）测试程序，程序运行结果如图 10-26 所示。

3. 处理像素

BitmapData 类包含一组用于处理像素数值的方法。

在像素级别修改位图图像时，首先需要获取要处理的区域中包含的像素的颜色值。

使用 getPixel 方法可读取这些像素值。getPixel 方法从作为参数传递的一组 x,y（像素）坐标中检索 RGB 值。如果要处理的像素包括透明度（Alpha 通道）信息，则需要使用 getPixel32 方法。getPixel32 返回的值包含表示所选像素的 Alpha 通道（透明度）值的附加数据。

图 10-26 创建图像对象

如果只想更改位图中包含的某个像素的颜色或透明度，则可以使用 setPixel 或 setPixel32 方法。若要设置像素的颜色，只需将 x,y 坐标和颜色值传递到这两种方法之一即可。

如果要读取一组像素而不是单个像素的值，需使用 getPixels 方法。此方法从作为参数传递的矩形像素数据区域中生成字节数组。字节数组的每个元素（即像素值）都是无符号的整数（32 位未经相乘的像素值）。

相反，为了更改（或设置）一组像素值，使用 setPixels 方法。此方法需要联合使用两个参数（rect 和 inputByteArray）来输出像素数据（inputByteArray）的矩形区域（Rect）。

4. 复制位图数据

可以使用 clone、copyPixels、copyChannel 和 draw 四种方法从一个图像向另一个图像中复制位图数据。

1) clone 方法

clone 方法将位图数据从一个 BitmapData 对象克隆或采样到另一个对象。调用此方法时,此方法返回一个新的 BitmapData 对象,与被复制的原始实例完全一样。

【例 10-18】 创建一个具有红色填充不透明的 BitmapData 对象 sourceBitmap,其长宽各为 100 像素,并显示此对象。复制 sourceBitmap,并将复制件放在原始正方形的旁边。

(1) 新建一个 Flash 文件(ActionScript 3.0),在"属性"面板中设置舞台大小为 270×135 像素。

(2) 按 F9 键,在"动作"面板的脚本窗格中输入下列代码:

```
import flash.display.Bitmap;
import flash.display.BitmapData;
var sourceBitmap:BitmapData = new BitmapData(100,100,false,0x00ff0000);
var target:BitmapData = sourceBitmap.clone();
var sourceContainer:Bitmap = new Bitmap(sourceBitmap);
this.addChild(sourceContainer);
var targetContainer:Bitmap = new Bitmap(target);
this.addChild(targetContainer);
targetContainer.x = 120;
```

(3) 测试程序,程序运行结果如图 10-27 所示。

2) 复制像素方法

copyPixels 方法是一种从一个 BitmapData 对象向另一个对象复制像素的快速简便的方法。该方法会拍摄源图像的矩形快照(由 sourceRect 参数定义),并将其复制到另一个矩形区域(大小相等)。新"粘贴"的矩形位置在 destPoint 参数中定义。

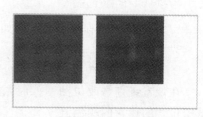

图 10-27 复制图像

copyPixels(sourceBitmapData, sourceRect, destPoint, alphaBitmapData, alphaPoint, mergeAlpha);

其中各项参数的意义如下:

- sourceBitmapData:要从中复制像素的输入位图图像。
- sourceRect:定义要用作输入的源图像区域的矩形。
- destPoint:目标点,它表示将在其中放置新像素的矩形区域的左上角。
- alphaBitmapData:第二个 Alpha BitmapData 对象源。
- alphaPoint:Alpha BitmapData 对象源中与 sourceRect 参数的左上角对应的点。
- mergeAlpha:若使用 Alpha 通道,该值设置为 true。若要复制不含 Alpha 通道的像素,该值设置为 false。

3) 复制通道方法

copyChannel 方法从源 BitmapData 对象中采集预定义的颜色通道值(Alpha、红、绿或蓝),并将此值复制到目标 BitmapData 对象的通道中。调用此方法不会影响目标 BitmapData 对象中的其他通道。

4）draw 方法

draw 方法将源 sprite、影片剪辑或其他显示对象中的图形内容绘制或呈现在新位图上。使用 matrix、colorTransform、blendMode 和目标 clipRect 参数，可以修改新位图的呈现方式。此方法使用 Flash Player 矢量渲染器生成数据。

调用 draw() 时，需要将源对象（sprite、影片剪辑或其他显示对象）作为第一个参数传递，如下所示：

```
myBitmap.draw(movieClip);
```

如果源对象在最初加载后应用了变形（如颜色、矩阵等），这些变形不能复制到新对象。如果想要将变形复制到新位图，需要将 transform 属性的值从原始对象复制到使用新BitmapData 对象的 Bitmap 对象的 transform 属性中。

10.6 ActionScript 3.0 对声音与视频的处理

10.6.1 声音的加载与播放

在 ActionScript 中通过 flash.media 包中的类来处理声音。通过 Sound 类处理声音加载、管理基本声音属性以及启动声音播放；当应用程序播放 Sound 对象时，将创建一个新的SoundChannel 对象来控制回放。SoundChannel 对象控制声音的左和右回放声道的音量，播放的每种声音具有自己的 SoundChannel 对象。SoundMixer 类控制与应用程序中的所有声音有关的回放和安全属性。实际上，可通过一个通用 SoundMixer 对象将多个声道混合在一起，因此，该 SoundMixer 对象中的属性值将影响当前播放的所有 SoundChannel对象。

1. 加载声音

加载声音时，首先要导入 Sound 类，其一般格式为：

```
import flash.media.Sound;
```

加载新的声音文件，应该创建一个新的 Sound 对象，其一般格式为：

```
ver mySound: Sound = new Sound(stream,context)
```

其中各项参数的意义如下：

- Stream：指向外部 MP3 文件的 URL。
- Context：一个可选的 SoundLoader 上下文对象，可以定义缓冲时间（MP3 数据保留到 Sound 对象的缓冲区中所需的最小毫秒数）并且可以指定加载声音前应用程序是否应该检查跨域策略文件。

如果将有效的 URLRequest 对象传递到 Sound 构造函数，该构造函数将自动调用Sound 对象的 load 函数。如果未将有效的 URLRequest 对象传递到 Sound 构造函数，则必须自己调用 Sound 对象的 load 函数；否则将不加载声音流。

load 方法的一般格式为：

```
load(stream,context);
```

其中各项参数的意义与 Sound 构造函数相同。

一旦对某个 Sound 对象调用了 load()，就不能再将另一个声音文件加载到该 Sound 对象中。若要加载另一个声音文件，必须创建新的 Sound 对象。

应用程序应关注声音的加载进度，并监视在加载期间出现的错误。尝试播放未加载的声音可能会导致运行时错误。较为稳妥的做法是等待声音完全加载后，再让用户执行可能启动声音播放的动作。

Sound 对象将在声音加载过程中调度多种不同的事件。应用程序可以侦听这些事件以跟踪加载进度，并确保在播放之前完全加载声音。表 10-9 所示为可以由 Sound 对象调度的事件。

表 10-9　Sound 对象调度的事件

事　件	描　述
open(Event. OPEN)	在声音加载操作开始之前进行调度
progress(ProgressEvent. PROGRESS)	从文件或流接收数据时，在声音加载过程中定期进行调度
id3(Event. ID3)	当存在可用于 MP3 声音的 ID3 数据时进行调度
complete(Event. COMPLETE)	在加载了所有声音资源后进行调度
ioError(IOErrorEvent. IO_ERROR)	找不到声音文件，或者在收到所有声音数据之前加载过程中断时进行调度

2. 播放声音

开始加载声音文件后，可以为 Sound 对象调用 play 方法播放加载的声音，生成一个新的 SoundChannel 对象来回放该声音。此方法返回 SoundChannel 对象，访问该对象可停止声音并监控音量。如果没有声卡或用完了可用的声道，此方法将返回 Null。一次最多可以使用 32 个声道。

play 方法的一般格式为：

```
play(startTime, loops, sndTransform);
```

其中各项参数的意义如下：

* startTime：应开始回放的初始位置（以毫秒为单位），默认值为 0。
* Loops：定义在声道停止回放之前，声音循环回 startTime 值的次数，默认值为 0。
* sndTransform：分配给该声道的初始 SoundTransform 对象，默认值为 Null。若要控制音量、平移和平衡，访问分配给声道的 SoundTransform 对象。

3. 停止播放

需要停止加载声音，可以使用 Sound 对象的 close 方法，该方法关闭声音流，从而停止所有数据的下载。close 方法一般格式为：

```
sound.close();
```

SoundMixer 对象的 stopAll 方法将停止当前正在播放的所有声音，但不停止声音的播放头，stopAll 方法的一般格式为：

```
SoundMixer.stopAll();
```

注意：由于 stopAll() 是 SoundMixer 对象的静态方法，无须实例化 SoundMixer 对象即可直接调用。

【例10-19】 加载播放声音文件。

(1) 新建一个 Flash 文件(ActionScript 3.0)。

(2) 将素材文件夹中的"梅花三弄.MP3"文件复制到与本 Flash 文件相同的文件夹中。

(3) 按 F9 键，在"动作"面板的脚本窗格中输入下列代码：

```
import flash.events.Event;
import flash.media.Sound;
import flash.net.URLRequest;
var mySound:Sound = new Sound();
mySound.addEventListener(Event.COMPLETE, onSoundLoaded);
var req:URLRequest = new URLRequest("梅花三弄.MP3");
mySound.load(req);
function onSoundLoaded(event:Event):void {
    var localSound:Sound = event.target as Sound;
    localSound.play();
}
```

(4) 测试程序，程序加载播放音乐。

本例首先创建一个新的 Sound 对象，但没有为其指定 URLRequest 参数的初始值。然后，通过 Sound 对象侦听 Event.COMPLETE 事件，该对象导致在加载完所有声音数据后执行 onSoundLoaded 方法。接下来，使用新的 URLRequest 值为声音文件调用 Sound.load 方法。加载完声音后，执行 onSoundLoaded 方法。Event 对象的目标属性是对 Sound 对象的引用。调用 Sound 对象的 play 方法，启动声音回放。

注意：如果本地声音文件与调用声音的 Flash 文件在同一个文件夹中，在加载声音文件的代码中可以只写声音文件的文件名。如果本地声音文件与调用声音的 Flash 文件不在同一个文件夹时，需要写完整的 URL 路径，如"file：//c：/梅花三弄.MP3"。

10.6.2 视频的加载与播放

1. 视频基础知识

Flash 影片的播放器除了能播放 SWF 格式的 Flash 影片外，还可以播放各种 FLV/F4V 视频。早期网络视频播放程序多是以 JavaScript 或 VBScript 编写的，读取的视频文件以 RM、RMVB、WMV 等格式为主，这些文件的体积较大，压缩比并不理想，消耗较多的服务器资源。Adobe 提供的 Flash 视频技术以独特的高压缩比 FLV/F4V 迅速占领了网络视频的大部分市场。各种 FLV/F4V 播放器中，最常见的就是以 ActionScript 3.0 编写的各种 Flash 播放器。

虽然可以把视频内容嵌入到 Flash 影片中，但大多数 Flash 视频内容保存在单独的视频文件中，通过 ActionScript 3.0 脚本加载。

在 ActionScript 中使用视频涉及多个类的联合使用：

(1) Video 类：舞台上的实际视频内容框是 Video 类的一个实例。Video 类是一种显示对象，因此可以使用适用于其他显示对象的同样的技术（比如定位、应用变形、应用滤镜和混合模式等）进行操作。

（2）NetStream 类：加载由 ActionScript 控制的视频文件时，使用一个 NetStream 实例来表示该视频内容的源。使用 NetStream 实例也涉及 NetConnection 对象的使用，该对象是到视频文件的连接，好比是视频数据传送的通道。

（3）Camera 类：在通过连接到用户计算机的摄像头处理视频数据时，会使用一个 Camera 实例来表示视频内容的源，即用户的摄像头和它所提供的视频数据。

2. 视频基本操作

1）播放

在 ActionScript 3.0 中使用视频涉及多个类的联合使用。首先必须实例化一个 NetConnection 对象作为视频对象的来源。然后再实例化一个 NetStream 对象，将 NetConnection 对象传递给 NetStream 对象，通过 NetStream 对象控制视频的播放。最后将 NetStream 对象中的数据实例化为 Video 对象，完成视频的播放。

【例 10-20】 加载播放视频文件。

（1）新建一个 Flash 文件（ActionScript 3.0），在"属性"面板中设置舞台大小为 320×240 像素。

（2）按 F9 键，在"动作"面板的脚本窗格中输入下列代码：

```
var nc:NetConnection = new NetConnection();
nc.connect(null);
var ns:NetStream = new NetStream(nc);
ns.addEventListener(AsyncErrorEvent.ASYNC_ERROR, asyncErrorHandler);
function asyncErrorHandler(event:AsyncErrorEvent):void {
    // 忽略错误
}
ns.play("风景视频.flv");
var vid:Video = new Video();
vid.attachNetStream(ns);
addChild(vid);
```

（3）测试程序，程序加载播放视频文件"风景视频.flv"，如图 10-28 所示。

本例步骤（1）是创建一个 NetConnection 对象。如果连接到没有使用服务器（如 Adobe 的 Flash Media Server 2 或 Adobe Flex）的本地 FLV 文件，则使用 NetConnection 类可通过向 connect 方法传递值 null，来从 HTTP 地址或本地驱动器播放流式 FLV 文件。

对应代码为：

```
var nc:NetConnection = new NetConnection();
nc.connect(null);
```

图 10-28　加载播放视频文件

步骤（2）是创建一个 NetStream 对象（该对象将 NetConnection 对象作为参数）并指定要加载的 FLV 文件。以下代码片断将 NetStream 对象连接到指定的 NetConnection 实例，并加载 SWF 文件所在的目录中名为"风景视频.flv"的 FLV 文件。

```
var ns:NetStream = new NetStream(nc);
ns.addEventListener(AsyncErrorEvent.ASYNC_ERROR,asyncErrorHandler);
ns.play("风景视频.flv");
```

步骤（3）是创建一个新的 Video 对象，并使用 Video 类的 attachNetStream 方法附加以前创建的 NetStream 对象。然后可以使用 addChild 方法将该视频对象添加到显示列表中，如以下代码片断所示：

```
var vid:Video = new Video();
vid.attachNetStream(ns);
addChild(vid);
```

由于播放的视频是本地视频，Flash CS4 的 AVM2 会报告异步错误，在代码末尾添加一个事件指针函数，即可将该错误隐藏：

```
function asyncErrorHandler(event:AsyncErrorEvent):void{
    // 忽略错误
}
```

输入上面的代码后，Flash Player 加载 SWF 文件所在目录中的"风景视频.flv"文件。

2）关闭与清除视频

关闭视频使用 close 方法。

清除视频使用 clear()。

3）暂停与继续播放

可以用 pause 方法暂停视频播放，resume 方法继续播放。也可以用 togglePause()实现暂停与继续播放功能，此时系统会根据当前状态决定是暂停还是继续播放。

10.7 综合应用

【例 10-21】 本动画实现以下功能：

• 制作一个登录界面，用户必须登录才能继续播放动画。

• 加载背景音乐。

• 制作一个汽车开过的动画，通过单击前进、停止和倒退按钮控制汽车运动。

（1）新建一个 Flash 文件（ActionScript 3.0），在"属性"面板中设置舞台大小为 700×200 像素。

（2）将素材文件夹中的"背景.MP3"音乐文件复制到 Flash 文件所在文件夹。

（3）在图层 1 第 1 帧中建立三个静态文本字段，输入文字"请输入用户名和密码"、"用户名"和"密码"，放置在适当的位置，并设置合适的字体、字号。

（4）在图层 1 第 1 帧中加入一个动态文本字段，实例名为 messagetext，用于程序运行时显示错误提示信息。

（5）制作一个 Play 按钮，加入图层 1 第 1 帧中，设置实例名为 go，完成登录界面，如图 10-29 所示。

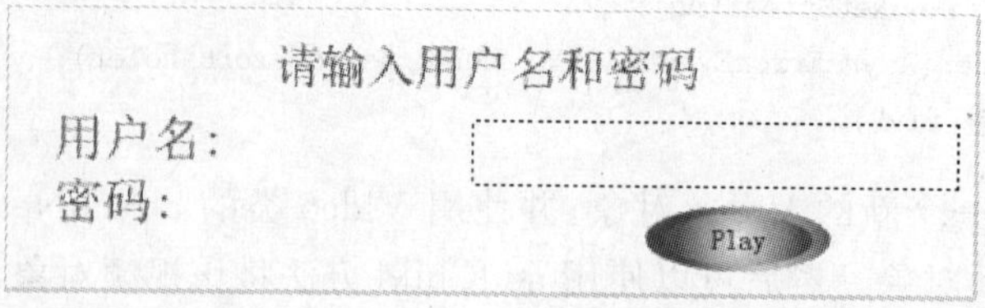

请输入用户名和密码

用户名：

密码：

Play

图 10-29　登录界面

（6）按 F9 键，在"动作"面板的脚本窗格中输入以下代码。

```
stop();                              //暂停影片剪辑

/*创建输入文本字段 myTextBox1、myTextBox2,用于输入用户名和密码,其对应格式由 flash.text.
TextFormat 类的实例 format1 确定.*/
import flash.text.TextField;
import flash.text.TextFieldType;      //导入 TextFieldType 类
import flash.text.TextFormat;
var myTextBox1:TextField = new TextField();
var myTextBox2:TextField = new TextField();
var format1:TextFormat = new TextFormat();
//设置为输入用户名字段
myTextBox1.type = "input";
myTextBox1.x = 180;
myTextBox1.y = 75;
myTextBox1.width = 150;
myTextBox1.height = 40;
myTextBox1.background = true;
myTextBox1.backgroundColor = 0xcccccc;
myTextBox2.type = "input";
//设置输入密码字段字段
myTextBox2.displayAsPassword = true;
myTextBox2.x = 180;
myTextBox2.y = 120;
myTextBox2.background = true;
myTextBox2.backgroundColor = 0xcccccc;
myTextBox2.width = 150;
myTextBox2.height = 40;
//设置输入样式
format1.bold = true;
format1.font = "楷体_GB2312";
format1.size = "32";
myTextBox1.defaultTextFormat = format1;
myTextBox2.defaultTextFormat = format1;
addChild(myTextBox1);
addChild(myTextBox2);

/*定义 flash.media.Sound 类实例 mySound,加载音乐文件"背景.MP3".*/
import flash.events.Event;
import flash.media.Sound;
import flash.net.URLRequest;
```

```
var mySound:Sound = new Sound();
mySound.addEventListener(Event.COMPLETE, onSoundLoaded);
var req:URLRequest = new URLRequest("背景.MP3");
mySound.load(req);

function onSoundLoaded(event:Event):void {
    var localSound:Sound = event.target as Sound;
    localSound.play();
}
```

/*设置函数 play1 为 go 按钮的侦听器,单击鼠标时若用户名,密码与设置的 jhun,888 一致则跳到下一帧;否则显示错误提示信息:"用户名或密码错,请重新输入".选择 Play 图层第 1 帧*/

```
function play1(event:MouseEvent):void {
    if ((myTextBox1.text == "jhun") && (myTextBox2.text == "888")) {
        //当用户输入用户名和密码正确时,播放后面的动画
        nextFrame();
        removeChild(myTextBox1);
        removeChild(myTextBox2);
        //removeChild(myTextBox3);
    } else {
        messagetext.text = "用户名或密码错,请重新输入";
    }
}
// 将该函数注册为按钮的侦听器
go.addEventListener(MouseEvent.CLICK,play1);
```

（7）将素材文件夹中的"汽车.PNG"文件导入到库中。

（8）新建一个影片剪辑元件,命名为"开车",在元件内制作汽车从左向右开动动画。

（9）回到"场景1",在图层1第2帧插入关键帧。

（10）选择图层1第2帧,在舞台上绘制一个浅灰色矩形。在舞台右侧建立"开车"影片剪辑元件实例,命名为 car。

（11）制作三个按钮"开车"、"停车"和"倒车",将它们拖动到舞台上,完成开车界面,如图 10-30 所示。

图 10-30 开车界面

（12）分别选定"开车"、"停车"和"倒车"三个按钮实例,在"属性"面板中设置它们的名称分别为 playBtn、stopBtn 和 backBtn。

（13）选择图层1第2帧,按F9键,在脚本窗格中输入以下代码。

```
car.stop(); //暂停汽车运动

/*通过按钮控制汽车运动*/
```

```
function playAnimation(event:MouseEvent):void {
    car.removeEventListener(Event.ENTER_FRAME, backAnimation);
                                //移除倒车侦听器
    car.play();                 //开车
}


playBtn.addEventListener(MouseEvent.CLICK, playAnimation);
// 将该函数注册为开车按钮的侦听器

function stopAnimation(event:MouseEvent):void {
    car.removeEventListener(Event.ENTER_FRAME, backAnimation);
                                //移除倒车侦听器
    car.stop();                 //停车
}


stopBtn.addEventListener(MouseEvent.CLICK, stopAnimation);
// 将该函数注册为停车按钮的侦听器

function backAnimation(event:Event):void {
    if (car.currentFrame == 1) {
        car.gotoAndStop(car.totalFrames);
    } else {
        car.prevFrame();
    }
}                               //倒序播放动画

function finishAnimation(event:MouseEvent):void {
    car.addEventListener(Event.ENTER_FRAME, backAnimation);
}


backBtn.addEventListener(MouseEvent.CLICK, finishAnimation);
// 将该函数注册为倒车按钮的侦听器
```

（14）测试程序，登录成功后可以通过按钮控制汽车运动。

【例 10-22】 视频播放器。

（1）新建一个 Flash 文件（ActionScript 3.0），在"属性"面板中设置舞台大小为 400×340 像素。

（2）将素材文件夹中的视频文件"风景视频.flv"复制到 Flash 文件所在文件夹中。

（3）在第 1 帧关键帧上放置五个按钮，在"属性"面板中设置实例名分别为 playBtn、backBtn、pauseBtn、stopBtn 和 fwdBtn。按钮位置如图 10-31 所示。

（4）选择图层 1 第 1 帧，在"动作"面板的脚本窗格中输入下列代码。

```
var nc:NetConnection = new NetConnection();
nc.connect(null);
var ns:NetStream = new NetStream(nc);

//播放视频函数
function playAnimation(event:MouseEvent):void {
    if (ns.time == 0) {
```

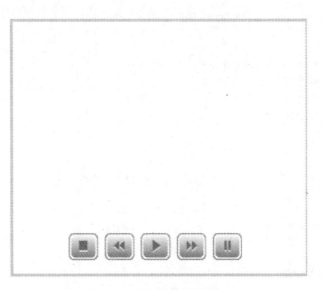

图 10-31 视频播放器按钮

```
        pauseBtn.enabled = true;
        ns.play("风景视频.flv");
    } else {
        ns.togglePause();
    }


}
playBtn.addEventListener(MouseEvent.CLICK, playAnimation);

//倒退函数
function backAnimation(event:MouseEvent):void {
    if (ns.time >= 5) {
        ns.seek(ns.time - 5);
    }


}
backBtn.addEventListener(MouseEvent.CLICK, backAnimation);

//前进函数
function fwdAnimation(event:MouseEvent):void {
    if (ns.time! = 0) {
        ns.seek(ns.time + 5);
    }
}
fwdBtn.addEventListener(MouseEvent.CLICK, fwdAnimation);

//停止函数
function stopAnimation(event:MouseEvent):void {
    ns.close();


}
```

```
stopBtn.addEventListener(MouseEvent.CLICK, stopAnimation);

//暂停函数
function pauseAnimation(event:MouseEvent):void {
    if (ns.time! = 0) {
        playBtn.enabled = false;
        ns.togglePause();
    }

}
pauseBtn.addEventListener(MouseEvent.CLICK, pauseAnimation);


var vid:Video = new Video();
vid.x = 40;
vid.y = 20;
vid.attachNetStream(ns);
addChild(vid);
function asyncErrorHandler(event:AsyncErrorEvent):void {        // 忽略错误
}
ns.addEventListener(AsyncErrorEvent.ASYNC_ERROR, asyncErrorHandler);
```

(5) 测试程序,运行结果如图 10-32 所示。

图 10-32　视频播放器

10.8　小结

　　ActionScript 是一种面向对象的编程语言,将对象作为程序的基本单位。本章介绍了 ActionScript 3.0 的开发环境、语法规则和编程方法。对使用 ActionScript 3.0 处理影片剪辑元件,在程序中使用动态文本和输入文本对象、利用程序处理图形图像、声音和视频等进行了简单介绍。ActionScript 3.0 中包含丰富的类,使用这些类能够编制出复杂的动画程序。本章只介绍了 ActionScript 3.0 的基本内容,如果要编制更加复杂的程序,可以参阅其他 ActionScript 3.0 书籍。

上机练习

(1)制作一段动画,能够通过单击方向按钮控制舞台上瓢虫运动,如图 10-33 所示。

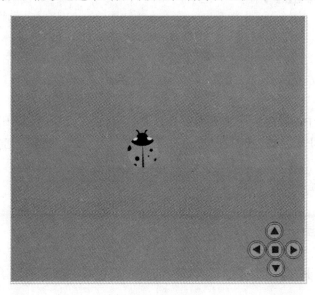

图 10-33 瓢虫运动

(2)制作一个密码验证程序,用户有三次机会输入密码,如果密码正确,则显示"密码正确!",如果输入错误,则显示"输入错误,请再输入一次!",如果三次都输入错误,则显示"三次输入错误,退出系统"。

(3)制作一个带有背景音乐的电子相册,可以通过单击按钮切换到下一页、上一页、第一页、最后一页。

第11章

组件

为了使 Flash 中的程序设计与界面设计分离,提高 ActionScript 代码的可重用性,Flash 提供了组件功能。Flash 提供两类内置组件供用户使用,用户也可以把完成的应用或模块抽出来,制作成 SWC 组件以便以后重复使用或提供给其他开发者使用。使用组件功能,可以简化开发过程、提高开发效率。

11.1 组件基础

11.1.1 组件概念

Flash 中的组件是具有预定义参数的影片剪辑,这些参数可以用来修改组件的外观和行为。每个组件还有一组属于自己的方法、属性和事件,被称为应用程序程接口(Application Programming Interface,API),利用这些接口,可以将组件与应用程序结合在一起。在 Flash 中既可以使用单个组件为一个界面提供服务,也能够组合多个组件来制作各种复杂菜单或是一些高级应用程序,还可以改变组件的样式或替换它们。有了组件的帮助,可以方便、快速地设计出更复杂、更强大的程序。

Flash 的内置组件通常包括以下用途:

- 设计窗体来登记诸如用户的姓名、地址、电话等个人信息,并提交到服务器验证这些数据;
- 建立一个多问题、多部分的调查,迅速得到计算结果并绘制调查结果数据图表;
- 建立个人相册,存放图像和缩略图;
- 创建基于幻灯片的演示文稿模板;
- 数据库和多媒体方面的应用。

11.1.2 组件面板

执行"窗口"→"组件"命令,打开"组件"面板,如图 11-1 所示。Flash CS4 内置了两类组件:User Interface 类组件和 Video 类组件。单击组件类别前面的"+"或"-",可以展开或收缩组件列表。User Interface(用户界面)组件用于控制用户的界面,包括 Button、CheckBox、ColorPicker、ComboBox、DataGrid、Label 等 17 种组件。Video(视频)组件用于导入和控制视频播放,包括 FLVPlayback、FLVPlaybackCaptioning、PlayButton 等 14 个组件。

在"组件"面板中选择要使用的组件,将其拖动到舞台上,可以在舞台上创建该组件的实例。

图 11-1 "组件"面板

图 11-2 "组件检查器"面板

11.1.3 组件检查器

执行"窗口"→"组件检查器"命令,打开"组件检查器"面板。选择舞台上的组件实例,在"组件检查器"面板中可以显示并编辑选定的组件实例的参数、绑定或架构,如图 11-2 所示。

11.2 User Interface 类组件

11.2.1 Button 组件

按钮组件 Button 可执行鼠标和键盘的交互事件。Button 组件实例的参数如图 11-3 所示。

其中各项参数说明如下:

- emphasized:设置是否以强调方式显示按钮,默认值为 false。若设为 true,则按钮边框用双线突出显示。
- enabled:设置按钮是否有效,默认值为 true。若设为 false,则按钮为灰色,不能单击。
- label:设置按钮的名称,即按钮上显示的文本,默认设置为 Label。
- labelPlacement:设置按钮文本相对于按钮的位置,其参数可以是 left、right、top 或 bottom,默认值是 right。
- selected:设置按钮的状态是按下(true)还是释放(false),默认值为 false。

图 11-3 Button 组件实例参数

- toggle：设置按钮为切换开关，默认值为 false。若设为 true，则单击按钮后，按钮将保持按下状态，直到再次单击时才会返回到弹起状态。
- visible：设置按钮是否可见，默认值为 true。

【例 11-1】 退出按钮。

(1) 新建一个 Flash 文档(ActionScript3.0)。

(2) 将"组件"面板中的 Button 组件拖动到图层 1 第 1 帧舞台上。

(3) 选定舞台上的按钮，在"属性"面板中设置按钮名称为 bt1。在"组件检查器"面板中设置 label 为"关闭窗口"。

(4) 选择图层 1 第 1 帧，在"动作"面板中输入以下代码：

```
bt1.addEventListener(MouseEvent.CLICK,quitbt);

function quitbt(event:MouseEvent):void {
    fscommand("quit");
}
```

(5) 保存并发布文件。运行发布的 SWF 文件，单击关闭按钮可以关闭 Flash Player 窗口。

11.2.2 Label 组件

Label 组件是一行文本，为其他组件作标题或标识。Label 组件没有边框、不能具有焦点，并且不广播任何事件。Label 组件实例参数如图 11-4 所示。

其中各项参数说明如下：

- autoSize：设置如何调整标签的大小并对齐标签以适合文本，默认值为 none，指不调整标签大小或对齐标签来适合文本。Left 指调整标签的右边和底边的大小以适合文本。center 指调整标签左边和右边的大小以适合文本，标签的水平中心锚定在它原始的水平中心位置。right 指调整标签左边和底边的大小以适合文本。

图 11-4　Label 组件实例参数

- condenseWhite：设置是否对 htmltext 中的 HTML 格式文本内容压缩空格，默认值是 flase。
- enabled：设置 Label 是否有效，默认值为 true。
- htmltext：设置标签中显示的 HTML 格式文本。
- selectable：设置用户是否可以选择 Label 显示的文本，默认值是 flase。
- text：设置标签中显示的文本，默认值是 Label。
- visible：设置 Label 是否可见，默认值为 true。
- wordWrap：设置当文字宽度超过 Label 宽度时是否自动换行，默认值是 flase。

11.2.3　TextInput 组件

TextInput 组件是文本输入的组件，在用户与计算机的交互中使用，如输入姓名或电话号码查询某些信息。TextInput 组件实例参数如图 11-5 所示。

其中各项参数说明如下：

图 11-5　TextInput 组件实例参数

- displayAsPassword：设置是否以密码形式显示文本。默认值为 false，若设置为 true，则用"＊"显示输入的文本。
- editable：设置文本能否被编辑，默认值为 true。
- enabled：设置 TextInput 是否有效，默认值为 true。
- maxChars：设置输入文本的字数。
- restrict：限定输入的文本内容。
- text：设置输入文本的初始值，默认值为空。
- visible：设置 TextInput 是否可见，默认值为 true。

【例 11-2】　打字。

（1）新建一个 Flash 文档（ActionScript3.0），在"属性"面板中设置舞台大小为 400×200 像素。

（2）将"组件"面板中的 TextInput 组件拖动到图层 1 第 1 帧舞台上。在"属性"面板中设置对象名为 myTextInput。

（3）将"组件"面板中的 Label 组件拖动到图层 1 第 1 帧舞台上。在"属性"面板中设置对象名为 myLabel。

（4）选择图层 1 第 1 帧，在"动作"面板中输入以下代码：

```
var t:Timer = new Timer(50);
t.addEventListener(TimerEvent.TIMER, timerHandler);
t.start();

function timerHandler(event:TimerEvent):void {
    myLabel.text = myTextInput.text
}
```

（5）测试影片，在输入框中输入文字，文字显示在上方的文本框中，如图 11-6 所示。

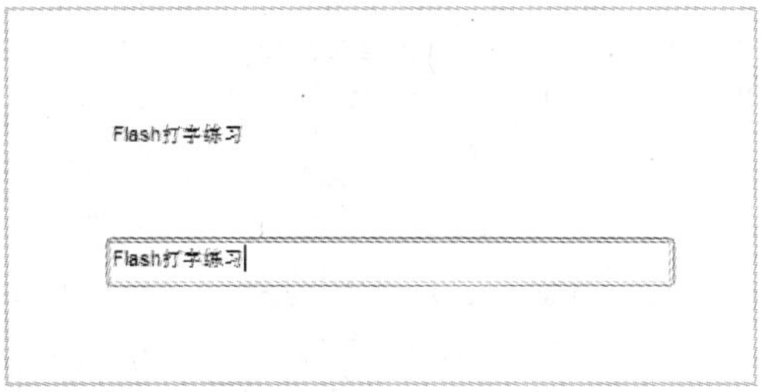

图 11-6　打字练习

11.2.4   CheckBox 组件

CheckBox 组件是一个复选框组件，选中 CheckBox 复选框将改变其选择状态。CheckBox 组件实例参数如图 11-7 所示。

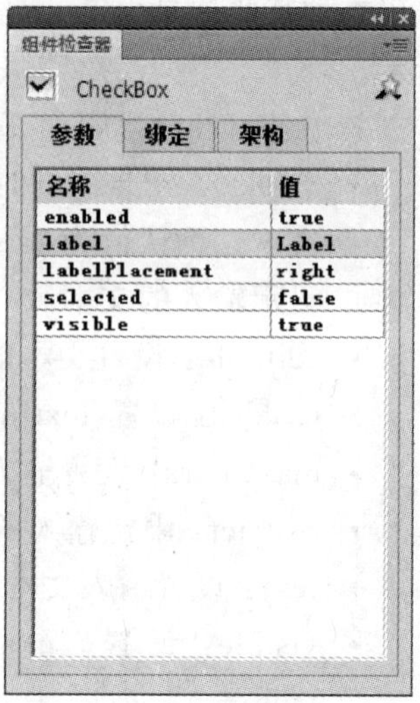

其中各项参数说明如下：

- enabled：设置复选框是否有效，默认值为 true。若设为 false，则复选框为灰色，不能选择。
- label：设置复选框的名称，即复选框中显示的文本，默认设置为 Label。
- labelPlacement：设置复选框文本相对于复选框的位置，其参数可以是 left、right、top 或 bottom，默认值是 right。
- selected：设置复选框是否选择，默认值是 false。
- visible：设置复选框是否可见，默认值为 true。

【例 11-3】   复选框。

(1) 新建一个 Flash 文档（ActionScript3.0），在"属性"面板中设置舞台大小为 350×150 像素。

图 11-7   CheckBox 组件实例参数

(2) 分别从"组件"面板中拖动三个 CheckBox 组件到图层 1 第 1 帧舞台上。在"属性"面板中分别设置对象名为 cb1、cb2、cb3。

(3) 分别选择各个复选框，在"组件检查器"面板中设置 Label 为 One、Two、Three。

(4) 在舞台上建立一个静态文本对象，输入文字"You have selected："。

(5) 在舞台上建立一个动态文本对象，设置对象名为 select，舞台布局如图 11-8 所示。

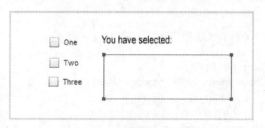

图 11-8   复选框舞台布局

(6) 选择图层 1 第 1 帧，在"动作"面板中输入以下代码：

```
cb1.addEventListener(MouseEvent.CLICK,updateCart);
cb2.addEventListener(MouseEvent.CLICK,updateCart);
cb3.addEventListener(MouseEvent.CLICK,updateCart);
function updateCart(e:MouseEvent):void {
    var cb:CheckBox = CheckBox(e.target);
    select.text = "";
    if(cb1.selected == true) select.appendText(cb1.label + " ");
    if(cb2.selected == true) select.appendText(cb2.label + " ");
    if(cb3.selected == true) select.appendText(cb3.label + " ");
}
```

（7）测试影片，选择复选框，动态文本框中显示选择的复选框名称。

11.2.5 RadioButton 组件

RadioButton 组件是单选按钮，强制用户只能从一组选项中选择一项。该组件必须用于至少有两个 RadioButton 实例的组，必须有且只有一个组成员被选中，选择组中的一个单选按钮将取消选择组内当前选定的其他单选按钮。RadioBotton 组件实例参数如图 11-9 所示。

其中各项参数说明如下：

- enabled：设置单选按钮是否有效，默认值为 true。若设为 false，则单选按钮为灰色，不能选择。
- groupName：设置单选按钮实例或组的组名。
- 1abel：设置单选按钮的名称，即单选按钮中显示的文本，默认设置为"Label"。
- labelPlacement：设置单选按钮文本相对于单选按钮的位置，其参数可以是 1eft，right，top 或者 bottom，默认值是 right。
- selected：设置单选按钮是否选择，默认值是 false。
- value：设置与单选按钮关联的用户定义值。
- visible：设置单选按钮是否可见，默认值为 true。

【例 11-4】 单选按钮。

（1）新建一个 Flash 文档（ActionScript3.0），在"属性"面板中设置舞台大小为 200×200 像素。

（2）分别从"组件"面板中拖动 3 个 RadioBotton 组件到图层 1 第 1 帧舞台上。在"属性"面板中分别设置对象名为 rb1、rb2、rb3。

（3）分别选择各个单选按钮，在"组件检查器"面板中设置 Label 为 One、Two、Three。

（4）在舞台上建立一个静态文本对象，输入文字"You have selected："。

（5）在舞台上建立一个动态文本对象，设置对象名为 select，舞台布局如图 11-10 所示。

图 11-9 RadioBotton 组件实例参数

图 11-10 单选按钮舞台布局

（6）选择图层 1 第 1 帧，在"动作"面板中输入以下代码：

```
rb1.addEventListener(MouseEvent.CLICK, radvalue);
rb2.addEventListener(MouseEvent.CLICK, radvalue);
rb3.addEventListener(MouseEvent.CLICK, radvalue);

function radvalue(event:MouseEvent){
    select.text = event.target.label;
}
```

（7）测试影片，选择单选按钮，动态文本框中显示选择的单选按钮名称。

11.2.6 ComboBox 组件

ComboBox 组件用于创建下拉菜单，在其中提供多个选项，可以选择其中的一个或多个。ComboBox 组件实例参数如图 11-11 所示。

其中各项参数说明如下：

图 11-11 ComboBox 组件
实例的参数

- dataProvider：设置下拉菜单中的项目列表的值。
- editable：设置下拉菜单内容是可编辑还是只能选择，默认值为 false。
- enabled：设置下拉菜单是否有效，默认值为 true。若设为 false，则下拉菜单为灰色，不能选择。
- prompt：设置对下拉菜单的文字提示。
- restrict：设置用户可以在文本字段中输入的字符。
- rowCount：设置下拉菜单在不使用滚动条的情况下一次最多可以显示的项目数，默认值为 5。
- visible：设置下拉菜单是否可见，默认值为 true。

【例 11-5】 下拉菜单。

（1）新建一个 Flash 文档（ActionScript3.0），在"属性"面板中设置舞台大小为 350×150 像素。

（2）将"组件"面板中的 ComboBox 组件拖动到图层 1 第 1 帧舞台上。在"属性"面板中设置对象名为 myComboBox。

（3）选择下拉菜单，在"组件检查器"面板中单击 dataProvider 属性后面的按钮，在"值"对话框中单击 ➕ 按钮，添加三个菜单项目，分别在 Label 中设置值为 One、Two、Three，如图 11-12 所示。

（4）选择下拉菜单，在"组件检查器"面板中设置 prompt 为 Select。

（5）在舞台上建立一个静态文本对象，输入文字"You have selected:"。

（6）在舞台上建立一个动态文本对象，设置对象名为 select，舞台布局如图 11-13 所示。

图 11-12　添加菜单项目　　　　　　　图 11-13　下拉菜单舞台布局

（7）选择图层 1 第 1 帧，在"动作"面板中输入以下代码：

```
myComboBox.addEventListener(Event.CHANGE, changeHandler);

function changeHandler(event:Event):void {
    select.text = myComboBox.selectedLabel;
}
```

（8）测试影片，选择下拉菜单选项，动态文本框中显示选择的下拉菜单选项名称。

11.2.7　TextArea 组件

TextArea 组件是一个带有边框和可选滚动条的多行文本字段。TextArea 组件实例参数如图 11-14 所示。

其中各项参数说明如下：

- condenseWhite：设置是否对 htmltext 中的 HTML 格式文本内容压缩空格，默认值是 flase。
- editable：设置文本字段内容是可编辑还是只能选择，默认值为 true。
- enabled：设置文本字段是否有效，默认值为 true。若设为 false，则文本字段为灰色，不能选择。
- horizontalScrollPolicy：设置水平滚动条的滚动方式，其参数可以是 auto、on、off，默认值是 auto。
- htmlText：设置文本字段所含字符串的 HTML 表示形式。
- maxChars：设置输入文本的字数。
- restrict：限定输入的文本内容。
- text：设置输入文本的初始值，默认值为空。
- verticalScrollPolicy：设置垂直滚动条的滚动方式，其参数可以是 auto、on、off，默认值是 auto。

图 11-14　TextArea 组件
实例的参数

- visible：
- wordWrap：设置当文字宽度超过 Label 宽度时是否自动换行，默认值是 true。

11.2.8　Slider 组件

Slider 组件是允许通过滑动与值范围相对应的轨道端点之间的图形滑块选择值的组件，一般在影片中用于选择数字或百分比之类的值，或使用 ActionScript 使滑块的值影响另一个对象的行为。Slider 组件实例参数如图 11-15 所示。

其中各项参数说明如下：

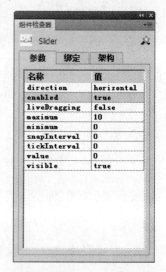

- direction：设置标尺滑块水平方向还是垂直方向，默认值为水平方向。
- enabled：设置滑动条是否有效，默认值为 true。
- liveDragging：设置是否能拖动，缺省为 false。
- maximum：设置最大刻度值。
- minimum：设置最小刻度值。
- snapInterval：设置或获取滑块移动时的步进值，默认值为 0。
- tickInterval：设定滑条的标尺刻度的步进值，默认值为 0。
- value：当前刻度值。
- visible：设置滑动条是否可见，默认值为 true。

图 11-15　Slider 组件实例参数

【例 11-6】　滑块取值。

（1）新建一个 Flash 文档（ActionScript3.0），在"属性"面板中设置舞台大小为 300×150 像素。

（2）将"组件"面板中的 Slider 组件拖动到图层 1 第 1 帧舞台上。在"属性"面板中设置对象名为 mySlider。

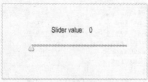

图 11-16　滑块舞台布局

（3）选择舞台上的 Slider 对象，在"组件检查器"面板中设置 maximum 为 100，minimum 为 0，snapInterval 为 1。

（4）在舞台上建立一个静态文本对象，输入文字"Slider value:"。

（5）在舞台上建立一个动态文本对象，设置对象名为 val，输入初始值 0，舞台布局如图 11-16 所示。

（6）选择图层 1 第 1 帧，在"动作"面板中输入以下代码：

```
import fl.events.SliderEvent;
mySlider.addEventListener(SliderEvent.CHANGE, changeHandler);

function changeHandler(event:SliderEvent):void {
val.text = event.value.toString();
}
```

（7）测试影片，拖动滑块，动态文本框中显示滑块取值。

11.3　Video 类组件

11.3.1　FLVPlayback 组件

FLVPlayback 组件用于播放通过 HTTP 渐进式下载的视频文件，或播放来自流媒体服务器的流视频文件。其参数如图 11-17 所示。

图 11-17　FLVPlayback 组件实例参数

其中各项参数说明如下：

- Align：设置播放器在舞台中的位置，可选 center、top、left、bottom、right、topleft、topright、bottomleft、bottomright 等选项，默认值为 center。
- autoPlay：设置是否自动播放，默认值为 true。
- cuePoints：设置提示点，默认值为无。
- isLive：设置是否是实时视频流，默认值为 false。
- preview：设置实时预览视频。
- scaleMode：设置在视频加载后如何调整其大小。
- skin：设置播放组件的外观。单击右边按钮可以在"选择外观"对话框中选择外观。
- skinAutoHide：设置是否自动隐藏播放组件外观，默认值为 false。若设置为 true，在鼠标未在视频上时隐藏组件外观。
- skinBackgroundAlpha：设置外观背景的 Alpha 透明度。
- skinBackgroundColor：设置外观背景的颜色。
- source：设置播放的视频文件的位置和名称。单击 source 属性右边的 value 单元格，可以在"内容路径"对话框中设置文件的位置和名称。
- Volume：设置音量控制值，取值介于 0 到 1 的范围内，默认值为 1。

11.3.2 FLVPlaybackCaptioning 组件

FlvPlaybackCaptioning 组件与一个或多个 FlvPlayback 组件一起使用,组件通过下载 Timed Text（TT）XML 文件为关联的 FLVPlayback 组件实现字幕显示功能。其参数显示如图 11-18 所示。

参数说明如下:

* autoLayout:确定是否控制字幕区域的大小,默认值是 true。
* captionTargetName:标识包含字幕的 TextField 或 MovieClip 实例的名称,默认值为 auto。
* flvPlaybackName:标识要显示字幕的 FLVPlayback 实例的名称,默认值为 auto。
* showCaption:设置是否显示字幕,缺省值为 true。
* sampleFormatting:设 置 是 否 对 Timed Text XML 文件的格式进行限制,默认值为 false。
* source:指定 Timed Text XML 文件的位置。

图 11-18　FlvPlaybackCaptioning 组件实例参数

FlvPlaybackCaptioning 组件使用的影片关联字幕必须写在 Timed Text（TT）XML 文件中。表 11-1 所示为 FLVPlaybackCaptioning 组件支持用于字幕 XML 文件的 Timed Text 标签。

表 11-1 FLVPlaybackCaptioning 组件支持的 Timed Text 标签

函　　数	标　　签	描　　述
忽　略　的标签	metadata	在文档的所有级别上忽略或允许此标签
	Set	在文档的所有级别上忽略或允许此标签
	xml:lang	忽略此标签
	xml:space	忽略此标签/将行为覆盖为 xml:space="default"
	layout	忽略此标签/包括 layout 标签部分中的所有 region 标签
	br 标签	忽略所有属性和内容
字幕的媒体定时	Begin 属性	仅允许在 p 标签中使用。部署字幕媒体时间时需要此属性
	dur 属性	仅允许在 p 标签中使用。建议使用。如果未包括此属性,则字幕将在 FLV 文件结束或另一字幕开始时结束
	end 属性	仅允许在 p 标签中使用。建议使用。如果未包括此属性,则字幕将在 FLV 文件结束或另一字幕开始时结束
字幕的时钟定时	00:30:00.1	完整时钟格式
	03:00.1	部分时钟格式
	10	不带单位的偏移时间。偏移值以秒为单位
	00:03:00:05 00:03:00:05.1 30f 30t	不支持。不支持含有帧或刻度的时间格式
Body 标签	Body	必需/只支持一个 body 标签

续表

函　数	标　签	描　述
Content 标签	div 标签	可以没有,也可以有一个或多个。使用第一个标签
	p 标签	可以没有,也可以有一个或多个
	Span 标签	一系列文本内容单元的逻辑容器。不支持嵌套的 span。支持属性 style 标签
	br 标签	表示显式换行符
样式标签 (所有 style 标签均在 p 标签内使用)	Style	引用一个或多个 style 元素。可以用作标签和属性。支持在 style 标签内部有一个或多个 style 标签
	tts: backgroundColor	指定用于定义区域的背景颜色的样式属性。如果 Alpha 值未设置为零 (Alpha 0),则忽略 Alpha 值,以便使背景透明。颜色格式为 ♯RRGGBBAA
	tts: color	指定用于定义前景颜色的样式属性。对于任何颜色,均不支持使用 Alpha
	tts: fontFamily	指定用于定义字体系列的样式属性
	tts: fontsize	指定用于定义字体大小的样式属性。支持绝对像素大小(如 12)和相对样式大小(如＋2)
	tts: fotStyle	指定用于定义字体样式的样式属性
	tts: fontWeight	指定用于定义字体粗细的样式属性
	tts: textAlign	指定样式属性,该属性用于定义在包含块区域内如何对齐内嵌区域
	tts: wrapOption	指定样式属性,该属性用于定义在受影响元素的上下文中是否应用自动换行。此设置对字幕元素中的所有段落都起作用

下面是一个 Timed text XML 文件的示例。该文件(sample. xml)为文件 sample. flv 文件提供字幕。当字幕文件在本地时应将该文件复制到 flv 文件所在的文件夹。

```
<?xml version = "1.0" encoding = "UTF - 8"?>
<tt xml:lang = "cn" xmlns = "http://www.w3.org/2006/04/ttaf1" xmlns:tts = "http://www.w3.
org/2006/04/ttaf1♯styling">
<head>
    <styling>
<style id = "1" tts:textAlign = "right"/>
<style id = "2" tts:color = "transparent"/>
<style id = "3" style = "2" tts:backgroundColor = "white"/>
<style id = "4" style = "2 3" tts:fontSize = "20"/>
    </styling>
</head>
<body>
    <div xml:lang = "cn">
<p begin = "00:00:00.00" dur = "00:00:03.07">这是一个字幕文件的示例</p>
<p begin = "00:00:03.07" dur = "00:00:03.35">就在这儿写字幕……</p>
</div>
</body>
</tt>
```

【例 11-7】 带字幕的视频。

（1）新建一个 Flash 文档（ActionScript3.0），在"属性"面板中设置舞台大小为 640×480 像素。

（2）将"组件"面板中的 FLVPlayback 组件拖动到图层 1 第 1 帧舞台上。在"属性"面板中设置对象位置为 X：0、Y：0。

（3）选择舞台上的 FLVPlayback 组件对象，在"组件检查器"面板中单击 source 属性后面的"浏览"按钮，设置视频文件为素材文件夹中的"风景视频.flv"文件。

（4）将"组件"面板中的 FLVPlaybackCaptioning 组件拖动到图层 1 第 1 帧舞台上。

（5）选择舞台上的 FLVPlaybackCaptioning 组件对象，在"组件检查器"面板 source 属性中输入字幕文件名 caption.xml。

（6）在"风景视频.flv"所在的文件夹中新建一个文件，命名为 caption.xml，在文件中输入以下代码并保存。

```
<?xml version = "1.0" encoding = "UTF - 8"?>
 < tt xml:lang = "en" xmlns = "http://www.w3.org/2006/04/ttaf1"

xmlns:tts = "http://www.w3.org/2006/04/ttaf1♯styling">
  < head >
   < styling >
      < style id = "1" tts:textAlign = "right"/>
      < style id = "2" tts:color = "transparent"/>
      < style id = "3" style = "2" tts:backgroundColor = "white"/>
      < style id = "4" style = "2 3" tts:fontSize = "20"/>
   </styling >
  </head >
 < body >
 < div xml:lang = "en">
    < p begin = "00:00:00.00" dur = "00:00:04.00"> The River Beach Park is located along the
Changjiang River in Wuhan.   </p>
    < p begin = "00:00:06.00" dur = "00:00:04.00"> It is divided into three areas:
</p>
    < p begin = "00:00:11.00" dur = "00:00:08.00"> Sightseeing Area, Center Squre Area,
Relaxation Activity Area.
</p>
    < p begin = "00:00:20.00" dur = "00:00:04.00"> There are green trees, beautiful flowers,
stadues and sculptures in the park.
</p>
    < p begin = "00:00:25.00" dur = "00:00:04.00"> It is a good place for people to come for
relaxation.
</p>
   </div >
  </body >
</tt >
```

（7）测试影片，在播放视频文件的同时按代码设置的时间显示字幕。

11.4 综合应用

【例 11-8】 加减法计算器。

（1）新建一个 Flash 文档（ActionScript3.0），在"属性"面板中设置舞台大小为 350×

200 像素,颜色为红色。

　　(2)将"组件"面板中的 TextInput 文本输入框组件拖动到图层 1 第 1 帧舞台上。选定添加的文本输入框,在"属性"面板中设置对象名为 add1。

　　(3)将"组件"面板中的 TextInput 文本输入框组件拖动到图层 1 第 1 帧舞台上。选定添加的文本输入框,在"属性"面板中设置对象名为 add2。

　　(4)将"组件"面板中的 RadioButton 组件拖动到图层 1 第 1 帧舞台上。选定 RadioBottom,在"组件检查器"面板中设置 label 为＋,value 为"正在做加法",selected 为 true,如图 11-19 所示。

　　(5)将"组件"面板中的 RadioButton 组件拖动到图层 1 第 1 帧舞台上。选定 RadioBottom,在"组件检查器"面板中设置 label 为－,value 为"正在做减法",selected 为 false,如图 11-20 所示。

图 11-19　设置"＋"组件实例属性　　　　图 11-20　设置"－"组件实例属性

　　(6)将"组件"面板中的 Button 组件拖动到图层 1 第 1 帧舞台上。选定 Bottom,在"属性"面板中设置对象名为 equ,在"组件检查器"面板中设置 label 为＝。

　　(7)将"组件"面板中的 TextArea 组件拖动到图层 1 第 1 帧舞台上。选定 TextArea,在"属性"面板中设置名称为 ret1。

　　(8)将"组件"面板中的 TextArea 组件拖动到图层 1 第 1 帧舞台上。选定 TextArea,在"属性"面板中设置名称为 ret2,完成舞台上各个组件布局,如图 11-21 所示。

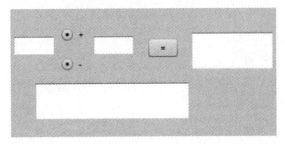

图 11-21　加减法计算器舞台布局

（9）选择图层 1 第 1 帧，在"动作"面板中输入以下代码：

```
equ. addEventListener(MouseEvent.CLICK,lis);
function lis(event:MouseEvent):void
{
    var  n ;
    n = ad. selected;
    if (n){
        ret1. text = String(Number(add1.text) + Number(add2.text));
        ret2. text = String(ad. value);
    }
    else{
        ret1. text = String(Number(add1.text) - Number(add2.text));
        ret2. text = String(mu. value);
    }
}
```

（10）测试影片，使用计算器计算加减法。

【例 11-9】 用户注册窗口。

（1）新建一个 Flash 文档（ActionScript3.0），在"属性"面板中设置舞台大小为 400×350 像素。

（2）在图层 1 第 1 帧中加入两个静态文本框，分别输入文字"注册新用户"、"使用协议："。

（3）将"组件"面板中的 TextArea 组件拖动到图层 1 第 1 帧舞台上。选定 TextArea 组件实例，在"属性"面板中设置对象名为 regtext，在"组件检查器"面板中设置 editable 属性为 false。

（4）分别从"组件"面板中拖动两个 Button 组件到图层 1 第 1 帧舞台上。分别在"属性"面板中设置两个按钮对象名为"abutt1"和"abutt2"。分别在"组件检查器"面板中设置两个按钮的 label 属性为"下一步"和"退出"。完成后注册条款窗口如图 11-22 所示。

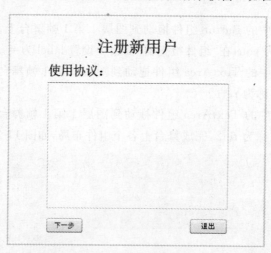

图 11-22 注册初始窗口

（5）在图层1第2帧添加空白关键帧。

（6）在图层1第2帧中加入6个静态文本框，分别输入如图11-23所示的文字并调整文本框位置。

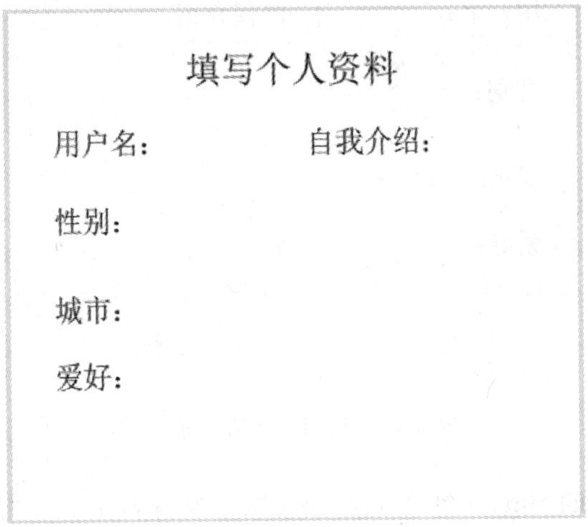

填写个人资料

用户名：　　　　　　自我介绍：

性别：

城市：

爱好：

图 11-23　静态文本提示

（7）将"组件"面板中的 TextInput 组件拖动到图层1第2帧舞台上的"用户名"文本右边。选定 TextInput 组件实例，在"属性"面板中设置对象名为 txtname。

（8）将"组件"面板中的 TextArea 组件拖动到图层1第2帧舞台上的"自我介绍"文本下方。选定 TextArea 组件实例，在"属性"面板中设置对象名为 txtinfro。

（9）分别从"组件"面板中拖动两个 RadioButton 组件到图层1第2帧舞台上的"性别"文本右边。分别选定 RadioButton 组件实例，在"组件检查器"面板中设置 label 为"男"和"女"，在"属性"面板中设置对象名分别为 male 和 female。选择 label 为"男"的 RadioButton 组件实例，在"组件检查器"面板中设置 selected 属性为 true。

（10）将"组件"面板中的 ComboBox 组件拖动到图层1第2帧舞台上的"城市"文本右边。在"属性"面板中设置对象名为 city。选择 ComboBox 组件实例，在"组件检查器"面板中单击 dataProvider 属性后面的按钮，在"值"对话框中单击 ✚ 按钮，添加菜单项目，分别在 Label 中设置值为"北京"、"上海"等城市名称。

（11）分别从"组件"面板中拖动三个 CheckBox 组件到图层1第2帧舞台上的"爱好"文本下方。分别选定 CheckBox 组件实例，在"组件检查器"面板中设置 label 为"音乐"、"美术"和"体育"，在"属性"面板中设置对象名分别为 ins1、ins2 和 ins3。

（12）分别从"组件"面板中拖动两个 Button 组件到图层1第2帧舞台上。分别在"属性"面板中设置两个按钮对象名为 abutt3 和 abutt4。分别在"组件检查器"面板中设置两个按钮的 label 属性为"提交"和"取消"。完成后填写个人资料窗口如图11-24所示。

（13）在图层1第3帧添加空白关键帧。

（14）在图层1第3帧中加入一个静态文本框，输入文字"注册信息确认"。

（15）将"组件"面板中的 TextArea 组件拖动到图层1第3帧舞台上。选定 TextArea 组件实例，在"属性"面板中设置对象名为 result，在"组件检查器"面板中设置 editable 属性为 false。

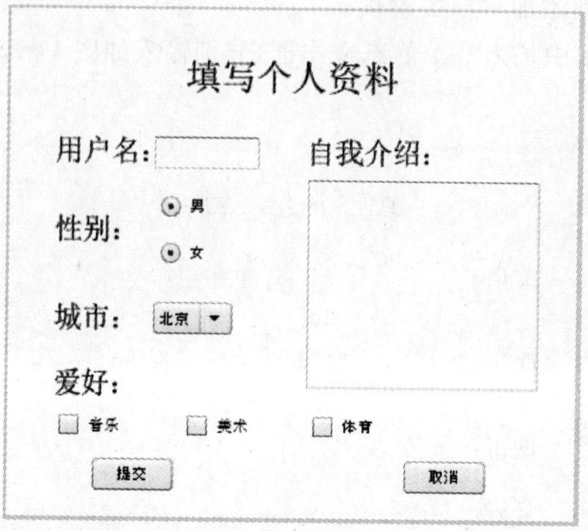

填写个人资料

用户名：⬜　　　自我介绍：

性别：　◉ 男

　　　　◉ 女

城市：　北京 ▾

爱好：

☐ 音乐　　　☐ 美术　　　☐ 体育

〔提交〕　　　　　　〔取消〕

图 11-24　填写个人资料窗口

(16)将"组件"面板的 Button 组件到图层 1 第 3 帧舞台上。在"属性"面板中设置按钮对象名为 abutt5，在"组件检查器"面板中设置按钮的 label 属性为"完成"。完成后注册信息确认窗口如图 11-25 所示。

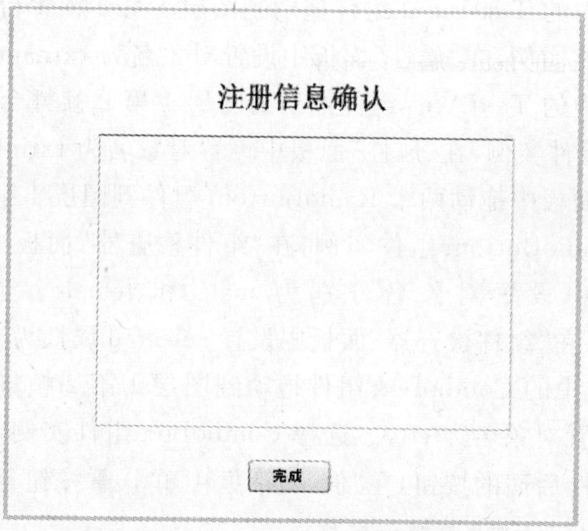

注册信息确认

〔完成〕

图 11-25　注册信息确认窗口

(17)保存文件，将素材文件夹中的 reg.txt 文件复制到与本动画文件相同的文件夹中。

(18)选择图层 1 第 1 帧，在"动作"面板中输入以下代码：

```
stop();
var txtaffirm:String;
var str0,str1,str2,ch1,ch2,ch3,str3,ch,str4:String;

var urlLdr:URLLoader = new URLLoader();
urlLdr.addEventListener(Event.COMPLETE, completeHandler);
urlLdr.dataFormat = URLLoaderDataFormat.TEXT;
urlLdr.load(new URLRequest("reg.txt"));
```

```
function completeHandler(event:Event):void {
    var txt:String = event.target.data as String;
    regtext.text = txt;
}


abutt1.addEventListener(MouseEvent.CLICK,funcaccept);
abutt2.addEventListener(MouseEvent.CLICK,funcrefuse);

function funcaccept(event:MouseEvent):void{
    gotoAndPlay(2);
}


function funcrefuse(event:MouseEvent):void{
fscommand("quit");
}
```

(19) 选择图层 1 第 2 帧，在"动作"面板中输入以下代码：

```
stop();

abutt3.addEventListener(MouseEvent.CLICK,funcsubmit);
abutt4.addEventListener(MouseEvent.CLICK,funcCancel);

function funcsubmit(event:MouseEvent):void{
    if (txtname.text! = ""&&txtinfro.text! = ""){
        str0 = "你的姓名是: " + txtname.text;
        if (male.selected == true){
            str1 = "你的性别是: " + male.label;
        }else{
            str1 = "你的性别是: " + female.label;
        }
        str2 = "你所在的城市是: " + city.selectedLabel;
        ch1 = ch2 = ch3 = "";
        if (ins1.selected == true){
            ch1 = ins1.label + " ";
        }
        if (ins2.selected == true){
            ch2 = ins2.label + " ";
        }
        if (ins3.selected == true){
            ch3 = ins3.label + " ";
        }
        ch = ch1 + ch2 + ch3;
        str3 = "你爱好是: " + ch;
        str4 = "你的自我介绍是: " + txtinfro.text;
        txtaffirm = str0 + "\n" + str1 + "\n" + str2 + "\n" + str3 + "\n" + str4 + "\n";
    play();
    }
}
```

```
function funcCancel(event:MouseEvent):void{
    txtname.text = "";
    txtinfro.text = "";
    male.selected = true;
    female.selected = false;
    city.selectedIndex = 0
    ins1.selected = false;
    ins2.selected = false;
    ins3.selected = false;
    fscommand("quit");
}
```

（20）选择图层 1 第 3 帧，在"动作"面板中输入以下代码：

```
stop();
result.text = txtaffirm;
addEventListener(MouseEvent.CLICK,funcquit);

function funcquit(event:MouseEvent){
    fscommand("quit");
}
```

（21）发布影片，运行 SWF 文件，测试注册窗口功能。

11.5　小结

　　在 Flash 动画中，使用组件能提高 ActionScript 代码的可重用性，简化动画制作过程，提高制作效率。本章主要介绍了组件的使用，包括组件的类型、组件的添加方法以及几种常用组件。通过本章的学习，用户应该学会在动画中创建简单的组件实例并进行设置和应用。

上机练习

　　使用组件设计制作一个 Flash 游戏调查问卷，如图 11-26 所示。

图 11-26　Flash 游戏小调查